中国高等教育学会医学教育专业委员会规划教材
全国高等医学院校教材

供基础、临床、预防、口腔医学类等专业用

大学生心理健康教育

Education of Mental Health in University Students

主　编　崔光成

副主编　张曼华　赵静波　周郁秋

编　者（按姓名汉语拼音排序）

崔光成（齐齐哈尔医学院）
崔玉玲（济宁医学院）
鹿凤山（齐齐哈尔医学院）
孟　勇（新乡医学院）
佟　欣（黑龙江中医药大学）
许华山（蚌埠医学院）
张　辉（首都医科大学）
张殿君（牡丹江医学院）
张曼华（首都医科大学）
赵　阳（河北联合大学基础医学院）
赵阿勐（齐齐哈尔医学院）
赵静波（南方医科大学）
周郁秋（哈尔滨医科大学大庆校区）

学术秘书　赵阿勐

北京大学医学出版社

DAXUESHENG XINLI JIANKANG JIAOYU

图书在版编目（CIP）数据

大学生心理健康教育 / 崔光成主编 . —北京：北京大学医学出版社，2013.12（2018.1 重印）

ISBN 978-7-5659-0707-4

Ⅰ. 大… Ⅱ. ①崔… Ⅲ. 大学生—心理健康—健康教育 Ⅳ. ① B844.2

中国版本图书馆 CIP 数据核字（2013）第 269247 号

大学生心理健康教育

主　　编：崔光成

出版发行：北京大学医学出版社

地　　址：（100191）北京市海淀区学院路 38 号　北京大学医学部院内

电　　话：发行部 010-82802230；图书邮购 010-82802495

网　　址：http：//www.pumpress.com.cn

E-mail：booksale@bjmu.edu.cn

印　　刷：莱芜市圣龙印务有限责任公司

经　　销：新华书店

责任编辑：刘　燕　　**责任校对**：金彤文　　**责任印制**：张京生

开　　本：850mm × 1168mm　1/16　　**印张**：13.25　　**字数**：370 千字

版　　次：2013 年 12 月第 1 版　2018 年 1 月第 2 次印刷

书　　号：ISBN 978-7-5659-0707-4

定　　价：25.00 元

全国高等医学院校临床专业本科教材评审委员会

序

北京大学医学出版社组织编写的全国高等医学院校临床医学专业本科教材（第2套）于2008年出版，共32种，获得了广大医学院校师生的欢迎，并被评为教育部"十二五"普通高等教育本科国家级规划教材。这是在教育部教育改革、提倡教材多元化的精神指导下，我国高等医学教材建设的一个重要成果。为配合《国家中长期教育改革和发展纲要（2010—2020年）》，培养符合时代要求的医学专业人才，并配合教育部"十二五"普通高等教育本科国家级规划教材建设，北京大学医学出版社于2013年正式启动全国高等医学院校临床医学专业（本科）第3套教材的修订及编写工作。本套教材近六十种，其中新启动教材二十余种。

本套教材的编写以"符合人才培养需求，体现教育改革成果，确保教材质量，形式新颖创新"为指导思想，配合教育部、国家卫生和计划生育委员会在医药卫生体制改革意见中指出的，要逐步建立"5 + 3"（五年医学院校本科教育加三年住院医师规范化培训）为主体的临床医学人才培养体系。我们广泛收集了对上版教材的反馈意见。同时，在教材编写过程中，我们将与更多的院校合作，尤其是新启动的二十余种教材，吸收了更多富有一线教学经验的老师参加编写，为本套教材注入了新鲜的活力。

新版教材在继承和发扬原教材结构优点的基础上，修改不足之处，从而更加层次分明、逻辑性强、结构严谨、文字简洁流畅。除了内容新颖、严谨以外，在版式、印刷和装帧方面，我们做了一些新的尝试，力求做到既有启发性又引起学生的兴趣，使本套教材的内容和形式再次跃上一个新的台阶。为此，我们还建立了数字化平台，在这个平台上，为适应我国数字化教学、为教材立体化建设作出尝试。

在编写第3套教材时，一些曾担任第2套教材的主编由于年事已高，此次不再担任主编，但他们对改版工作提出了很多宝贵的意见。前两套教材的作者为本套教材的日臻完善打下了坚实的基础。对他们所作出的贡献，我们表示衷心的感谢。

尽管本套教材的编者都是多年工作在教学第一线的教师，但基于现有的水平，书中难免存在不当之处，欢迎广大师生和读者批评指正。

王德炳　柯杨

2013年11月

前 言

健康是人类赖以生存和发展的条件基础，是人类创造物质文明和精神文明的前提。所以，马克思提出，要把健康作为人的第一权利，作为人类生存的第一前提。现代意义上的健康，不仅仅是没有疾病，而且还要心理健康、社会适应良好和道德健康。

当今世界，科学技术突飞猛进，人类社会已经进入知识经济时代，综合国力竞争日趋激烈，个人发展的压力日显突出。联合国专家断言，从现在到 21 世纪中叶，没有任何一种灾难能像心理危机那样带给人们持续深刻的痛苦。因此，如何不断提高人们的心理健康水平、生活的幸福指数以及生存质量，是现代文明社会建设发展面临的重大课题。

总的说来，大学生作为具有较高智力、较高文化和较高自尊的群体，他们通常有着不同于一般青年的更高的抱负和追求，面临着更多的机遇和挑战，肩负着更多的社会期望，因而要承受更大的心理压力与冲突。具体来讲，大学生在校期间要面临环境适应、人际交往、学习成才、交友恋爱、求职择业、网络诱惑、人格完善等一系列问题。如何解决这些问题，促进大学生健康全面发展，这是大学生心理健康教育课程的重要任务。

本书是为高等医学院校临床医学及其相关专业学生编写的大学生心理健康教育教材。作者都是各高等医学院校多年从事大学生心理健康教育研究和教学工作的一线教师，他们具有丰富的教学经验和大学生心理辅导实践经验，这是保证本书科学性和实用性的前提。本书主要特点如下：

1．紧密结合医学生的实际需要和发展特点。

2．理论联系实际，注重学生课后的心理训练。

3．全书编排形式生动、活泼，注重激发学生的阅读兴趣：每章开篇都有启发学生思考的“哲人的忠告”，正文适时插入具有拓展知识和提高阅读兴趣功能的“专栏”，书后以附录的形式提供了有助于大学生自我测试、自我认识的常用的心理测试量表。

本书编写过程中，参考和借鉴了国内该领域的许多论著和教材，在此向这些文献资料的著作权人和作者们致以真诚的谢意！北京大学医学出版社的刘燕编辑一丝不苟、追求品质、热忱服务、务实高效的精神，给我留下了深刻的印象。这本书的作者，多数是和我有着多年合作经历的国内优秀同道，在此对他们的一贯支持表示感谢！在编写过程中，还得到了齐齐哈尔医学院张晓杰副院长和齐齐哈尔医学院教务处云长海副处长的鼎力支持，在此一并致谢！

《大学生心理健康教育》看似简单，其实涉及复杂的知识系统。讲好这门课程不容易，写好这本教材更不容易。尽管作者们为写好本教材付出了很多心血，但由于水平所限，疏漏、不当之处在所难免，真诚地希望使用本教材的学生和老师们提出宝贵意见，以便再版时纠正和完善。

崔光成

2013 年 10 月

目 录

第一章 大学生心理健康教育概述………1
第一节 心理与心理健康 ……………1
第二节 大学生心理健康教育的目标、任务、意义与原则 …………12
第三节 大学生心理健康教育的主要途径 …………………………15

第二章 适应与心理健康…………………19
第一节 适应概述 ……………………19
第二节 大学生活中常见的适应问题 20
第三节 大学生适应问题的原因 ……26
第四节 大学生适应能力的培养 ……27

第三章 学习与心理健康…………………32
第一节 大学学习概述 ………………32
第二节 医学生的学习困扰与调适 …35
第三节 医学生的学习方法 …………38

第四章 自我意识与心理健康……………42
第一节 自我意识概述 ………………42
第二节 大学生自我意识的发展 ……44
第三节 大学生自我意识发展的问题及偏差 ………………………49
第四节 大学生完善自我意识的途径和方法 ………………………52

第五章 情绪管理…………………………56
第一节 情绪概述 ……………………56
第二节 大学生的情绪问题 …………60
第三节 大学生的情绪管理 …………63

第六章 人格与心理健康…………………70
第一节 人格概述 ……………………70
第二节 大学生的人格发展 …………75
第三节 大学生的人格完善 …………77

第七章 人际关系与心理健康……………85
第一节 人际关系概述 ………………85
第二节 大学生人际交往障碍及调适 91
第三节 大学生良好人际关系的形成 96

第八章 互联网利用与心理健康…………103
第一节 互联网与大学生 ……………103
第二节 网络成瘾及矫正 ……………108
第三节 健康上网行为的培养 ………112

第九章 恋爱与性心理健康………………115
第一节 大学生的爱情与婚恋观 ……115
第二节 大学生性心理的发展 ………120
第三节 大学生性心理健康 …………121

第十章 医学生职业生涯规划……………127
第一节 职业生涯规划概述 …………127
第二节 医学生求职方法与技巧 ……133

第十一章 心理压力管理与挫折应对……142
第一节 大学生心理压力分析 ………142
第二节 心理压力的危害及其调节 …144
第三节 大学生常见挫折及其应对 …146

第十二章 大学生常见的心理障碍………153
第一节 大学生心理障碍概述 ………153
第二节 大学生常见的心理障碍及其防治 …………………………156

第十三章 大学生心理求助………………165
第一节 心理求助概述 ………………165
第二节 大学生生死观与生命教育 …168
第三节 心理咨询 ……………………173

附录：常用大学生心理测试量表…………177
附录一 心理测试的基本要求 ………177
附录二 常用心理测试量表 …………178

主要参考书目……………………………196
中英文专业词汇索引……………………197

第一章　大学生心理健康教育概述

【哲人的忠告】

身体的健康只是健康的一半，另一半是心理的健康。只有身心健康，才能幸福一生。如果没有健康，智慧就难以表现，文化就无从施展，力量就不能战斗，财富变成废物，知识也无法利用。

——赫拉克利特

一切顽固、沉重的忧郁和焦虑，足以给各种疾病打开方便之门。

——巴甫洛夫

当今世界，科学技术日新月异，知识经济日渐成主流经济，人与人之间的竞争日趋激烈。有人认为，人类已经经历了体力竞争和智力竞争的时代，现在正处于从智力竞争向心理与人格竞争过渡的时代。也就是说，我们的国民是否有良好的心理素质、健全的人格，不仅关系到个人的发展，甚至会影响到一个民族的兴衰。“青年兴则国家兴，青年强则国家强。”大学生作为青年中的优秀分子，他们的心理素质和心理健康状况，更加关乎民族的希望、国家的未来。所以，如何让大学生形成健全的人格、健康的心理，是政府、高校及学生家长共同关心的问题，而让自己有一个健全的人格和健康的心理，是每一个大学生对自己、对家庭、对社会、对国家义不容辞的责任。

第一节　心理与心理健康

一、人类的心理活动

（一）心理的本质

对于心理本质的理解是人类认识史上重大的原则问题。从本质上看，心理究竟是什么？唯物主义哲学观点认为，心理是人脑的功能，是人脑对客观现实主观能动的反映。

1．心理是人脑的功能　心理是人脑的功能。人脑是心理的器官。在现实生活中，没有脑的心理，或者说没有脑的思维是不存在的。正常发育的大脑为心理的发展提供了物质基础。人的大脑是世界上最为复杂的物质，是物质发展的最高产物。

人在出生后，随着脑发育成熟，其心理也随之丰富发展，先有感觉，然后出现知觉、记忆，直到复杂的言语和思维。一些无脑儿、双脑儿和裂脑儿的极端实例进一步说明，没有人的大脑，就不会产生人的心理。1816 年法国医生布洛卡（Broca）首先发现大脑左半球额下回损伤会使人失去说话能力，他将这种病态表现称为“运动性失语症”。之后人们又陆续发现，大脑额中回后部损伤导致“失写症”，脑颞上回后部损伤导致“感觉失语症”，大脑角回损伤导致“失读症”。在临床工作中，我们也经常看到，在严重的脑外伤后，患者的人格会发生重大改变。大量的神经心理学的研究成果更加有力地证明：脑是心理的器官，心理是脑的产物，离开脑这一物质基础，任何心理现象都不会发生。

2．心理是人脑对客观现实主观能动的反映　健全的大脑给心理现象的产生提供了物质基础，但是，大脑只是心理活动发生的器官，心理并不是大脑本身所固有的。心理现象是客观现实作用于人的感官，是通过大脑活动产生的。客观现实是指独立于人的心理之外，不依赖于人的心理而存在的一切事物，是心理的源泉和内容。离开了客观现实，心理就成了无源之水、无本之木。对于人来说，客观现实既包括自然界，也包括人类社会，还包括人类自身。

据统计，至20世纪50年代末，世界上约有30个小孩是由野兽在野外抚育长大的，其中多数是“狼孩”或“熊孩”。这些孩子长年和野兽在一起生活，所以养成了动物的生活习性。当他们重返人类社会时，有嘴不会说话，有手不会劳动，有脑不会思维，智商远远低于同龄的小孩，昼伏夜出，用四肢爬行，爱吃生食。这说明，离开人类社会，即便是有了人的大脑，也难以形成人的心理。

客观现实是心理产生的源泉，但是人的大脑对客观现实的反映不是像镜子那样直接地复写，而是主观能动的反映过程。其特点表现在两个方面：一是人们已有的知识经验、人格特征和当前的心理需要等因素在反映客观事物过程中起着重要作用，由于这些因素的存在，使每个人的反映都带有显著的主观色彩，形成人与人之间的个体差异。例如，对同一事物，不同的人会有不同的认识和评价，即使是同一个人，对同一事物，在不同的时间、地点、条件下也会有不同的反映。二是人的心理活动对于自己的行为有支配和调节作用。人能在知识、经验、需要、动机、愿望的推动下，按照既定的计划，主动地改造自然、改造社会，创造物质财富和精神财富，满足自己的各种需要。

（二）心理现象

普通心理学中通常把心理现象分为两大部分：一部分为心理过程，另一部分是个性心理。人们通过感觉器官对周围世界听、看、嗅、尝、触，形成对事物个别属性的认识，于是产生了感觉。当把感觉综合到一起形成对事物整体性的认识时，就产生了知觉。感知过的事物会在脑海中形成相应的形象，这种形象叫做表象。感知过的事物在时过境迁之后仍能被想起，这种心理现象叫做记忆。为了掌握事物的规律，了解其本质特点，需要我们冥思苦想、去伪存真、由此及彼、由表及里地探索，这种心理现象叫做思维。感觉、知觉、记忆、想象和思维等心理现象都是为了弄清客观事物，所以合在一起统称为心理的认识过程。人在认识客观事物的过程中，总会对其持有这样或那样的态度，并伴有喜、怒、哀、乐的体验，这种心理现象叫做情绪或情感，也叫情绪情感过程。人的行为与动物行为的一个重要区别就是行动的计划性，人们为了满足某种需要会产生动机，确定行动的目标，制订行动计划，并克服困难努力使既定目标得以实现，这样的心理现象叫做意志，也叫心理的意志过程。人通过心理的认识过程认识世界，通过心理的情绪情感过程感受世界，通过心理意志行为过程改造世界。在心理学中，心理的认识过程、情绪情感过程、意志行为过程统称为心理过程。

同样的心理过程落到不同人的身上会有明显的个人特征。每个人由于先天素质不同，后天成长环境的差异，各自所从事的实践活动千差万别，致使每个人的精神风貌各具特色，这种心理活动个体差异的规律是另一种重要的心理现象，叫做个性或人格。它包括意识倾向性（如兴趣、需要、动机、理想、信念等），还包括个性心理特征（如能力、气质、性格）以及自我意识（如自我认识、自我体验、自我调控等）。

心理过程和个性心理构成了人的完整的心理现象（图 1-1），两者既有区别又有联系。心理过程是从心理现象的组织来看，它有发生、发展及变化的过程，具有动态性的特点，是共性的规律。个性心理则从心理现象在个体的表现来分析，它较稳定地、经常地表现出有别于他人的特征，具有差异性规律。

（三）影响心理发展的因素

个体从胎儿期就开始了从简单到复杂、从低级到高级直到衰退的毕生心理发展的历程。个体的心理发展受诸多因素的影响，其中既有内在的，也有外在的，既有先天的，也有后天的，

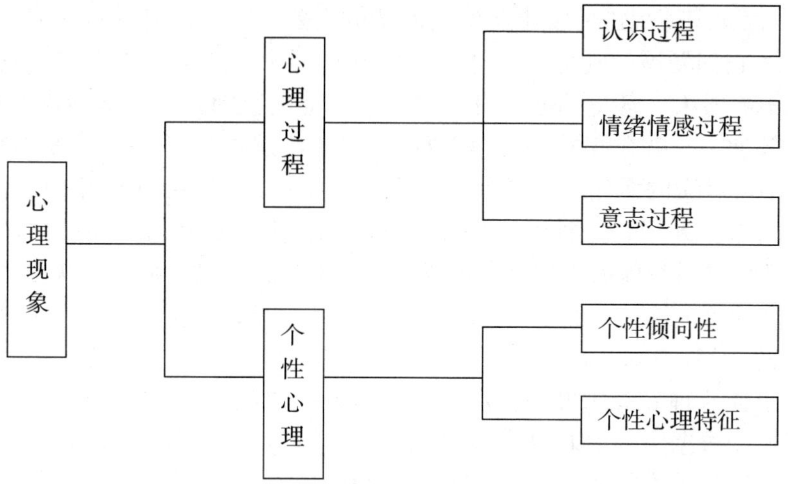

图 1-1　人类心理现象的构成

个体的心理发展是各种因素交互作用的结果。

1．遗传是个体心理发展的生物前提　通过遗传，个体从亲代那里继承了许多生物特征。所谓遗传的生物特征主要指那些与生俱来的解剖生理特点，也叫遗传素质。

必须承认，遗传素质是个体心理发展的生物前提，如果没有这个条件，心理的发展就无从谈起，当然也从根本上背离了物质第一性的原则。例如，生来脑神经系统发育不健全的孩子，不可能形成健全的心理；与生俱来的高级神经类型可能使个体更容易形成某种气质类型。又如，特莱恩（RC. Tryon，1940）、汤姆森（Tomson，1954）曾经做过小白鼠的学习能力研究，证明了遗传对学习能力的影响。他们根据迷宫实验中的成绩，将小白鼠分为“聪明组”和“愚笨组”。然后在聪明组中选择交配第二代聪明组的小白鼠；在愚笨组选择交配第二代愚笨组的小白鼠。一直继续到第八代，发现两组小白鼠的迷宫学习能力差异非常显著。在第六代中，愚笨组小白鼠的错误率是聪明组的200%。这说明和迷宫学习能力相关的某种基因是可以遗传的。由此我们是否可以推测人类的学习能力也可以遗传呢？

尽管如此，我们也不能夸大遗传在心理发展过程中的作用。再好的遗传条件，如果离开后天的教育影响，也不可能把其遗传作用很好地表达出来，印度狼孩的事实恰好说明了这一点。我们可以断言，一个诺贝尔奖获得者的后代，如果失去后天良好的教育环境，他也不可能成为优秀的学者。

综上所述，遗传只是个体心理发展的必要条件，而不是充分必要条件，它只提供了个体心理发展的可能性。但个体心理向什么方向发展？发展到什么水平？这并不取决于遗传，而是决定于环境和教育。

2．环境和教育在个体心理发展过程中起决定作用　大量的事实说明，人只有在人类的正常社会环境中才能发展成为人的心理。遗传提供的心理发展可能性，只有通过环境和教育的作用才能把这种可能性变成现实。个体成长过程中的家庭、社区、学校、工作单位，以及所属国家的政治、经济、文化和自然环境都会影响个体心理发展。教育以外的其他环境因素对个体心理发展的影响是潜移默化的，只有教育是对个体心理发展有计划、有目的、有组织的影响，它对个体的影响是专门的、自觉的，对个体的心理发展起到主导作用。教育的影响可以是家庭教育、学校教育和社会教育。在现代社会中，学校教育对个体的心理发展发挥着更加重要的作用。但需要说明的是，虽然环境和教育是个体心理发展的决定条件，但是这并不意味着它可以机械地决定个体心理的发展，它总是通过个体或主体的活动，通过个体心理发展的内部原因来实现的。

3．社会和教育向个体提出的要求所引起的新的需要与个体已有的心理水平或心理状态之间的矛盾，是个体心理发展的动力 个体在发展的过程中，随着个体身体的发育、年龄的增长、活动范围的不断扩大，环境不断向发展中的个体提出新的要求。这种要求被主体意识到，并通过个体的内部加工，就会变成个人的需要。当个体已有的心理发展水平能够满足需要时，个体的心理发展不会有质的变化。但当个体心理发展水平难以满足新的需要时，需要和现有的心理水平之间就形成了矛盾，这种矛盾将促使个体积极努力提高自己的能力，解决现有的矛盾，当矛盾得到解决之时，他的心理就向前发展一步。这种遇到矛盾和解决矛盾的过程不断地重复，便推动个体的心理逐渐由低级向高级发展。由此可见，环境和教育对个体心理发展的影响并非简单机械的作用，它同时也依赖于个体主观的选择，只有真正变成主体需要的环境影响，才能真正在个体心理发展中发挥作用。毛泽东曾经说过："唯物辩证法认为外因是变化的条件，内因是变化的根据，外因通过内因而起作用。"对于个体心理发展来说，内因就是个体内部的矛盾，是心理发展的根据，外因就是社会环境和教育，是促进个体心理发展的最主要的条件。

二、大学生心理发展的一般特征

从年龄上看，大学生处于青年中期，因此，他们一定会拥有这个年龄段青年人所具有的典型心理特征。然而，他们又是这一群体中的特殊群体，因为他们是经过国家的严格考试从各地选拔出来的学业优秀的人才，被社会视为天之骄子。他们要离开父母和家乡，靠父母供养，同素不相识的人在一起合作竞争、学习生活 4 ～ 5 年。繁重的学业使他们缺乏认识社会、了解社会的机会，他们必须通过大学组织的各种严格考试方能毕业成为合格的大学生。这些一般青年人所没有的特殊经历，决定了大学生的心理发展必然表现出其特殊的一面。

（一）年龄特点

一般说来，人的一生大致可分为童年期、青年期、成年期、老年期。青年期可视为童年期向成年期转变的过渡期、成熟期。青年期又可细分为青年初期（15 ～ 16 岁到 18 ～ 19 岁）、青年中期（18 ～ 19 岁到 23 ～ 24 岁）、青年晚期（23 ～ 24 岁到 28 岁）。在我国，多数大学生处于青年中期。我国心理学家张增杰教授通过大量的研究认为，大学生心理发展水平处于正在走向成熟而又未真正完全成熟的阶段。他们的生理发展有些方面虽然还在继续有所增长，但基本上已经成熟，但其心理发展却远未达到成熟。例如，性生理的发育水平完全可以使他们生儿育女，但是在现实中生活中，他们还不能很好地处理和异性同龄人的关系；他们在个头、身材上宛如成年人，但由于大学生在校学习时间较长，处于与社会生活相对隔离的状态，他们置身于校园，对现实的社会生活缺乏直接的接触和深刻的了解，所以说话办事还显得天真幼稚。如果我们以人生观的形成作为心理发展成熟的主要标志，大学生正处在人生观形成的关键时期，只有到了大学毕业阶段，其人生观才趋于稳定。所以我们说，大学生充其量只能算一个"准成人"，他们处在从简单幼稚走向成熟的关键期。所以，大学期间努力参加社会实践、丰富阅历，促进自己心理的成熟，是大学生生涯规划的重要内容。

有人将大学生的心理发展分为以下三个阶段：适应准备阶段、稳定发展阶段、趋于成熟阶段。

1．适应准备阶段 新生步入大学，首先面临的就是从中学生活到大学生活的急剧转折：要住集体宿舍、要在食堂吃饭、要自己到银行取钱、要自己洗衣服、要自己购物；要面对一群来自天南地北的同学，他们操着不同的乡音，带着不同的生活习惯和个性；他们与任课教师交流的机会很少，有的甚至几天都看不到辅导员、班主任的身影；要在上百人的教室里上大课，课下自学的内容铺天盖地；学校里有眼花缭乱的学生社团组织和充满诱惑的学生社团活动。凡此种种，使他们原有的、习惯化了的学习、生活方式被打破，心理平衡被搅乱。他们的周围全是陌生的面孔、陌生的事物。在一片陌生之中，他们需要开始新的生活，要适应这里的一切。大学新生对大学生活从不适应到适应的过程，称为适应准备阶段。

适应准备阶段是整个大学时代的困难期，很多问题如果解决不好，会影响到学生以后几年大学生活乃至毕业后的发展。适应准备阶段持续时间的长短因人而异，这与个人适应能力的强弱有关。对多数学生来说，需要一个学期左右就可以度过这个阶段。关于新生的适应问题另有章节专门介绍。帮助学生尽快适应大学生活是每一位高校学生工作者一项十分重要的工作。

2．稳定发展阶段　这一阶段是大学生活全面深化和发展的时期。入学时的不适应已基本消除，大学生已经熟悉了学校的学习生活环境，适应了新的学习方式，建立了新的人际交往圈，形成了初步的生涯规划，逐渐形成了新的学习生活模式，大学生活进入相对稳定的阶段。这一阶段是大学生活最主要、最持久的阶段，将一直延续到大学毕业前夕，一般有三年左右时间。

在这个看似平静的阶段，大学生极强的可塑性在这一阶段得到了充分展示，每个人都按自身独特的方式塑造着自己。他们可能会遇到许多锻炼的机遇，也可能会遇到竞争带来的压力，可能会有克服困难取得成功的欣喜，也可能会遇到挫折而陷入困惑、苦恼。正是在这种成功、失败、喜悦、困惑的经历中，大学生在进步成长，大学教育的主要目标也将在此期间完成。

3．趋于成熟阶段　这个阶段是大学生从学生生活向职业生活过渡的阶段。在大学生活即将结束的时候，大学生面临着直接就业还是考研的抉择：如果选择就业，到什么样的单位？如果选择考研，将到什么样的大学？考什么样的专业？有些大学生还面临着如何处理大学期间的恋爱关系问题。不过，此时的大学生已接受了严格的专业训练和独特的校园生活的陶冶，自我体验较强，自我意识也有了很大的提高，对未来的生活道路产生了种种设想。这些设想多数可能与现实有一定距离。大学生在此阶段必须开始做走向社会的心理准备，进一步深入地了解社会，客观评估自己的现状，把握好自己的未来。这是所有大学生面临的任务，也是对大学生综合素质的一个考验。

（二）成人感和独立性明显增强

随着生理上的成熟和智力上的发展，大学生不仅在体态上与成年人相仿，而且从内心体验上也加强了这种成熟感，因而他们不希望成人再把他们当成孩子，并极力摆脱成人对他们的约束和干涉。他们要求独立自主，但在经济上离开父母的支持他们又会寸步难行，所以处在尴尬的独立意向状态。

（三）智力发展达到高峰

韦克斯勒（Wechsler）的智力测验结果表明，智力发展的高峰在 20 ～ 25 岁。贝利用 3 种不同的智力量表，对同一组被试追踪研究了 36 年之久。该项研究结果表明，人类在 13 岁以前智力直线上升，以后上升速度开始减慢，到 25 岁达到最高峰。大学生通过大学的专业训练和系统学习，抽象逻辑思维能力得到充分发展，思维的独立性大为提高，对事物有自己的独特的见解，开始用批判的眼光看待周围的事物，喜欢怀疑、争论、争辩，不愿意盲从，思想活跃，敢于提问题，能初步用辩证唯物主义的观点分析问题，初步形成了本专业完整的知识结构。

（四）自我意识增强但发展不够完善

自我意识是指人对自身的认识及对周围事物关系的各种体验。它是认识、情感、意志的综合体，是人心理发展过程中一个极为重要的方面。它包括自我观察、自我评价、自我检验、自我监督、自我教育、自我完善等。大学生自我意识的增强显著地表现在以下方面：

首先，他们迫切要求深入了解和发展自己。他们经常把自己分为现实的“自我”和理想的“自我”，力图从现实与理想的关系中把握自己、认识自己、要求自己，以追求完善自我。

其次，自我评价能力增强。大学生既能借助一定的社会评价认识自己，但又不完全依赖别人的评价，表现出较明显的独立性、自主性和自信心。他们相信自己的知识和能力水平，十分重视维护自己的名誉，更希望得到别人的尊重和理解。

再次，自我教育能力增强。大学生大多数都能够根据所学专业和以后将从事的工作要求来规划自己的学习生活，确立自己的奋斗目标，不断提升自我修养，加强自我锻炼。

由于自身社会生活的知识、能力和经验等的不足，大学生中的相当一部分人还不善于正确处理自我完善与社会发展需要的关系，还没有确立立足现实、做长期艰苦奋斗的心理准备。他们往往对自己估计过高，还不善于倾听不同的意见，难以理解人、尊重人，常常表现出自命不凡、刚愎自用；有少数人难以充分了解和客观评价自己，不能坦然承认和欣然接受自己，常又缺乏自信而妄自菲薄。他们一旦遇到自己无力解决的困难或遇到某种挫折时，容易产生对现实不满的过激行为或强烈的自卑感，甚至导致行为失控和做出不理智的事情来。心理健康的大学生不仅自我结构相对稳定，而且能够在新环境或新经验的基础上，对自我进行适当的调整。相反，有心理障碍者则往往不能及时协调自己的自我结构，从而对心理健康产生不利的影响。正因为如此，大学生自我意识的发展状况充分反映出他们正处于迅速走向成熟但还不够完善的心理特点。

（五）情感丰富但情绪不稳定

“青年心理学之父”霍尔认为，青年期的特点是动摇、起伏的，出现一些非常显著的相互对立的冲动，他称之为狂风暴雨的时期。大学生充满青春活力、精力充沛、血气方刚、热情洋溢，随着校园生活的深入展开，社会性需要增多，其情感也日益深刻丰富。这种强烈的情感不仅仅表现在学习和工作中，体现在对待家长、同学和教师的态度等方面，更重要的是这种情感还具有明显的时代性、社会性和政治性。他们热爱祖国，关心国家的命运和前途，他们对社会上不公平、非正义、不人道的现象深恶痛绝，他们的爱国主义情感、集体主义情感、社会责任感和义务感、道德感、友谊感、美感、荣誉感、理智感等迅速向广度和深度发展，逐步成为其情感世界的本质和主流。爱情的出现是大学生情感世界的一大突变，对其心理发展产生巨大的影响。

由于人的情绪、情感与个人的需要及价值观密切相关，大学生的价值观尚在发展完善的过程中，又由于大学生的心理发展落后于生理发展，因而，他们的情绪、情感常常表现为不够稳定，情绪变化起伏较大，容易受周围环境的影响。当遇到学业、人际关系、奖惩等涉及本人切身利益的问题时，容易偏激、冲动，甚至走向极端。

（六）渴望交往，注重友谊

大学生群体来自祖国的四面八方，他们离开父母，离开亲人，来到一个陌生的学校求学拼搏，惧怕孤独、渴望友谊是他们一致的需要，所以他们渴望与同学交往，期盼形成友谊，这样可以在困难时相互帮助，快乐时一起分享。通常大学生在入学一个学期后就会形成自己的人际圈。人际关系紧张、人际交往障碍是大学生最常见的心理问题。

（七）社会需求迫切

由于大学生在校期间必须接受某一专业的严格训练，他们的主要精力必须用在专业课程的学习上，这种要求使他们和社会处于相对隔离的状态。也正因为如此，他们才更加渴望认识社会、了解社会、融入社会。在校园里，他们通过各种媒介关注着社会，评判着各种社会现象，关心社会改革，并希望自己能加入进去，按着自己的想法去改变各种令人不满意的现象，用自己的专业知识服务于社会，体现自己的力量，实现自己的价值。这种迫切的社会需求与大学生正在形成的价值观相互作用，必将成为影响他们未来人生轨迹的重要因素。

（八）性意识发展迅速，异性交往愿望强烈

大学生的身体发育几近成人，尤其是性功能的成熟促使大学生性意识的觉醒，产生对异性的爱慕。大学校园是一个青春洋溢的世界，每一个大学生都有充分的机会与同龄异性接触，这

在客观上促进了大学生的性意识发展。与此相应，大学生的恋爱问题也随之而来，成为大学生心理发展的重要内容。他们渴望与异性交往。追求美好的爱情本无可非议，但如何尊重对方，控制激情，遵守校纪校规，恪守道德底线，遵守法律，在正常的男女交往过程中学会处理与异性的关系，建立健康的恋爱关系，是大学生心理发展过程中应该解决的问题。因此，应特别注意将性科学知识教育和伦理道德教育结合起来，使大学生性意识的发展走上健康发展的轨道。

三、心理健康的内涵

（一）健康概念的演化

健康是驶向人生航标的载体，是驱动事业成功的能源，是修德立业的基础，也是人类的基本需要和权利。人们往往把健康与家庭的幸福和社会的文明进步联系在一起。那么什么是健康？过去很长一个时期，人们普遍认为“没有疾病和不适，就是健康”。这种“无病就是健康”的传统健康观一直影响着人们的医疗保健行为甚至政府的卫生政策。现在人们的健康理念已经发生了翻天覆地的变化，但其间却经历了由简单到全面不断深化完善的过程。

长期以来，生物医学的巨大成就为人类的健康做出了卓越贡献，这种成就使人们对疾病和健康的认识局限于过分关注躯体生物学变化，而忽视了人的心理活动及社会存在对疾病和健康的影响。直到20世纪初，《简明不列颠百科全书》对健康给予的定义仍然是：“没有疾病和营养不良以及虚弱状态。”另外，1989年版我国的《辞海》中，仍将健康定义为“人体各器官系统发育良好，功能正常，体质健壮，精力充沛，并具有良好劳动效能的状态。通常用人体测量、体格检验和各种生理指标来衡量。”可见生物医学模式的影响是多么根深蒂固！

其实，早在1948年，世界卫生组织（World Health Organization，WHO）在其宪章中就指出：“健康乃是一种身体上、精神上和社会适应上的完好状态，而不仅仅是没有疾病和虚弱的现象。”这是人类历史上第一次对健康做出的较为全面、科学、完整、系统的定义。这种对健康的认识意味着：衡量一个人是否健康，单纯考察生物学指标是远远不够的，必须从一个人的生理、心理、社会、行为等方面综合分析，才能得出正确的结论。

另外，世界卫生组织还规定了健康的10条标准，以加深人们对健康的认识。

（1）有足够充沛的精力，能从容不迫地应付日常生活和工作压力而不感到过分紧张或疲劳。

（2）处事乐观，态度积极，乐于承担责任，不论事情大小都不挑剔。

（3）善于休息，睡眠良好。

（4）能适应外界环境的各种变化，应变能力强。

（5）能抵御一般性的感冒和传染病。

（6）体重适当，身体匀称，站立时头、肩、臀的位置协调。

（7）反应敏锐，眼睛明亮，眼睑不发炎。

（8）牙齿清洁，无龋齿，无痛感，无出血现象。

（9）头发有光泽，无头屑。

（10）肌肉丰满，皮肤有弹性。

从这10条标准可看出，健康并非单纯是指身体无病，而且是需要有强壮的体魄、清晰的思维、正常的心理、充沛的精力、良好的抵抗力以及对环境的适应能力和较好的文化素养。

1990年，世界卫生组织在对健康定义的阐述中，又在此基础上增加了道德健康。所谓道德健康，就是指不能损害他人利益来满足自己的需要，能按照社会认可的道德行为规范准则约束自己及支配自己的思维和行为，具有辨别真伪、善恶、荣辱的是非观念和能力。

总之，健康的概念演化到今天，其内涵构成要素中，无论如何都不可能没有心理健康。

【专栏 1-1】

世界上第一个心理卫生组织的诞生

心理健康运动的发展起源于美国，美国人比尔斯（CW. Beers）建立了今日心理健康基础，对现代心理健康运动的兴起做出了贡献，这与比尔斯个人独特的经历有一定关系。比尔斯生于1876年，毕业于耶鲁大学商科，毕业后到纽约一家保险公司工作。比尔斯的哥哥患有癫痫病，因此比尔斯害怕自己也患上该病，终日惶恐不安。24岁时，比尔斯因精神失常而企图自杀未遂，后被送进精神病院。在精神病院的3年痛苦经历，使比尔斯亲身体验到精神病患者的苦闷和所受到的虐待，亲眼目睹了一系列精神病患者惨遭折磨和不公正对待的事件。在病愈出院后，比尔斯决心为改善精神病患者的待遇而努力。1907年，他根据自己的经历编写了《自觉之心》。在这本书中，他用生动的笔墨，历数了当时精神病院的冷酷和落后，详细记述了自己的病情、治疗和康复经过，并且向世人发出改善精神病患者待遇的强烈呼声。该书问世之后，得到了心理学大师詹姆斯（W. James）的赞赏和著名精神病学家迈耶（A. Meyer）的支持。迈耶指出，比尔斯倡导的就是心理卫生。比尔斯在得到各方面的赞助和鼓励后，于1908年5月在家乡康涅狄格州成立了世界上第一个心理卫生组织——“康涅狄格州心理卫生协会”。之后，在美国和全世界各地陆续出现了一批心理卫生组织和参与心理卫生工作的专职人员，心理卫生工作逐步开始受到社会的重视，并在社会生活中发挥积极作用。

（二）亚健康概念的提出

当人们处于既不是健康，又不是患病的中间状态，即处于健康与疾病之间的过渡状态时，便称之为亚健康或第三健康状态。这是在20世纪80年代初，世界卫生组织提出的新概念，也被称作“次健康”“疾病前状态”“潜临床状态”等。亚健康状态包括发病的潜伏期、前病期及病后的康复期。处于亚健康状态下的人有如下特征：身体上无明确的疾病，但活力降低、功能减退，常有食欲降低、疲倦乏力、精神不振，并有头晕、失眠、心悸、胸闷、虚汗、恶心和身体不适、疼痛以及易激动、思想不集中、心烦意乱、坐立不安、压抑、学习没有目标、学习和工作效率低等症状。

据专家统计，全世界有30% ～ 70% 的人处于亚健康状态。而大学生处于亚健康状态的也占有一定比例。1998年国家教委对12.6万名大学生进行调查，发现有近40% 的大学生存在亚健康状态。而据另一调查研究显示（2007年），上海市14.29% 的大学生身心状况处于“亚健康状态”。其中，对自己专业不满意、父母期望值太高、吸烟、上网时间太长、经常熬夜等是导致身心出现问题的主要原因。

处在亚健康状态的人，如果具有良好的保健意识，注重生理卫生和心理卫生，就可能向健康的方向发展；如果忽视生理卫生和心理卫生，不注意改变或调整自己的生活方式，就可能转向疾病的状态。

（三）心理健康的含义与标准

1．心理健康的含义　关于什么是心理健康，不同的学科领域、不同的学者持有不同的理解。《简明不列颠百科全书》将心理健康解释为：心理健康指个体心理在本身及环境条件许可的范围内所能达到的最佳功能状态，而不是指绝对的十全十美。

恩格尔（GL. Engel，1958）指出，心理健康是指一种持续的心理状态，当事人在那种情况下，能有良好的适应能力，具有生命的活力，并能充分发挥其自身潜能。这是一种积极的体验，不仅仅是免于心理疾病而已。

我国学者王效道等人认为心理健康者应具有如下特征：智力水平处在正常范围内，并能正确反映事物；心理和行为特点与生理年龄基本相符；情绪稳定、积极，与情境相适应；心理与行为一致；社会适应，主要是人际关系的心理适应与协调；行为反应适度，不过敏、不迟钝，与刺激情境相应；不背离社会行为规范，在一定程度上尚能实现个人动机并使合理要求获得满足；自我意识与自我实际基本相符，“理想我”和“现实我”之间差距不大。

类似的解释我们还可以列举很多，所有的解释都是在描述一种理想的心理状态。在本书中我们愿意借助于王效道教授的观点，将心理健康界定为：一个人能以积极有效的心理活动和平稳正常的心理状态，对当前和发展变化着的社会环境、自然环境、自我内部环境做出良好的适应和调节的一种状态。

2．心理健康的一般标准　当人们普遍意识到心理健康重要性的时候，接下来关注的就是一个人达到了什么样的标准，才算是心理健康的人。为制订出这样一个标准，精神病学家和心理学家都从各自的专业领域做出了相应的努力，于是出现了各种各样的心理健康标准，本书只从其中选取两个业内比较推崇的标准加以介绍。

（1）杰哈塔标准：美国心理学家杰哈塔（M. Jahoda）认为，应该从六个方面评价个体心理是否健康：①自我认知的态度。心理健康的人能对自我做出客观的分析，对自己的体验、感情、能力和欲求等做出正确的判断和认知。②自我成长、发展和自我实现的能力。心理健康的人的心态绝对不会是消极的、厌世的或万念俱灰的，他会努力去实现自己内在的潜能，自强不息，即使遇到挫折，也会成长起来，去追求人生真正的价值。③统一、安定的人格。心理健康的人能有效地处理内心的各种能量，使之不产生矛盾和对立，保持均衡心态。他对于人生有一种统一的认知态度，当产生心理压力和欲求不满时，有较高的抗压力及坚韧的忍耐力。④自我调控能力。对于环境的压力和刺激，能保持自我相对的稳定，并具有自我判断和决定的能力。不依附或盲从于他人，善于调节自我的情绪，果断地决定自己的发展方向。⑤对现实的感知能力。心理健康的人，在现实生活中不会迷失方向，他能正确地认知现实世界，判断现实。⑥积极地改善环境的能力。心理健康的人不会受环境的支配、控制，而是顺应环境，适应环境，并积极地变革环境，使之更适应人的生存。在这样的环境中，他热爱人类，适当地进行工作和娱乐，保持良好的人际关系，并有效率地处理、解决问题。

（2）美国心理学家马斯洛（Maslow）和米特尔曼（Mittelman）提出了心理健康的十条标准：①有充分的自我安全感。②能充分了解自己，并能恰当估价自己的能力。③生活理想切合实际。④不脱离周围现实环境。⑤能保持人格的完整和和谐。⑥善于从经验中学习。⑦能保持良好的人际关系。⑧能适度地宣泄情绪和控制情绪。⑨在符合团体要求的前提下，能有限度地发挥个性。⑩在不违背社会规范的前提下，能适当地满足个人的基本需求。

如果用上述心理健康标准衡量现实生活中的个体，很少有人能完全符合标准。所以，我们应该把心理健康标准视为理想的境界和努力的方向。人与人之间存在心理健康水平的差异，“心理健康”与“心理不健康”之间并非泾渭分明，而是一种从“非常健康”到“一般健康”再到“不健康”的连续或交叉状态。良好的心理健康状态到严重的心理疾病之间是渐进的、连续的，异常心理与正常心理，以及变态心理与常态心理之间并没有绝对的界限，只是程度的差异。人类心理健康水平在统计学上呈常态分布，大部分人都集中分布于中间区域，这一区域代表了人群的平均心理健康水平。少数人高于一般心理健康水平，而心理极端健康的人更少。同样，低于一般心理健康平均水平的人也是少数，心理障碍严重到需要住院的人则更少。没有心理疾病是心理健康的底线（图 1-2）。

3．大学生心理健康标准　上述心理健康的一般标准同样适用于大学生，但大学生作为一个特殊群体，其心理健康还有一些特定的具体要求。综合国内各家意见，在此提出大学生心理健康的十条标准：

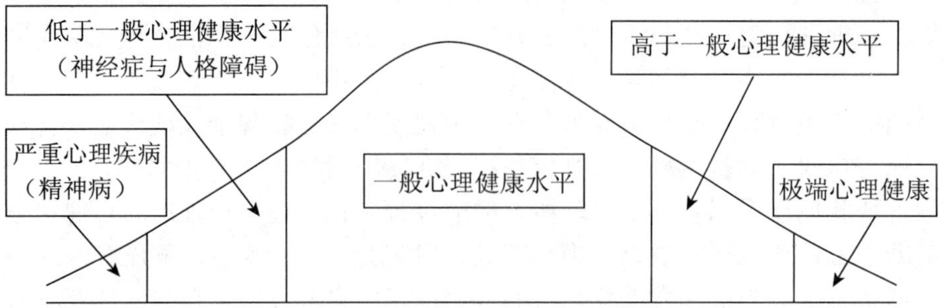

图 1-2　心理健康常态分布曲线

（1）身心感觉良好：自我感觉是否良好是判定个体心理健康与否的基本条件。自感睡眠好、精力充沛、神清气爽、身心愉悦、满足、幸福，是心理健康的表现。自我感觉极差、心情不好、委靡不振、心烦忧愁的人，一定不是心理健康的人。多数精神疾病的患者自我感觉不好也是一个反证。

（2）人格和谐健全：人格和谐健全的大学生，在思维方式、行为模式和情感反应等方面，一贯表现出协调、积极，行为方式适度，不走极端，凡事能从积极乐观的方面去考虑。他们心胸开阔，真诚待人，言行一致，表里如一，热爱生活，努力学习；面对困难，发挥自己的潜能和调控自己的行为，努力完成目标；遇到挫折，采用健康的应对方式积极应对，能经受住打击而保持自身人格的完整和谐；他们自信而不自负，自谦而不自卑，自尊而不自傲，容易被其他同学喜欢，进而形成深厚的友谊。

（3）人际关系良好：大学生能否友好地与他人相处也直接影响其身心健康及今后的社会适应。美国的社会心理学家弗洛姆曾就现代人的孤独感与不安全感提出两点建议：学会爱与勤奋工作。其中的“爱”主要是去爱自己的亲朋好友及周围的同事。增加人际交往与心灵沟通，减少人际间的冲突，便可减少由于激烈的社会竞争导致的孤独感与心理封闭。大学生要保持愉快的心境和健全的人格，应当学会营造宽松的人际环境，建立良好的人际关系，在与别人相处时，肯定的态度（如尊敬、信任、友善等）应多于否定的态度（如憎恶、嫉妒、怀疑等）。

（4）正确的自我认识：正确地认识自己并进行正确的自我评价是心理健康的重要条件。正确的自我认识包括对自己的身体外貌、能力、气质、性格、行为表现的认识；能实事求是地看待自己的学业和成就，有切合自己实际的志向水平；能悦纳自己、关心自己、尊重自己，大胆恰当地表现自己；能正确对待自己的长处和不足，对自己的优点感到欣慰，但又不至于狂妄自大、自满自足，对自己的弱点和不足能够正视，不回避，但不过于自责、自暴自弃。

（5）情绪积极、稳定协调：情绪积极的大学生，对客观事物有正确的认知和合理的态度，多数情况下，都能产生正常适度的情感体验和积极的情绪反应，快乐、满意、幸福等积极的体验成为优势感受。在顺境中，不会被胜利冲昏头脑，骄傲自满、盛气凌人、忘乎所以；在逆境中，也不会自怨自艾、多愁善感、抑郁沮丧、消极悲观，心境稳定平和，情绪较少出现波动。

（6）坚强的意志：意志坚强的大学生在自觉性、果断性、坚韧性和自制力等方面都表现出较高水平。他们不过分依赖于别人，面对挫折和困难能够调整自己的心态，采取合理、积极的解决办法。爱因斯坦说过：“优秀的性格和钢铁般的意志比智慧和博学更为重要。”意志坚强的人，其心理一般都是比较健康的。

（7）正视现实，接触社会：心理健康的大学生能面对现实，接受现实，并主动地适应现实，进而改造现实，而不是逃避现实；对周围的事物和环境能做出客观认识和评价，能与现实环境保持良好的接触；既有高于现实的理想，又不沉湎于不现实的幻想与奢望。现实生活往往是复杂多样的，如不能看到不如意、阴暗的一面，其心理是简单幼稚的；然而，如果只看到阴暗面而见不到阳光美好的一面，其心理必然是灰暗痛苦的。

（8）热爱学习和生活：学习是大学生的主导活动，是他们每天必须认真对待的事情。我们很难想象，一个不愿意学习的大学生是心理健康的人。心理健康的大学生一定是有着强烈的求知欲望，愿意学习、快乐学习的学生，他们能从求知的过程中享受到快乐。心理健康的大学生还一定是热爱生活、珍惜生活、积极投身于生活并在生活中尽情地享受人生乐趣的人。尽管生活中会遭遇各种挫折，有那么多的不如意，但都不会剥夺他们对生活本身的热爱。

（9）心理行为符合年龄特征：不同的年龄阶段有相对不同的心理行为表现，从而形成了不同年龄阶段独特的心理行为模式。一个心理健康的人，其言行举止必然符合其年龄特点。若偏离了与多数同龄人相符的心理行为特征，则是不健康的表现。

（10）目标确立合理适中：心理健康的大学生能树立正确的世界观和价值观，有理想，有追求，有目标；理想和目标符合社会需要，追求的目标力所能及；在理想指引下和目标导向下勤奋好学，自强不息。

【专栏 1-2】

在心理学界曾有这样一个真实的故事：心理学家大卫·罗森汉让一些正常人，包括他自己去了 12 家不同的精神病院，看医院的医生是否会把眼前的正常人从精神疾病的病人中辨别出来。

为了能够进入精神病院，罗森汉和他的助手们（儿科医生、精神病学家、画家、家庭主妇、心理学研究生各一名，其余都是心理学家，共 8 人）的自诉都相同：几天内不允许洗澡、刷牙，主要是为了显得邋遢，并自诉总是能听到一些奇怪的声音。他们叙述这些声音不怎么明确，但似乎是“空”“空”“砰”的声音。除了这些声音，所有假患者都如实讲述自己过去和现在的情况（只是没有说出真实姓名和职业）。

几乎所有假患者均被诊断为精神分裂症，并都被允许住院。住医院后，他们就完全正常地生活，并终止一切假装出来的变态行为。按照常理，正常人很容易且很快会被从不正常的人中识别出来。假患者最初还担心他们的骗局会被立即揭穿。但是，入院后不久，他们的担心变成了盼望出院，因此，他们尽量表现出正常行为。遗憾的是，他们最终没有被发现！某些人在医院里竟然呆了 52 天之久，而只是由于医院以外有人干预，他们才得以出院。医院工作人员并没有认识到他们做了错误的诊断。所有的假患者出院时都有一个“精神分裂症缓解”的诊断，意思是他们仍然是不正常的，但他们的症状暂时减轻了。他们中有的人住院期间勤写笔记，记录住院期间的经历，被医护人员称为“书写行为”，即精神分裂症导致的某种偏执行为。

在这之后罗森汉还做了另外一个研究，来确定已料到会碰到假患者的医院工作人员是否能将心智健全者从心智不健全的人中区分出来。被研究医院的工作人员已经知道罗森汉第一个研究的结果，并且不相信这种错误会在自己的医院里发生。罗森汉告诉这些工作人员，在以后的三个月中，会有一个或几个假患者在某个时间来医院试着争取住院。在三个月的时间里，被接受住院的人共有 193 人。这些人当中，41 名被判断为是假患者的可能性很大，即他们都完全正常。然而，事实上罗森汉没有派任何假患者去这家精神病院。

第二节 大学生心理健康教育的目标、任务、意义与原则

现代意义的心理健康教育于19世纪末20世纪初起源于美国，后来逐渐为西方国家广泛重视。如今，发达国家已形成了较为完备的心理健康教育体系，水平较高，而我国心理健康教育发展较晚，还处于发展初期。心理健康教育既包括面向社会大众开展的心理卫生知识的普及宣传，也包括面向在校学生开展的学校心理健康教育。大学生心理健康教育是学校心理健康教育的重要组成部分，它是指教育者根据大学生的生理、心理发展的特点，运用有关心理学的教育方法和手段，培养学生良好的心理素质，促进学生身心全面和谐发展和素质全面提高的教育活动，它是素质教育的重要组成部分，是培养高质量人才的重要环节。

一、大学生心理健康教育的目标和任务

为进一步加强和规范全国普通高等学校大学生心理健康教育工作，2002年，教育部出台了《普通高等学校大学生心理健康教育工作实施纲要》，明确提出了我国大学生心理健康教育的目标和任务：

全面贯彻党的教育方针，以全面推进素质教育为目标，以提高大学生的心理素质为重点，促进大学生全面发展和健康成长。

……根据大学生的心理特点，有针对性地讲授心理健康知识，开展辅导或咨询活动，帮助大学生树立心理健康意识，优化心理品质，增强心理调适能力和社会生活的适应能力，预防和缓解心理问题。帮助他们处理好环境适应、自我管理、学习成才、人际交往、交友恋爱、求职择业、人格发展和情绪调节等方面的困惑，提高健康水平，促进德、智、体、美等方面全面发展。

宣传普及心理科学基础知识，使学生认识自身的心理活动与个性特点；宣传普及心理健康知识，使大学生认识到心理健康的重要作用，特别是心理健康对成才的重要意义，树立心理健康意识。

培训心理调适的技能，提供维护心理健康和提高心理素质的方法，使大学生学会自我心理调适，有效消除心理困惑，及时调节负面情绪；使大学生养成良好的学习习惯，掌握科学、有效的学习方法，提高学习能力，自觉地开发智力潜能，培养创新精神和实践能力；使大学生树立积极的交往态度，掌握人际沟通的方法，学会协调人际关系，增强适应社会生活的能力；使大学生自觉培养坚韧不拔的意志品质和艰苦奋斗的精神，提高承受和应对挫折的能力。

认识与识别心理异常现象，使大学生了解常见心理问题的表现、类型及其成因，初步掌握心理保健常识，以科学的态度对待各种心理问题……

根据大学生活不同阶段以及特殊群体学生的心理特点，有针对性地实施心理健康教育。新生心理健康教育重点放在适应新环境内容上，帮助他们尽快完成从中学到大学的转变与适应；二、三年级学生的心理健康教育要以帮助他们了解心理科学基础知识、初步掌握心理调适技能以及处理好学习成才、人际交往、交友恋爱、人格发展等方面的困惑为重点；对于毕业生，要配合就业指导工作，帮助他们正确认识职业特点，客观分析自我职业倾向，做好就业心理准备。在日常的学习、生活中，要针对大学生普遍存在的、较为集中的心理问题安排专题教育。此外，要特别重视经济困难、身体有残疾等特殊学生群体学生的心理健康教育工作。

二、大学生心理健康教育的意义

（一）提高心理健康水平，顺利完成学业

当代大学生正处在青年中期，虽然他们的生理趋于成熟，但心理尚未完全成熟，人生观、

价值观、世界观正在形成过程之中。面对生活环境中的种种问题、观念的冲突、利益的抉择，许多人因处理不当而陷入焦虑、失望和困惑之中，甚至出现严重的心理问题。原国家教委对12.6万名大学生调查结果表明，20.3%的学生有不同程度的心理问题或心理障碍。原山东医科大学统计，该校14年内因病休学的学生中，精神疾病居首位，占休学人数的37.5%。

以上事实说明，心理问题已成为困扰学生学习和生活的重要原因，如不能及时解决势必成为大学生健康成长的障碍。

随着高等教育体制的改革，学生上学要缴费，毕业生要自谋职业。紧张的学习、竞争压力、复杂的人际关系、失恋、转轨时期价值观念的不稳定性以及外来文化的冲击，使得大学生发生心理问题的概率大大提高，这些心理问题的存在已经成为大学生不能顺利完成学业，甚至引发校园内恶性事件的重要原因。所以，如何通过系统科学的大学生心理健康教育，使他们掌握必要的心理卫生知识，学会有效的心理调适的技巧和方法，遇到心理问题时知道到哪里去求助，让他们有知识、有能力妥善处理学习和生活中遇到的困难和矛盾，并在处理矛盾的过程中不断成熟进步，使自己的心理健康水平不断提高，少患或不患心理疾病，最终顺利完成学业。这是大学生心理健康教育最基本的使命。

（二）优化心理素质，适应未来社会

国民的素质包括身体素质、文化素质、业务素质、道德素质和心理素质。心理素质是文化素质、业务素质、道德素质的基础和前提，在个体的社会适应过程中发挥着重要作用。大学阶段不仅是增长知识才干的时期，也是人格渐趋稳定和心理素质走向成熟的阶段。大学生心理健康教育着眼于学生的良好人际沟通能力的培养、坚强意志品质的塑造、宽广胸怀和乐观向上精神的构建、开拓创新潜能的开发挖掘，通过课堂教育、反复强化训练以及丰富多彩的社会实践活动，优化学生的心理素质，使他们形成良好的心理品质。我们希望通过系统的大学生心理健康教育，使每个学生都能形成适应未来社会的良好心理素质。

三、大学生心理健康教育的原则

大学生心理健康教育是一项复杂的系统工程，具有很强的科学性、专业性和技术性，在实际工作中，除了必须遵循学校教育的一般原则以外，还要遵循学校心理健康教育所特有的原则，这些原则体现在如下几个方面：

（一）教育性原则

教育性原则是指教育者在开展心理健康教育过程中，要牢固树立育人为本的思想，要根据学生的具体情况，提出积极中肯的分析，始终注意培养学生积极进取、乐观向上的精神，帮助学生树立正确的人生观、价值观和世界观。针对学生在学习、生活以及交往过程中遇到的心理困惑，以及由此而产生的对社会上人与事的不满言行、错误观点甚至敌对的态度行为，教育者应该用心理学的理论、技术和方法，帮助他们明辨是非，端正他们看问题的角度、立场和方法，建立积极的思维模式，使学生在发展良好的心理素质和排解心理问题症结的同时，受到人生观、价值观和世界观的教育。

（二）发展性原则

发展性原则是指在开展大学生心理健康教育过程中，必须坚持以发展的观点看待学生，要遵循学生身心发展的规律，以发展为重点，促进全体学生获得最大程度的发展。贯彻发展的原则应该努力做到：一是确立发展的理念，明确发展既是大学生心理健康教育的出发点，也是归宿；二是大学生心理健康教育的重点是挖掘学生的心理潜能，促进学生的心理发展，防治应与发展相结合；三是在大学生心理健康教育过程中，应以辩证的观点看待学生当下存在的问题，要以鼓励和赏识的态度帮助学生战胜困难、克服不足，坚信他们一定有自我完善、自我发展的

能力。

（三）全体性原则

全体性原则是指大学生心理健康教育要面向全校所有的大学生，全体学生都是心理健康教育的对象和参与者。心理健康教育的计划、组织和实施都要着眼于全体学生的发展，考虑到绝大多数学生的共同需要和普遍存在的问题，以多数学生心理素质的优化和心理健康水平提高为大学生心理健康教育工作的出发点和最终目标。

贯彻全体性原则，应该注意：一是要了解和把握多数学生共同的心理需求和普遍存在的心理健康问题；二是对学生要一视同仁，尽可能最大限度地让更多的学生参与其中的所有活动；三是所有工作的出发点要有利于促进全体学生的发展和成长。

（四）主体性原则

所谓主体性原则，就是在整个心理健康教育过程中，把学生作为主体，充分发挥学生自身的主观能动作用。之所以要坚持主体性原则，是因为：一是学生的健康心理形成过程，实际上是优良心理素质不断内化的过程，只有通过学生内部积极性的调动，才能顺利实现“内化”的。学校的任何教育措施都是客观外在的事物，这些外部影响只有通过主体的积极“吸收”，才能转为主体内部的稳定的心理特征；二是心理健康教育本质上是一种助人和自助的活动，“助人”是手段，让学生形成“自助”的本领才是目的。要达到“自助”的目的，只有让学生以主体的身份直接参与这一活动；三是青年时期是大学生自我意识、独立性渐趋成熟的时期，心理健康教育贯彻主体性原则，不仅发挥了学生的主观能动作用，还使他们追求独立的愿望得到了满足。

（五）活动性原则

活动性原则是指大学生心理健康教育要把学生作为活动的主体，注重通过丰富多彩的活动来促进学生的心理发展。实践活动是个体心理发生发展的基础，因此，针对大学生各种心理问题的心理健康教育，其内容、形式和方法等不能只停留在一般知识的简单传授上，应该让学生在各种模拟和实际情境中去讨论、体验和训练，甚至创造条件让学生直接深入到真实的社会情境中感受和体验，从而让他们在实践中不断提高心理健康水平和完善个性。只有在实践中形成的心理技能才能有效地应用于实践。

（六）民主性原则

民主性原则和学生主体性的原则是相辅相成的，因为只有在民主型的师生关系中进行心理健康教育，才能真正体现学生的主体性。只有坚持民主性的原则，以真诚、友爱和平等的态度对待每一个学生，成为学生的知心朋友或良师益友，学生才愿意亲近教师，对教师说心里话，教师才能了解和掌握学生真实的需要和想法，心理健康教育才有针对性，才能在坦诚、轻松的气氛中进行，才能收到事半功倍的效果。为此，教师在从事心理健康教育的过程中，必须充分尊重每一个学生的权利、意见和人格尊严。一切居高临下的说教都不是真正意义上的心理健康教育。

（七）发展、预防和诊治相结合的原则

大学生心理健康教育的根本目的在于面向全体大学生，开发他们的潜能，优化其心理素质，增进心理健康，促进心理发展，预防心理疾病。面向正常的学生开展心理健康教育服务永远是其第一位的工作。同时对少数学生面对学习、生活和社会交往等方面存在的困扰和成长中出现的心理危机及时有效地给予帮助和调节，对个别有心理问题的学生给予积极有效的心理辅导咨询，对患有心理疾病的学生要及时与家长联系，提供建议，转介到专业的医疗机构，使其接受更加专业的干预帮助，以使心理疾病得到及时有效的治疗。大学生心理健康教育要坚持发展、预防和诊治相结合的原则，工作的重点在于促进学生的发展和预防心理疾病。

（八）保密性原则

保密性原则是指在开展大学生心理健康教育过程中，教育者有责任对学生的个人情况以及谈话内容等予以保密，学生的名誉权和隐私权应该受到道义上的维护和法律上的保护。在心理健康教育的过程中，尤其是在个别心理辅导的情境中，学生可能向教育者说出个人的秘密、隐私、缺陷、难以启齿的家庭矛盾，以及由此产生的心理困扰、矛盾、冲突等。教育者有责任、有义务对这些信息予以保密。如果随意将学生有关信息散布出去，可能引发学生和教育者及其所在教育机构之间复杂的法律纠纷。其实，也只有在隐私得到保密的承诺中，学生才可能向教育者敞开心扉，畅所欲言，心理健康辅导才能取得实效。所以，坚持保密原则，既是对学生隐私和人格尊重的需要，也是谋求心理健康教育成效的根本要求。

第三节　大学生心理健康教育的主要途径

大学生心理健康教育要完成其规定的教育内容、实现其预定的教育目标，就必须通过一定的途径加以实施。本书借鉴我国学者姚本先教授的观点，将大学生心理健康教育的途径分为如下三个方面。

一、校内心理健康教育专门途径

（一）开设大学生心理健康教育课

《中共中央国务院关于进一步加强和改进大学生思想政治教育的意见》（中发〔2004〕16号）中明确要求：推进大学生心理健康教育工作科学化建设，进一步发挥课堂教学在大学生心理健康教育工作中的主渠道作用，提高大学生心理健康素质。此后，各高校纷纷以选修课或必修课程的形式，将大学生心理健康教育课程列入本校各专业的培养方案中，但开设本门课程的学时、授课形式、教学内容、考核方式可谓五花八门。为了进一步规范大学生心理健康教育课程的教学工作，2011 年，教育部制定出台了《普通高等学校学生心理健康教育课程教学基本要求》，该要求已经成为中国高校开设大学生心理健康教育课程的基本标准。

高校学生心理健康教育课程是集知识传授、心理体验与行为训练为一体的公共课程。课程旨在使学生明确心理健康的标准及意义，增强自我心理保健意识和心理危机预防意识，掌握并应用心理健康知识，培养自我认知能力、人际沟通能力、自我调节能力，切实提高心理素质，促进学生全面发展。

通过课程教学，使学生在知识、技能和自我认知三个层面达到以下目标。

知识层面：通过本课程的教学，使学生了解心理学的有关理论和基本概念，明确心理健康的标准及意义，了解大学阶段人的心理发展特征及异常表现，掌握自我调适的基本知识。

技能层面：通过本课程的教学，使学生掌握自我探索技能、心理调适技能及心理发展技能，如学习发展技能、环境适应技能、压力管理技能、沟通技能、问题解决技能、自我管理技能、人际交往技能和生涯规划技能等。

自我认知层面：通过本课程的教学，使学生树立心理健康发展的自主意识，了解自身的心理特点和性格特征，能够对自己的身体条件、心理状况、行为能力等进行客观评价，正确认识自己、接纳自己，在遇到心理问题时能够进行自我调适或寻求帮助，积极探索适合自己并适应社会的生活状态。

（二）开展大学生心理健康咨询

各高校普遍设立了大学生心理健康咨询中心，多数高校将其设在学生工作部，“中心”作为学工部的直属服务机构，面向全校学生开展心理健康咨询服务工作。教育部对高校心理咨询中心的人员数量、素质以及设备、设施都有明确的要求，并且举办了各级专业的培训班，对高校大学生心理健康咨询人员进行专业化的培训。在大学生心理咨询中心，既可以做个别心理辅导，也可以做团体心理咨询和心理训练，还可以通过心理热线电话，为求助的学生服务。

（三）建立大学生心理健康网站

在校园网上建立专门的大学生心理健康网站，学生通过网站随时自主学习有关心理健康的知识和心理调适的技巧，欣赏心理电影，完成简单的心理自我测试，加盟大学生心理论坛，匿名进行心理咨询。在互联网高度发达的今天，高水平的大学生心理健康网站的建设在大学生心理健康教育中发挥着十分重要的作用。所以，一个高校是否建有一个优秀的心理健康教育网站，是考量这个学校是否重视大学生心理健康教育的重要指标。

（四）大学生朋辈心理辅导

有关调查研究结果表明，多数学生遇到心理困难时，最先向朋友倾诉和寻求帮助，而不是求助于专业的心理咨询机构。所以，如何发挥大学生同辈的作用，开展有效的心理辅导，是心理学家十分关注的问题。大学生朋辈辅导是指由受过训练和督导的大学生为其他学生同辈提供具有心理辅导功能的帮助过程，相对专业心理咨询而言，该过程被称为“准心理咨询”或“非专业心理咨询”。学生朋辈心理辅导改变了只有专业心理咨询师才可以助人的状况，让更多的学生成为高校心理咨询的主体，充分发挥了大学生心理健康教育过程中的主观能动性。由于具有实施方便、推广性强、见效快的特点，目前在大学生心理健康教育领域逐渐受到重视。事实上，在美国高校中，学生朋辈心理辅导是开展大学生心理健康教育服务的重要形式。大学生朋辈心理辅导是一个系统工程，包括人员的招聘、培训、选拔、跟踪、管理、督导等环节，其中培训是关键环节。为了有效开展大学生心理健康教育工作，在我国高校的班集体中，普遍设有心理委员，他们是开展大学生朋辈心理辅导的基本力量。

（五）开展心理普查，建立大学生心理健康档案

在大学生中开展心理健康教育，首先应从整体上掌握大学生的心理健康情况，只有这样才能使心理健康教育有的放矢，收到良好的效果。在一般情况下，新生入学后三周内进行团体心理测试，然后将其结果按有无心理问题分类装卡，对可能有心理问题的同学进行重点跟踪咨询，对有严重心理障碍的同学进行重点监控或采取措施，以防患于未然。学校对大学生心理健康档案要严格保密，防止给大学生带来心理负担。

二、校内的心理健康教育渗透途径

（一）学生管理渗透

在大学校园里，与学生接触最多的老师莫过于学生辅导员和班主任。他们与学生朝夕相处，了解学生的需要，理解学生，因此，理应成为大学生心理健康教育的基本力量。他们应该在对大学生的管理服务过程中，不失时机地宣传心理健康的理念，传授认识自我、完善自我、团队合作、与人沟通的技巧和方法。所以，辅导员、班主任，尤其是辅导员，应该自觉地完善自己的知识能力结构，不断地学习，最终成为大学生心理健康教育的行家里手。

（二）学生课外活动渗透

在大学期间，大学生将有机会参加校、院系、班集体的各种集体活动，同学们要根据自己的实际情况，积极而有选择地参加课外实践活动。要认识到，实践活动是完善自我、优化心理品质的最好载体：通过参加演讲比赛可以锻炼自己当众说话的能力；通过参加校园英语沙龙，可以在锻炼自己英语应用能力的同时，跨专业结交很多新同学；通过参加临床技能团体大赛，可以强化自己的团队意识，学习团队成员之间如何相互理解和配合；通过到附属医院参加大学生志愿者活动，可以强化自己对生命意义的理解和对生命的尊重；通过参加拓展训练，可以锻

炼自己的坚强意志……总之，学生课外实践活动在大学生心理健康教育中具有课堂教学不可替代的作用。所以，要充分调动共青团、学生会、学生社团的积极性，建立科学长效的活动机制，让大学生课外实践活动在大学生心理健康教育工作中发挥更加积极的作用。

（三）专业课程教学渗透

专业课程教学渗透心理健康教育，是指专业教师在专业课程教学过程中，不忘心理健康理念，在授予学生一定的专业知识、技能，发展他们的智力和创造力的同时，不失时机地渗透心理健康的知识，为增进学生的心理健康、完善其人格做出自己的贡献。例如，在组织课堂教学的过程中，强调对他人尊重的重要性；在开展以问题为导向的教学方法（problem-based learning，PBL）的教学过程中，强化学生的合作意识、团队意识；对性格内向、不善言语的同学，有意识地加强其课堂提问；在人体解剖学教学过程中，通过对遗体捐献者奉献精神的宣传，让学生重新认识生命的意义和价值；在讲授诊断学时，融入人际沟通技巧的传授……大学生心理健康教育是一个系统工程，必须人人参与、齐抓共管，校园里每一名员工都应该是心理健康的传播者、关注者。在这个过程中，专业课教师应该成为大学生心理健康教育的重要渗透者。

三、校外心理健康教育家庭支持途径

大学生在经济上还不能独立，家庭的供养仍然是其经济的基本来源，所以，即便是离开父母来到大学过着集体生活，但家庭的影响对其心理发展仍然发挥着重要作用。科学研究结果表明，那些心理存在明显缺陷的学生，其心理问题的产生往往与家庭环境、家长的教育方式以及家长的个性特征有着密切的联系。所以，对有心理问题学生的教育和心理干预，一定要取得学生家长的配合、家庭的支持。如果家长能充分认识到心理健康教育的地位和作用，就会自觉主动地配合学校，创造有利的家庭环境，调整自己的教育方式，帮助、影响孩子形成健康良好的心理品质，从而起到学校不可替代的作用，收到事半功倍的效果。

【案例分析】

给黑熊毁容的清华学子

案例回放：2002 年 1—2 月间，清华大学 22 岁学生刘某先后两次在北京动物园熊山向黑熊、棕熊投喂、倾倒事先准备的氢氧化钠溶液、硫酸溶液，致使 3 只黑熊、2 只棕熊（均为国家二级保护动物）受到不同程度的损伤，给北京动物园造成一定的经济损失。当刘某被质问伤害黑熊的原因时，他说是为了测试黑熊嗅觉的灵敏度。

刘某 1980 年生于北京，1998 年考入清华大学，事发时已被推荐为硕士研究生。父母离异，刘某一直与母亲一起生活，家境一般。

事发后刘某在面对记者的提问时显得异常平静。“我母亲告诉我，在我出生第 100 天，父母就离婚了，母亲为了我至今没有结婚。我只知道父亲姓刘，其他一概不知。母亲对我一直特别关心，教我怎么为人处世，在学习上管得更严。上初中时，一次放学后，我没做作业，跟别人去打雪仗，回家后，被母亲骂了一夜。”

“我从小就喜欢小鸡、小鸟等小动物，自己家也养过鹦鹉。我小时候就特别喜欢动物玩具，但家里没有钱，买不起，只能买一些卡片。”“我就是从书上看到熊的嗅觉特别灵敏，分辨能力特别强，所以就想试一下。第一次我在动物园熊山向熊倒了火碱后，看到熊没有什么反应。于是我第二次又想用硫酸试一下，因为硫酸有气味，熊应该能闻出来……”

案例分析：从案例中可以看出，刘某虽然已经 22 岁，但是仍然有着一颗孩童般的好奇心，而且采用的是孩童般的恶作剧来满足自己的好奇。特殊的家庭环境和特殊的成长经历，使他的人格发展与年龄增长没有同步，人格的成熟远远落后于年龄的增长。由此看来，纵观一个人的发展，只有好的学习成绩是远远不够的，健全的人格和基本的道德素养同样重要，它是一个人适应社会的基础，否则，纵有清华文凭，也难以驰骋社会。

（崔光成）

第二章　适应与心理健康

【哲人的忠告】

心若改变，你的态度跟着改变；态度改变，你的习惯跟着改变，习惯改变，你的性格跟着改变；性格改变，你的人生跟着改变。

——马斯洛

良好的适应是个体心理健康的一项最基本的标志，是大学生心理素质的重要组成部分。经过十年寒窗，终于踌躇满志地步入大学校园，每一个大学新生所面临的都是一个全新的世界。从中学到大学，无论是生活环境还是学习方法，无论是个人的目标还是社会的期望，都发生了很大变化，因此，他们大都要经历从不适应到适应的转变过程。而如何由不适应到适应，顺利度过适应期，尽快融入大学生活，是摆在每一位大学新生面前的重要课题。

第一节　适应概述

一、适应的概念

适应是指个体通过不断调整自身使其个人需要能够在环境中得到满足的过程，是自我与环境和谐统一的一种良好的生存状态。每个人的一生都是一个不断适应的过程。

在现实生活中个体为了满足自己的需求，而经常与环境发生调和作用，这个过程就是适应。达尔文的“物竞天择、适者生存”所强调的就是人类个体的这种适应能力。个体的适应主要有两种途径：一是个体的自我改变；二是个体对现实环境的改变。也就是说，人类对其所属环境，都有一定的适应行为。个体要达到良好适应必须满足两个基本条件，即“需求满足”与“社会认可”。良好适应能增进心理健康，形成健全的人格；不良适应可能导致行为异常或人格的偏离。

二、适应的类型

适应是个体与环境的互动过程。个体在与环境相互作用的过程中通过不断调整自我身心状态，使身心与现实环境保持和谐一致，从而达到认识环境、改造环境、发展自我的目的，因此，个体不同的态度会极大地影响其行为方式，从而影响其适应性表达。

根据个体的行为方式不同，可以把适应分为以下两种类型：

（一）积极适应

积极适应是指个体积极努力去完成心中设定的那个目标，不管遇到任何阻碍，都一定会想尽办法尽力去克服阻碍，达成目标；即使失败了，他也会改变原本目标，制订一个与原来目标相近的目标，再去适应。这是个体主动调整自己与环境不相适应的行为，充分发挥个人的主观能动性，是一种比较高级的、主动的、目标明确的、积极有效的适应行为。

（二）消极适应

消极适应即在适应过程中，个体由于遭遇到某些阻碍，需求不能得到满足，引起挫折，产生压抑，造成悲观消极心理，是一种人与环境之间消极的互动过程。在消极适应过程中，个体认同、顺应了环境中的消极因素，压抑了自身的积极因素及自身的潜能，违背了人的心理发展方向。其结果就是环境改造了人，而人未发挥自己对环境的能动作用。

这里需要注意的是，无论积极适应还是消极适应，两者的目的都是为了使个体与环境达到一种动态的平衡，只不过角度不同而已，在个体的人生发展历程中两者同样重要，是不可分割的。

三、适应与发展的关系

发展是指人的身心随着时间的推移和适应的进程而不断变化的过程。任何发展都是适应推动的结果，同时，发展过程也是获得新的适应能力的过程。适应与发展是密切相关的，它们是同一过程的两个方面。发展通过积极的适应来实现，同时又使个体在更高的水平上获得新的适应。适应和发展是辩证统一的关系，适应是为了发展，发展是适应的结果。

人生就是一个不断使自己适应环境、成长发展的过程。一个人从中学升入大学，从大学步入社会，这种生活环境的改变，实质上就是一种适应与发展并存的过程。对大学生而言，在大学生活的各个阶段，每个大学生都会面临各种各样的适应问题。只有达到良好适应，才能采取切实的行动转变自己，才能最终使自己发展并成熟。良好的适应过程就是一个适应—转变—发展的过程。作为一名当代大学生，今天若能够很好地适应大学生活，明天就必定会很好地适应不断发展的社会。

第二节 大学生活中常见的适应问题

大学生在进入大学这一全新环境的时候，即将面临着一系列新的问题和挑战。有人曾用鲁迅的作品来总结大学生活：一年级是彷徨，二年级是呐喊，三年级是朝花夕拾，四年级是伤逝，这是很多学生内心状态的真实写照。大学新生们会表现出哪些适应问题呢?

一、角色认同与适应

大学生角色是指作为大学生个体在一定社会环境和人际关系中被期望的各种身份。角色认同即指与角色相一致的态度和行为。大学生角色认同即是大学生对“大学生”角色的认同。从某种意义上说，就是角色的适应。大学新生的环境适应、人际适应和学习适应，归根到底就是环境改变后的角色适应。

（一）角色认同的内容

在大学生活的不同时期，个体所具有的角色不尽相同。大学新生的角色认同涉及学业、生活和人际等诸多方面。角色认同的实质是个体主动地适应环境。其主要内容有：

1．学业地位的认同　大学是人才荟萃的地方，强手如林，因此，大部分学生都将失去学业上的优势，从原来中学里的“尖子生”变成现在大学里的“一般生”；由大家关注的“中心人物”变成“普通一员”。他们感到优等生的地位受到威胁，自信心明显下降，自我评价降低。如果不能顺利地完成角色转变，学业地位就会变成一部分大学生的心病：过去，学业成绩使他们建立自尊、自信；现在，学业成绩又使他们失去自尊和自信。

2．生活方式的认同　大部分学生都是远离家乡开始住校生活的，因此，他们必须培养和具备自理能力，由受家庭父母保护的个体成为独立生活的个体。生活自理要求大学生从学习、交友到衣食住行，全由自己独立地应对。如果某些事情处理得不好，就可能长期受到困扰。

3．人际关系的认同　进入大学之后，人际交往变得十分重要。学习和生活环境的变化决定了大学生不能仅凭个人好恶来决定人际交往。建立新的人际关系既是环境的要求，又是个体走向成熟的必要条件。异性之间的交往是大学生渴望而又难以把握的人际关系，很多大学生有可能尝试恋爱，从而具有恋人角色。

（二）角色认同过程中的心理问题

角色认同是大学生适应环境、走向心理成熟的要求与表现。大学生在心理适应方面出现的种种问题都可以称为角色认同障碍，主要有三种类型：角色固恋、角色混乱和角色退行。

1．角色固恋　角色固恋是一种角色认同障碍，是指个体无法根据自身的成长和环境的变化调整自己的行为，而是仍刻板地沿用过去的角色行为模式来应对当前环境。大学生产生角色固恋实际上是由于他们没有认同自己在新环境中的角色，没有形成适应新环境的反应方式。

大学生的角色固恋还有另外的一种情形，即失恋后的角色固恋。如果某个恋爱关系已经结束，人际情境发生了变化，相应地要求当事人进行角色改变，以适应现实。而失恋后长久感到不适，其实是对自己在恋爱关系中的角色固恋的结果。

2．角色混乱　大学生的角色混乱是指大学生在日常生活、学习和人际交往中的行为表现与人们所认同的、所期望的大学生角色行为明显不协调。角色混乱的个体在思想上处于迷茫和困惑之中，强烈地感到自我的不安全和不确定。某些来自农村的大学生面对自己不熟悉、不习惯的城市环境，也可能会产生角色混乱。

3．角色退行　角色退行是指个体因挫折而改用过去的角色行为模式来应对当前的环境，是一种对现实环境的退避和自我防御。大学生的角色退行与角色固恋虽然都涉及过时的、不适应的角色行为，但不同的是角色固恋是个体不认同新的角色，角色退行的个体是认同新的角色后又回到旧有角色。如不少大学生遭遇挫折时采用中学甚至小学时的行为模式进行应对，就是角色退行的表现。

（三）角色认同过程中的心理调适

大学新生必须通过学习、交友、咨询等心理教育途径和方法，依靠高校大学新生入学适应期的教育，利用大学辅导员、任课教师、学生骨干的传帮带作用，及时地调整心态，以尽快完成从中学到大学的角色转变。

1．主动学习，尽快适应新角色　新生入学后，开始了人生新的里程。大学新生要学会接受眼前的一切，学会全面地、客观地看待事物，有意识地学习一些有关心理方面的知识，如“大学生心理健康教育”“心理学”等公共课或选修课，掌握心理活动的规律，学习心理保健的方法。面对难题，他们可以向老师请教，也可以与同学探讨；面对挫折，也可以求助于心理咨询。

2．了解大学特点，尽快适应新的学习方式　大学的学习方式、学习目标、学习内容、学习方法以及考试方式等都与中学明显不同，只有尽快了解、熟悉新的学习目标、新的学习内容，逐步掌握新的学习方法，才能尽快完成从中学到大学的学习环境的转变。

3．保持“平常心”，客观评价自我　大学新生处在一个特殊的阶段，即人生中“第二次飞跃”的“心理断乳期”，很多学生不能够正确地、客观地、全面地评价自己。只有具备凡人、平常人的心态，才能够发现和挖掘自己的潜力，才能够克服自己的缺点。一个能够做到全面地、发展地看待自己，保持意识与行为表现和谐统一的人，才能够不断地完善自己、发展自己，才能够从现实的自我向理想的自我飞跃。

4．加强意志品质培养，保持乐观情绪　校园是社会的雏形，也是社会的实验室。校园生活中有各种酸甜苦辣，也会受到批评、指责、误解等，这些都是不可避免的。尤其是对于大学新生，不顺心和委屈也许很多，摆在面前需要克服的困难和挫折也会更多。因此，在困难面前谁能够有意识地、自觉地控制自己，对各种挫折不盲目地产生冲动，谁能够有坚忍的耐受力，有坚强的自制力和容忍力，有完成既定目标矢志不渝的顽强意志，有面对挫折的勇气、决心和毅力，谁就能够顺利战胜困难，度过难关，获得锻炼和成长。

5．完善自我设计，升华精神境界　这是顺利完成从中学到大学转变的根本保证。思想成熟与否是衡量一个大学生是否顺利完成从中学到大学转变的主要标志。作为新一代大学生，首先必须树立起历史使命感和社会责任感，要不断完善自己的品格，谦虚谨慎，戒骄戒躁；要不断培养自己宽容、礼让的情怀；向比自己强的同学虚心学习，以他人之长补己之短；面对别人的过失，要学会理解和宽容，用坦诚和爱心对待周围的人，就会体味到生活、学习环境的温馨。

6．充分理解自由，遵守校规校纪　中学阶段老师管得太严，家长约束太多，现在远离了家庭，又不像中学整天有教师督促，部分同学因而放松了对自己的要求，以致不能很好地适应大学生活，有的甚至还触犯校纪校规，令人十分惋惜。大学给学生更多的自由，是对大学生的信任。作为刚刚步入大学的新生，要认识到这是锻炼自己独立生活、自主学习能力的机会，要正确处理好自由与纪律的关系问题。如果思想上失去了约束，各种不良的倾向就会随之而来。

7．抓住契机，顺应转变　古希腊哲学家柏拉图曾经说：“良好的开端等于成功的一半。”刚刚步入大学的学生，应尽快适应新的环境，采取积极进取的生活态度，作好克服困难、迎接挑战的思想准备和方法、技能准备，这将直接关系到从中学到大学转变的速度与效果。大学生要学会克服进入大学时遇到的各种阻碍，抓住契机，取得主动，以崭新的姿态去拥抱全新的大学生活。

大学一年级顺利完成了从中学到大学的接轨，并不意味着整个转变的结束。在大学期间大学生还会经历两次重要的转变，即从大学低年级向中年级的转变和从大学高年级向社会的转变。

二、环境变化与适应

随着年龄的增长，知识能力的提升，很多人开始注重选择一些有利于自己生存的环境如重点学校、优秀社区、经济发达的大都市等。但“选择环境”并不是生活的主题，“适应环境”才是生活的主旨。大学生进入大学之后能否适应大学所在地的自然和社会环境，能否适应大学的学习生活环境，已成为影响大学生能否成才的一个重要因素。

（一）环境变化的内容

从中学到大学环境的改变是一个客观事实，但这并不意味着大学生的认识也能迅速跟上这种转变。

1．生活环境的变化　大学生的心理发展尚未成熟，仍带有一定的幼稚性、依赖性和冲动性。上大学就意味着离开自己熟悉的地方，面对来自四面八方的同学，大家聚在一起，生活习惯、处事方式等都会有一定的差异，但这恰恰是每个大学新生必须面对的。

校园是大学生活中最重要的场所，对校园环境的熟悉和了解程度决定了大学生能否在这个环境中自如地生活、学习。刚刚跨进大学校门的大学生，面对优雅静谧的校园、宽敞明亮的教室、博学多识的师长、浩如烟海的图书，新奇、激动、兴奋之余，每个学生的表现是明显不同的。有的人入学后马上就适应了新的环境，而一部分同学由于对父母有较大的依赖性，在生活方面过去主要由家庭料理，因而缺乏必备的独立生活能力。上大学后，大学生应该从头做起，虚心学习，不怕失败，大胆实践，积累生活经验，自觉主动参与集体生活，学会自己照顾自己，独立处理生活与学习中的问题。

2．语言环境的变化　语言是交流的主要工具，在大学校园里显得尤其重要。操着各种口音的学生在大学校园里应该尝试用普通话交流，但由于一些地区基础教育的薄弱，学生入学时方言较重，普通话水平很低，这样不仅影响与人交往，更重要的是交往的不利易伤害该学生的自尊心和自信心，进而影响到其他的领域。所以，语言环境的适应是不可忽视的。

3．学习环境的变化　学习是大学生活中最重要的一部分，大学的教学体制、教学方法都与中学有着明显的不同。能否尽快适应全新的大学学习生活，直接影响到在校期间的学业，并间接影响以后的工作与生活。而且由于高校大学生的大规模扩招，使得社会、大众对高校培养的大学生质量要求越来越高。为此，学校为了提高学生的整体素质，开始实行与学位挂钩的考核机制，要求综合测评、英语过级、计算机过级等硬性指标。学生为了全面地发展自己，在努力完成本专业课程的同时，还要积极地给自己“充电”，如报考双学位、辅修相关课程、参加各种资格考试等。大学里提倡学生自主学习，课外时间要自己安排，逐渐从“要我学”向“我要学”转变，提倡勤于思考、生动活泼地学习。在大学阶段，学习压力也是大学生们感触最深的。因此，大学新生万万不可轻视学习的适应。

4．就业环境的变化　随着知识经济时代的到来，社会竞争日趋激烈，社会对高学历、高素质人才的需求也急剧增加，大学生就业状况总体上还比较乐观，但就业难、难就业的现象也日益凸显。国家现在实行的“自主就业，双向选择”政策，打破了过去长期以来统包、统分体制的弊端，给当代大学生带来了机遇和挑战，也同时带来了一定的压力。对北京某高校的调查发现，有 40% 的学生认为，就业压力是“导致自己心理压力最主要的原因”。

5．经济环境的变化　大学生在大学生活中所涉及的经济适应主要是面对学费、生活费的管理，以及勤工俭学方面的问题。

（二）环境适应过程中的问题

环境适应不良是很多大学新生都不可回避且必须正视和尽快解决的适应问题。而造成这些问题的原因与他们日常生活经验缺乏和自理能力不足、学习及其他方面的挫折、生活习惯和价值观的反差、对大学生活过分理想化等有密切的关系。

1．自我定位与评价失调　大学生中多数人在高中阶段都是学习尖子、同龄人中的佼佼者，因而自我感觉良好，有较强的心理优越感。进入大学后，不少人在学习上的优势将会削弱或消失，从鹤立鸡群变成平庸之辈，这种地位的变化越强烈，心理落差越大，由此产生了自我评价失调。此外，能力等方面的差异也更加突出。一些学生感到心灰意冷，角色定位产生心理偏差，有强烈的自卑感，易表现出抑郁、焦虑甚至逆反等不良情绪反应。

2．理想与现实的心理冲突　进入大学以前，许多学生对现实社会以及大学生活了解甚少，往往凭着想象，把大学生活描绘得过于理想化，抱有不切实际的幻想和过高的期望。但当他们真正置身于大学之后，才发现现实与自己的理想相距甚远，现实生活中有许多不完善、不尽如人意的地方。这些现象使很多学生心理难以平衡，他们感到困惑、迷惘，产生心灵上的失望感、寂寞感与强烈的不适应感。

（三）积极适应新环境

大学生在适应环境中出现一些问题也是很正常的。为了尽快适应新环境，缩短转变所需要的适应期，建议大学新生们努力把握以下几个方面：

1．培养良好的生活习惯　每个大学生从入学的第一天，就要重视良好生活习惯的培养。

第一，作息时间规律化。生活的规律性是身体健康的重要保证。

第二，掌握和学习必要的生活自理能力，这不仅是适应环境的要求，也是个人成长的必要的条件。

第三，要养成良好的饮食习惯。大学生中胃病患者较多。原因主要有二：一是饮食不规律，不吃早饭或贪吃零食；二是暴饮暴食。有个别学生有吸烟、饮酒的习惯，这不仅影响身体健康，而且也会增加开支。

第四，坚持锻炼身体。近几年，高校中因病休学、退学的人数增多。尽管各高校开设了体育课和开展了各种群众性的体育活动以增强学生的体质，但真正重视身体锻炼的学生却并不多。这与上面所述的没有规律的作息时间是有很大的关系的。

第五，保持乐观而平稳的心境。生活中难免有各种各样的挫折、坎坷与困境。面对困难，要有乐观的态度；遇到逆境，不要失去信心。大学生要学会自我调整，学会寻求帮助，学会向别人倾诉以宣泄、化解心中的郁闷，尽快走出不良心境。

2．安排好业余时间 大学生活的内容丰富多彩，除了教学活动以外，还有各种讲座、讨论会、学术报告会、文体活动、社会实践活动等。这些活动常常让大学新生目不暇接。如果完全凭兴趣，随意性太大，就很难有效地利用高校的有利环境以更好地调动和发挥自己的潜能。要合理地安排业余活动，一定要对自己有理智的分析，做到既参加了活动，又不影响专业课程的学习。

3．探索新的学习方法 对大学学习的不适应最易产生情绪波动与自我评价偏差。摸索适应大学的学习方法，除了向有经验的高年级同学请教，接受任课教师的指导与辅导员的帮助外，大学生自身首先要正确认识大学学习的特点，克服过去依赖老师的习惯；其次，应从个人实际出发，逐步摸索与自己水平、基础相适应的学习方法；再次，注重自学能力的培养，学会管理支配时间，合理安排学习计划，养成预习、复习的习惯，善于抓住学习中的难点和重点，学会应用工具书，利用图书馆等条件。当学习中遇到困难时，不畏惧、不气馁，善于利用各种有限资源，逐渐走出困境。

4．塑造新的自我形象 在大学新的坐标系中，重新找到自己的位置，正确认识自己，重新估价自己，主动接纳自己，将极大地影响新生的适应过程。在新环境下，首先，要看到自己的实力，树立自信心；其次，客观分析自己的优势与劣势，承认差距，看到长处、扬长避短，不事事处处苛求自己；再次，加强自我修养，学习他人优点，取长补短，逐步提高自身素质。

5．确立新的奋斗目标 适应环境最根本的要求是要有明确的奋斗目标。进了大学，高中时期的奋斗目标已变成了现实，新目标又未确立，不少学生感到茫然、空虚，进入“动力真空带”或称“理想间歇期”，出现松劲情绪。没有一个明确的目标，学习就没有持之以恒、永不消退的动力。可见，尽快确立新的奋斗目标，也是大学生走向新生活、适应环境的重要任务。

三、人际关系变化与适应

（一）人际关系变化的内容

当前，迈入大学的学子大多都是独生子女，从小都是在父母的百般呵护中长大的。进入大学校园这一特定环境之中，他们大多都具有强烈的归属感，对友谊、对朋友有着热切的依恋和期望。但是就人际关系而言，大学和高中阶段有了明显的不同。大学新生基本上脱离了对教师、家长的依赖，生活的主要场合转移到了宿舍、班级，能否与同学建立良好的人际关系就成为一个关键。

良好的人际关系包括两方面：一方面是适应他人，宽容他人；另一方面又要维护自己的权利。处理不好同学关系的人大致有两类：一是过分求全，处处都接受，一味地迎合别人，从而失去自我；名义上是与世无争、与人为善，其实是胆怯退缩，怕别人打击报复。这种人内心多有压抑，易出现抑郁症状，或者少数出现极端不理智的行为，如伤害他人、自杀等。另一种是过分维护自己，对别人缺少宽容，以自我为中心，言谈举止不考虑别人的感受和利益。这种人在群体中不被接纳、不受欢迎，是群体孤立的对象。

大学生的人际关系主要有以下几种类型：

1．以地域为线索结成的人际关系 这是大学生重要的人际关系，也是大学新生较早形成的群体关系。最常见的一种形式是同乡会。在这种人际关系中，虽然同学间有老乡感情，易产生亲切感、信任感，能满足交友的需要，并有助于交流信息、互相帮助等好处，但在参与大群体活动时，容易形成小宗派，在处理同乡与他人的关系时，也易感情用事，因此，对“同乡会”的活动学校应给以适当引导并加以必要的控制。

2．以专业为线索形成的人际关系　也称作业缘关系，包括师生关系、同班同学关系、同校同专业关系、同专业的校际关系。其中师生和同班同学关系是主导关系。师生关系有两种，一是学生与各专业课教师的关系，二是学生与辅导员之间的关系。由于大学专业教学的特点，后一种关系更为密切。

3．以兴趣为线索建立的人际关系　这里的兴趣主要是指向专业以外内容的业余兴趣，如对各种球类、牌、棋、摄影、书法绘画、武术等的兴趣，并以此组成相应的社团。与其他人际关系相比，这种关系具有变动性大、随意性强、比较松散的特点。

（二）人际关系适应中的问题

大学新生面对以上种种人际圈，往往在开始时以一种兴奋、积极的态度去参加，期望在这些人际关系中寻求友谊和成才的捷径。然而，当深入进去时，却发现与自己的设想有许多相悖之处。他们在人际交往过程中一般会产生以下几个方面的问题：

1．交往愿望强烈，主动意识差　大学新生大都具有强烈的交往动机，希望尽快地交到朋友，这恰恰说明了处于青春期的大学新生有着强烈的自尊、认同和归属的需要，非常渴望从朋友那里获得感情的共鸣。然而，他们内心交往的愿望虽然很强烈，但实际行动少，主动意识差，和周围人的关系大都不远不近、若即若离，总是希望别人先伸出友情之手，因而经常感到不如意，挫败感很强。

2．交往范围广，问题概率高　大学里的同学来自五湖四海，共同汇聚成一个微缩的社会交往群体，每个人都有了一定的交往机会，可以说大学生的交往是一个多层次、多方位的开放型的系统。但是，并不是每个人都会取得交往的成功。在这个系统的人际交往过程中，彼此发生一些摩擦、冲突，甚至情感创伤，也许都是不可避免的。

3．交往方式多元化，知己较少　丰富多彩的大学生活为大学生们提供了相识、交际的舞台。从陌生到熟悉，从相识到相知，大学生的交往方式与中学相比也呈现出多元化的特点。他们纷纷利用网络、电话、书信、社团活动、文体娱乐活动等资源，广泛地结交朋友。虽然交往的空间很广，但一些学生的切身感受是朋友好像很多，但真正称得上知己的却很少。

4．特殊群体，不容忽视　研究表明，独生子女和经济状况也是当今大学生人际交往的重要影响因素。

现在的大学生大都是“90后”的独生子女。这一代人生而寂寞，没有兄弟姐妹，“自我中心”是导致他们人际关系紧张的一个重要因素。他们在独立生活能力、自立能力、进取意识上明显存在不足，对集体生活缺乏适应能力。在他们身上，明显缺少积极向上、宽容、谦让、合作的品质，自我控制能力、心理承受能力都较差。这就注定了在与其他人相处时可能会发生更多的摩擦与矛盾。

经济原因也是导致大学生人际关系紧张的另一个因素。特困生在高校是一个特殊的群体，其思想教育、生活受到媒体、社会各界的广泛关注，虽然各高校纷纷采取了“奖、贷、勤、免、补”等各种方式来解决困难学生的生活问题，但困难学生不仅仅有经济困难，他们的心理问题也是不容忽视的。

5．恋情萌动，情感困惑　“大一按兵不动，大二蠢蠢欲动，大三全面出动，大四个个反动”，这是调侃大学生恋爱现象的俏皮话，也揭示了恋爱是很多大学生正在经历或已经经历的过程。美好的爱情给年轻的学子们带来了一系列复杂、独特而微妙的情感体验，同时，也是最容易产生心理困扰的地方。他们想恋爱，又担心父母不同意，担心对方不接受自己，担心毕业就会分手；见到周围的人成双成对，自己也在找与不找中犹豫徘徊。对于一些大学生来说，恋爱、发展是主要的困扰问题。同时，处于热恋中的同学不只要学会适应并接纳恋人，进一步发展彼此的情感关系，而且还要学会处理恋爱和学习之间的关系，处理好恋人和朋友之间的关系，这些因素也会给大学生带来一定的心理压力，以至于影响到正常的学习生活。

（三）建立良好的人际关系的方法

面对来自不同地域，性格、行为习惯各异的同学，如何建立协调、良好的人际关系，是每个在校大学生都必须面对和学习的重要内容。

1．把握人际交往原则　良好的人际关系首先取决于交往双方相互尊重、相互理解、相互信任的态度。人际交往原则也是为人处世的基本原则，即平等交往，尊重他人；真诚热情，与人为善；讲究信用，互助互利；热诚助人，不求回报；宽容大度，不卑不亢。在日常学习和生活中，要学会把握和运用这一基本的交往原则。要记住，宽容、克制并不是软弱、怯懦的表现，而是成熟的特征。

2．学习人际沟通的技巧　语言是沟通的工具，而人际关系恰恰就是在沟通的基础上建立起来的。与人交流时语言表达要称呼得体，注意礼貌，用词准确、规范，充分展示语言作为艺术工具的魅力。还有非语言艺术，包括能够掌握和运用好面部表情、眼神、手势、姿态、位置、距离等各种肢体语言，巧妙地表达自己的观点、意见及思想感情。

3．提升人际魅力修养　人际魅力修养主要是指在人际交往过程中逐渐形成的，受到他人赞许、敬佩的积极诱人的个性品质。人际魅力的培养和训练并不是一朝一夕的事情。要想提升自我的人际吸引力，需要在人际交往过程中注意把握以下几点：

（1）注重第一印象的形成：与人交流面带微笑，耐心倾听，表达真诚。

（2）注重外在素质的加工：举手投足大方得体，言谈举止恰到好处。

（3）注重良好人格的培养：自信、谦虚、积极、进取、宽容大度。

4. 锤炼积极交往的能力　在大学期间，每个大学生都应把握好一切可能的锻炼机会，采取积极、主动的方式与他人交往，而不能只是一味地被动等待。友谊不是等来的，而是通过努力获得的。大学生在实践中要不断地总结经验教训，积极建立和改善人际关系。

第三节　大学生适应问题的原因

刚进入大学的青年学子，由于心理发展不成熟、情绪不稳定，很容易产生适应不良，从而出现各种心理问题。这些问题的发生可以归结为两大原因：一是客观因素，即大学生的生活成长环境的影响；二是主观因素，即大学生自身所具有的能力素质的影响。

一、客观因素

1．学校因素　由于现行教育存在的种种弊端，大学生在校学习时面对种种压力。个别教师自身存在心理问题，直接或间接地影响到学生。大学课程设置上不够完善，导致大学生深感自身知识结构不完备，综合素质不强，难以应对社会的挑战。

2．家庭因素　现在的大学生大多是独生子女，有的家长的教育态度、教育方法要么是过分溺爱娇惯，要么是斥责、苛求、打骂。家长的期望过高有时也使大学生感到家庭的巨大压力而处于紧张、焦虑、不安之中。有些家境贫困而且自尊心很强的大学生更会感受到来自生活的压力。

3．社会因素　当今社会处在转型的网络时代，信息泛滥，各种思潮纷乱杂陈。大学校园与社会联系紧密，大学生通过各种信息渠道接受着新鲜事物，但因为缺乏明辨是非、决定取舍的能力，往往导致强烈的心理冲突。同时，大学生了解社会的方式的不系统也会引起对社会的片面认识，对各种社会现象不能正确认知，出现对社会现实的盲目乐观或盲目悲观现象。在考研、就业时也往往因为缺乏客观估计社会形势的能力，而导致受挫。这些都造成了大学生的心理压力。

二、主观因素

1．个性因素　个性不同，适应力也会有所不同。如果一位大学生自身有自卑、自负、敏感、冲动、内向、孤僻和过激等不良人格特质，那么他就会比其他学生更强烈地感受到来自学习、生活、就业等方面的压力。如果大学生能自觉锻炼坚强的意志品质，培养较强的耐受挫折的能力，那么，他们就容易化压力为动力，取得成就。

2．认知因素　有的大学生的自我意识尚需完善，对自己缺乏正确客观的认识，往往自视过高或过低，不能准确地自我定位，对矛盾心理缺乏客观的分析和理解，这是造成大学生心理困扰的重要原因。对现实不正确认知、理想过高，往往使他们对学习、工作、生活条件和环境及人际关系常常提出过高的要求，忽略客观条件的限制。一旦在现实中遇到一些挫折，他们就会大失所望，从而导致自责、自卑、自弃的心理或对他人的敌意情绪。

3．应对能力因素　大学生智力相当，但其应对能力是有差异的。一些学生遇到困难难以处理时，虽然能够对自己的心理变化过程及内外原因进行一定的分析，但却不能积极应对。由于应对能力的局限，使他们不能有效地处理各种生活事件，不能很快恢复自己的心身平衡，而是经常处于一种紧张状态，从而导致心理问题的发生。

第四节　大学生适应能力的培养

联合国教科文组织对于21世纪青少年的教育提出了“学会认知，学会做事，学会共同生活，学会生存”的要求。我国学者根据这一要求，结合我国的实际情况，对大学生的适应与发展提出了以下四种能力的任务和要求，简称“四会”：

一是学会做人。这就要求大学生们拥有正确的人生观、价值观，拥有明确的伦理道德观念和是非观念，遵守社会公德，自身的行为要符合新时期大学生的行为规范，不断地完善自己，努力促进人格成熟，不断增强自主性、判断力和个人责任感，这正是适应与发展的目的所在。

二是学会做事。大学生要具有独立的生活管理能力，要有独立选择、独立决断、独立处理问题的能力以及应对各种生活事件、适应各种环境变化的能力，学会不断积累做事的相关经验，还要有敬业精神和社会责任感。

三是学会与人相处。做到与人和谐相处，既是人际交往能力的一种反映，也是成功所需人际资源的一种体现。大学生应当学会尊重与真诚地对待每一个人，学会接纳他人的长处与不足，并能够与他人进行良好的沟通，在沟通中建立和保持这种亲密的合作关系，在相互交流与分享中促进自我和他人的成长与发展。

四是学会学习。学习是一个人的终生任务。大学生应当热爱学习，更要会学习，不但要学好本专业的知识，而且要学习与之相关的各种人文和自然科学知识，拥有跨学科的交融能力，拥有综合分析问题、解决问题和在复杂信息环境下检索和判断的能力，拥有不断的创新能力。学会学习，不仅仅是为了获得知识本身，重要的是获得一种认识世界的手段和能力。为了更好地适应大学生活，适应环境，适应社会，大学生应该注重适应能力的培养。

一、正视现实，主动适应环境

大学生只有适应不断变化着的客观环境，才能在复杂多变的自然环境和社会环境中健康地生活和积极地发展。对于大学新生来说，新的环境实际上包括外环境和内环境两个部分。外环境的适应就是对学习和生活环境及人际关系的适应；内环境的适应就是大学生对自我角色变化的适应，是一个如何自我调适平衡心态的过程。无论是外环境，还是内环境，都会极大地影响大学生们的心理健康状况。

1．主动把握锻炼机会　凡是有成就的人，没有一个人不是自立的人。而每一个自立的人都具有独立的头脑，具有独立思考和处理问题的能力。刚入学的大学新生可以积极参加一些文体活动、社会实践、勤工助学、社团活动，在活动中检验自己、分析自己、总结自己，这样才能逐步提高自己的自立能力。

2．主动熟悉校园环境　新生入校后要到校园的各处熟悉情况，要熟悉学校的教学、生活设施，了解学校相关的规章制度，认识更多的老师和管理人员，这样，入学时或入学后办理各种手续、解决各种问题就会比别人更顺利、更节省时间，并可以充分利用学校的资源为自己服务。

3．主动向人请教学习　直接向高年级的师兄、师姐请教是熟悉和了解校园生活的快捷方法。一般来说，大多数高年级同学都比较愿意把他们的经验传授给新生，以帮助他们尽快适应校园生活，尽量少走弯路。当然，还可以利用与同乡交往的机会，向同乡请教，这也是不错的选择。

4．主动担负一定的工作　能力总是在锻炼中提升的。大学生应该在客观评价自己学习、组织能力的前提下，抓住班级、学生会以及社团招聘新人的机会，主动参与并担负一定的工作，这样自己就能够更多地和老师、同学接触。与老师、同学接触得越多，掌握的信息越多，锻炼的机会也就越多，因而能力提高得越快，自信心也就逐渐建立起来了。

二、调控自我，主动适应角色

人贵有自知之明。“自知”就是认识自己，在认识自己的基础上自我调整，是每个大学生学习生活中必须完成的任务。

1．明确角色要求　在大学这个新的环境里，新生面临着多方面的变化，为了使自己尽快地适应环境、健康地发展，不但要认识自己，还要了解社会和环境对自己的要求，以便有效地控制和改变自己的态度与行为，达到改善人际关系和提高工作、学习效率的目的，使现实的自己不断向理想的自己靠近。

2．确立合理认知　正确的认知是人适应与发展的前提和基础。大学生对学习生活的不适应，大部分来源于对现实的不合理认知，因此，大学生要时刻保持清醒的头脑，培养自己的辩证思维能力，改变对自我、对他人、对社会的不恰当的认知。

3．有效控制情绪　情绪是心理因素中对人的影响最大、作用最强的因素。良好的情绪状态不仅对大学生学习生活产生积极的影响，而且有利于发挥他们各个方面的成长潜力；相反，不良的情绪状态长期存在，则容易影响学习和工作，甚至引发身心健康问题。大学生要学会有效调控情绪的方法，当发觉自己处于不良情绪状态时，要及时表达自己的感受，通过调整自己的学习生活目标、积极接纳等方法进行调整，为身心健康成长及个性的全面发展奠定基础。

三、合理规划，主动把握方向

“凡事预则立，不预则废。”合理规划目标，就是要求大学生要做好职业生涯规划。有了生涯规划，大学生活将不再杂乱无章，大学生们将不再感到寂寞迷茫，而是充满生机与活力，每天都会看到自己的成长。

1．目标制订要合理　千里之行，始于足下。大学生要想在大学期间充实自己、提高自己、完善自己，就必须制订合理的发展目标。大学生确立发展目标时需要注意两个问题：首先，要考虑社会发展和自我成长的需要，结合自己的实际情况制订合理的学习生活计划。盲目和其他同学攀比或追随社会时尚，不但不会获得成功，还会影响心理的平衡。其次，就是要学会随机应变，情况一有变化，要及时做出调整，以免目标脱离实际而不能实现。只要确立一个合适的目标，就会有行动的方向和动力，就会充满信心和活力，大学生活就会让人感到充实快乐。

2．能力培养要量力而行　每个人都可能拥有属于你自己的最擅长的领域。大学生中人才济济，唱歌、跳舞、书法、绘画、摄影、运动等每个领域都会有很多佼佼者。大学生要结合自身的实际情况量力而行，恰当地选择实践活动的方式，不断提高自己的能力。

3．职业定向要明确　职业目标的确立对大学生的成长与发展具有重要的现实意义。很多高校都开设了大学生职业生涯规划课程或设立大学生职业生涯规划档案，积极开展有关的方案设计活动。大学生如果能在低年级就确定自己的职业生涯规划，则对其后来的大学学习、生活将会有重要的指导意义。

四、端正态度，主动与人交往

对于刚刚迈入大学校门的大学新生来说，新的人际关系的适应远比学习和生活环境的适应要困难得多。面对来自各地风格、特点各异的新同学，如何建立协调、友好的人际关系是非常重要的。大学生在人际交往中最重要的是以诚相待，同时应注意把握以下几点：

1．宽以待人，严于律己　与同学交往中遇到冲突时要耐心、宽容，多检讨自己，这是处理好人际关系的一个重要原则。在同学日常的交往中，磕磕碰碰在所难免，矛盾冲突也时有发生。如果我们能够保持一种宽以待人、严于律己的态度，同学之间就可能减少一些矛盾或不愉快，我们的生活就会更加美好。

2．克服嫉妒心理　事实证明，大学生中攀比心、虚荣心、嫉妒心是影响人际关系的重要因素，尤其是嫉妒心理。嫉妒心理人皆有之，重要的是如何驾驭和把握。克服嫉妒心理最好的办法不是对其进行压抑，而是通过心理的调适和疏导，把嫉妒心升华为合理的竞争观念和有效的行动，在竞争中实现自己的目标，体现个人的价值。

3．积极参加集体活动　“一个人成功 15% 要靠专业知识，85% 要靠人际关系与处世技巧”。健康的集体活动对大学生的全面发展非常有益。在集体中，可以体验到团结合作的重要和快乐，认识到尊重他人情感和意志的必要，学会待人处事，培养集体主义观念。在集体中的每个人，相互尊重对方的个性，相互帮助，克服自身的个性弱点，朝着性格最优化的方向塑造自己。在集体中最易显示青年人的活力，最易强化青年人积极进取的精神。学生如果离开了集体，就会缺乏生气，失去奋斗的勇气，也就难以实现自己的价值。

五、积极行动，主动把握人生

戴尔·卡耐基说得好：“如果想要快乐，就为自己立一个目标，让它支配自己的思想，释放出自己的活力，并激发自己的希望。去做具体而明确的事，把自己全部心思和活力都放在其中，这就叫做积极行动。”

1．行动铸就良好心态　积极行动首先要把握好现在。把握好现在，意味着把现在应该做的事情做好，这样才能抓住未来。积极行动可以摆脱由于环境不适应带来的孤独、苦闷、烦躁、恐惧和空虚。那些活得太累而经常烦恼的人，应积极行动起来，行动会带给你价值，行动会带给你心理上的健康与快乐。

2．行动改变人生命运　美国著名心理学家威廉·詹姆斯说过：“播下一个行动，收获一种习惯；播下一种习惯，收获一种性格；播下一种性格，收获一种命运。”简而言之就是，行动改变命运。积极行动就是要向着目标前行。当代大学生应该积极投入到学习和学校各项活动中去，积极投入到社会的各项实践活动中去，在活动中提高自我选择、自我决断、自我管理的能力，提高处理各种复杂事物的工作能力，同时也提升自己的自信心，完善自己的人格。同时，你也会找到自己的目标，并达到自己的目标。

【心理自我训练】

相识、适应与信任

每个人都需要交往，但只有互动与合作才会使人充实和提高；每个人都渴望交往，但只会向具有安全感的人打开心扉。在人际交往中，相识与信任是人际适应的前提条件。为了提高大学生人际交往中的心理适应能力，我们可以借助于团体心理训练活动，营造安全氛围，使每个人的交往对象逐步由少到多，通过渐进的自我袒露，打开心扉，使学生在团体里感到自在与放松，找到适宜的位置，释放自我和表现自我，从而积极克服交往恐惧，提高彼此间主动合作与交流意识，体验被接纳、被关注的感觉，增强对他人的信任感。

1．活动目标

（1）组建心理训练活动团体；

（2）了解本次活动的内容设计、要求及表现方式；

（3）能够积极参与、主动沟通与合作；

（4）体验自在、释放的感觉；

（5）敢于发现和面对自身存在的问题；

（6）学会自助与助人，感受交往的快乐与心理成长。

2．活动准备 人员安排：每个团体限定 12 ~ 16 名成员。按活动要求打破寝室、性别等界限分组。每组 6 ~ 8 人，指定、自愿或选举一名成员担任组长，并公布于众。

3．场地要求

（1）室内活动——活动室要有足够的空间和可以挪动的椅子，且宽敞舒适。

（2）室外活动——确定盲行路线，道路应有曲折和阻碍，如上楼、下坡、拐弯等，以增加成员的活动体验。

（3）备品要求：活动小道具以及每人准备蒙眼睛用的眼罩、领带或头巾。

4．实施程序

（1）最佳搭档：先按团体人数把准备好的彩色纸剪成三角形或正方形等不同图形，并一分为二。然后由学生自由抽取。每人找到与自己同色且形状相匹配的另一半，结成一组。

（2）两人一组自我介绍：介绍内容包括自己的姓名、爱好、特长、人格特点、家庭情况以及个人愿意，让对方了解有关自己的资料，如最引以为自豪的成就，或者曾遇过的挫折性事件等。每人限时 2 ~ 3 分钟。而且当对方自我介绍时，倾听者要全身心地投入，通过语言与非语言的观察，尽可能多地了解对方，主动交流。时间 8 ~ 10 分钟。

（3）六人（或者八人）一组互相介绍：把三组最佳搭档合并，构成六人一组，每个组员将自己刚才认识的朋友向其他新朋友介绍。介绍完毕后，新朋友可以向被介绍者提一个自己想知道的问题。被介绍者立即回答，当然，如果认为别人问的问题自己不想说，可以表达出来。这样，回答者因被全组其他组员关注而增加信心。

（4）六人（或者八人）围圈而坐：从其中一个人开始，按顺（或逆）时针进行。每个人用一句话介绍自己。要求是这句话中必须包含三项内容：姓名、所属（身份）、自己与众不同的特征。规则是：当第 1 个人说完后，第 2 个人必须从第 1 个人开始讲起，第 3 个人一直到第 6 个人都必须从第 1 个人开始讲起。如果有的同学一时记不起太多的信息，全体成员可以一起帮他。当最后一个同学介绍完毕，全组为之鼓掌。比一比哪一组最先完成。

（5）分享与交流：每个小组派出一个代表，把全组成员一一向大家介绍。大家评议给分，教师将得分写在黑板上。统计各组的成绩，得分高的一组获胜，得分低的一组唱一首歌或做其他活动。

【案例分析】

他为什么要退学？

案例回放：黄某某，男，系某大学一年级学生。入校初期，因为宿舍同学彼此间还不很熟悉，在沟通、交往过程中都很谨慎，相互间能互助、互爱，宿舍同学间关系相处得也算很融洽。但是随着时间的推移，在入校后两个月，随着彼此间熟悉程度的加深，同学们在交往过程中自我克制的部分逐步显露了出来，在交往中相对顾及较少。在一次交往中，该宿舍的一名同学不经意的话，便触动了黄某某敏感的神经。在随后的一周里，他处处感觉宿舍里这名同学的行为都和他过不去，认为自己对他这么好，他怎么能这样。黄某某每次回到宿舍中都感觉宿舍气氛充满压抑，睡觉时也总是翻来覆去，难以入眠，而且在行为举止上也处处和这名同学对着干。无论是生活、学习上，还是心理上，黄某某都产生了很大的波动，甚至有了退学的念头。

咨询调查：黄某某刚入校时表现还不错，但后来同学就慢慢发现他的确存在一些问题，如他总是说起自己高中时多么优秀，老师、同学们是多么地器重自己；在宿舍中经常要求舍友这样那样，以高姿态自居，严于律人，宽以待己；宿舍中个人物品摆放混乱，给整个宿舍的卫生成绩带来影响；敏感多疑，平时很少和大家深入交流，经常对自己做的事反复确认，曾经认为同学在言语上冒犯了他，于是与该同学对着干，导致两人的关系出现了危机，也不知道如何应对解决；基本没有其他的兴趣爱好，也没有参加过社团等学生组织活动；喜欢独处。

案例分析：通过谈话、调查，该生的上述问题在性质上应该是大学新生适应问题，是由黄某某自身的性格、行为等综合因素引起的大学生生活适应、人际交往问题。通过分析，黄某某对自身情况也有了更深刻的认识。在咨询师的进一步引导、帮助下，经过两周的咨询，黄某发生了很大变化，他不仅学会了自我调节的方式，还积极培养了自己的兴趣爱好，如跑跑步，锻炼身体，还经常到图书馆看看杂志、读读报，而且宿舍卫生等也有了很大好转，并主动报名参加了英语演讲比赛等活动。黄某某的情绪状态明显好转，人际关系也明显改善，性格也较以前开朗了许多，已逐步适应大学的生活方式和节奏，努力促进自己更全面的发展。

（张殿君）

第三章　学习与心理健康

【哲人的忠告】

未来的文盲，不是不识字的人，而是没有学会学习的人。

——阿尔温·托夫勒

非学无以广才，非志无以成学。

——诸葛亮

第一节　大学学习概述

《三字经》蕴涵着深厚的人生哲理："子不学，非所宜。幼不学，老何为。""玉不琢，不成器。人不学，不知义。"这些中国历史的文化精髓以最简单的比喻告诉我们一些关于人生、关于学习、关于生活的最浅显也是最真实的道理。学习是人类生活永恒的主题，贯穿于人的生命的全部过程。学习的含义就在于学做一个真真正正的人、堂堂正正的人、具有真才实学的人、光明磊落的人。当今世界教育改革的一大趋势，就是普遍重视大学生综合素质的培养，要求大学生不仅要拥有健全的生理、心理，还要具有良好的道德品质，这也是大学生学习的高层次目标所在。

一、学习的概念

学习（learning）是个体由于练习或经验而产生的行为或行为潜能的比较持久的变化以及获得这种变化的过程。学习是人与动物共有的普遍现象，是后天习得经验的过程。需要特别注意的是行为的变化不等于学习的存在，学习也不等同于操作表现。

一般来说，学习的概念有广义和狭义之分。从广义上讲，学习是指在生活过程中通过实践训练而获得的由经验引起的相对持久的适应性的心理变化，即有机体以经验方式引起的对环境相对持久的适应性的心理变化，他是人和动物共有的现象，心理学领域多采用这一概念。在这个定义中，体现了四个论点：第一，学习是人和动物共有的心理现象，虽然人的学习是相当复杂的，与动物的学习有本质区别，但不能否认，动物也是有学习现象的。第二，学习不是本能活动，而是后天由练习或经验引起的。第三，任何水平的学习都将引起适应性的行为变化，不仅是外显行为的变化（有时并不显著），也有内隐行为或内部过程的变化，即个体内部经验的改组和重建，这种变化不是短暂的而是长久的，只有持续时间较长的行为变化才可称为学习。第四，不能把个体的一切变化都归为学习，只有通过学习活动产生的变化才是学习（如由于疲劳、生长、机体损伤以及其他生理变化所产生的变化都不是学习）。从狭义上讲，学习是指学生的学习，是学生在教师的指导下，有目的、有计划、有组织、有系统地接受知识经验，发展技能，增强体质，形成道德品质和科学世界观的过程，是人类学习的特殊组成部分。其学习过程一般具有四个特征：第一，学生的学习是一种特殊的认识活动，这种认识活动主要掌握前人所积累的科学文化知识，即间接知识和经验；第二，学生的学习是在教师指导下，有目的、有计划、有组织地进行的，是以掌握一定的、系统的科学知识为任务的；第三，学生的学习是在比较短暂的时间内接受前人的知识和经验，学习过程中的实践活动服从于学习目的；第四，学生的学习不但要掌握知识、经验和技能，而且还要发展智能、培养品德以及促进健康个性的发展，形成科学的世界观，以利于今后的生活、学习和工作。

二、大学学习的特点

大学教育是学校教育的最高层次，就受教育者的学习生涯来说，这是从学校教育中的学习走向社会工作环境中的学习的过渡阶段。现简要描述一下大学生学习的几个主要特点，即大学生学习的自主性、创造性和开放性。

1．自主性　所谓自主性学习，即大学生作为学习活动的主体，能调控自己的学习活动，积极主动地获取知识、培养能力和形成专业必需的各种品质。对大学生而言，学习的自主性主要表现在可以自我调整学习目标、自我钻研学习内容、自我选择学习方法。大学生学习的自主性特点是由于大学生自身的生理、心理特征以及大学学习的任务和环境所决定的。

2．创造性　所谓创造性学习，是指遵循主体的个性特征和自主力量，在一定的创造型教育环境中，运用创造性思维和独特的认识问题和解决问题的能力，从事学习活动。大学最基本、最主要的职能是为社会培养高级专门人才。这种专门人才不仅要具备比一般人才更广博的知识，而且有高于一般性人才的创造性。这就要求大学生在学习过程中进行创造性学习。在学习知识的过程中，不仅要知其然，而且要知其所以然，甚至发现新知识。学习的创造性强调大学生必须是具有主体意识和自主行为的学习主体；强调学习的外部环境和客观条件，即在创造型教师的参与下实施创造型教育。

3．开放性　所谓开放性学习，是指大学生作为学习的主体，突破传统的狭义的教师、教材、专业、课堂、学校的界限，以灵活的方式在更广阔的领域里进行的学习活动。大学生开放性学习的必然性，在于现代科学技术的发展。现代社会信息化程度的提高拆除了“高等学府”与社会生产、社会生活的“隔离墙”。如果说“教师中心、书本中心、课堂中心”是传统的大学教学的基本特点，那么，与科研和生产紧密结合则是现代大学教学的一大特点。

三、医学学习的特殊性

医学是一门知识更新速度快的学科，也是一门传统的经验学科。通过医学教育培养的人才服务的对象是具有生物、心理和社会属性的人，面对的是人的生命与健康。医学教育具有专业化程度高、实践性强、成本昂贵、学生培养周期长、社会关注度高等特点，招收最优生源是世界上大多数国家医学教育的共同特点，因此，医学教育具有精英教育的特征，这也意味着医学学习的特殊性。具体学习活动包括感知、理解、记忆、应用几个主要过程，通过学习使思维、技能、品德、心理等各方面能力和素质得到发展。医学学习既有普通学习的共性，又有自身特点，主要表现在以下六个方面：

1．医学学习的动机　在医学学习中，医学知识具有科学性、实践性、客观性、整体性、有机性、复杂性等特点，具有引起和促进直接学习兴趣的作用。而医学学习间接兴趣的产生多与感情因素有关，主要是由医学治病救人、救死扶伤的神圣使命，以及医学生认识到自己将成为完成神圣使命的医生所引发的。由于每个医学生的个性特征、生活经历与环境不同，所以，对间接学习兴趣的感情体验和间接学习兴趣的强烈程度也有所不同。在医学学习中，间接学习兴趣对于学习的推动作用比直接学习兴趣大而持久，是医学学习动机的主要组成部分，因此，提高医学生的间接学习兴趣，变被动学习为主动学习，对于提高医学教育质量具有重要意义。一般而言，在学习的初期，直接学习兴趣起主导作用，随着学习的不断深入，特别是学生接触临床后，真实的诊疗过程强烈地感染和激发他们产生间接学习兴趣，对后期学习产生促进作用。

2．医学知识的积累　医学知识的理解和记忆具有多重性，主要表现在两个方面：一是医学具有有机性，医学知识之间的内在联系可促进理解和记忆；二是医学知识十分复杂，有许多问题至今尚未彻底搞清，加之医学知识浩如烟海，这些都给医学知识的理解、记忆增加了难度。复习和应用是强化和巩固记忆的基本方法。在医学学习中，临床实践是一种富于情景感的强化记忆手段，对于医学知识的巩固具有重要作用。总之，医学知识的易感知性和可理解、记忆性使医学学习活动成为可能；而其复杂性和难理解、记忆性，使完成医学知识系统积累的过程较难实现。正是由于医学学习的这一基本特点，致使医学院校的学制一般较其他学科门类长。也正是由于这一特点，要求医学生必须全身心投入医学学习，才能攀登医学科学的高峰。

3．医疗技术的学习　医疗技术的学习必须在医学理论和相关专业技术理论的指导下才能很好地完成。由于医疗技术的实施对象是人类自身，所以人们对医疗技术的掌握及使用提出了高标准、严要求。医疗技术具有严格、规范的特征，对于医疗技术的学习，必须达到准确、熟练。

4．医学学习过程中的思维发展　医学思维的发展是在知识积累的基础上实现的，具有一定的被动性。但是，从医学生思维发展看，它不仅仅是一个被动过程，而且也是一个主动发展的过程。医学思维主动发展的内在机制可归纳为以下三点：第一，医学学习不单纯是获得间接知识，也获得直接知识。获得直接知识的过程不是被动的，而是主动的，有助于思维的主动发展。第二，医学知识的内在联系，一些是明显的、外露的，一些则是内含的、隐蔽的，需要学生主动去发掘、整理，这有助于思维的主动发展。第三，医学领域中还有许多未知的知识，这些未知的知识具有激发学生主动思考的作用，亦能促进思维的发展。

5．品德及心理素质的学习　医学学习不单纯是医学知识的学习，还包括品德及心理素质的学习，只有这两种学习有机结合、共同发展，医学生才能形成完善的知识、能力和素质结构。所以，品德与心理素质的学习在医学学习过程中占有重要地位。品德及心理素质的学习主要有两种形式：一种是直接学习，另一种是潜在学习。前者是在有目的、有计划、有组织的直接教育中完成的，后者是在其他教育背景下（学校）或日常生活中（家庭、社会），医学生自觉和不自觉地获得的品德完善及心理成长。这两者都是医学学习的重要组成形式。医学的崇高目标和神圣职责对于医学生品德修养的完善具有积极作用。

6．医学学习过程中的应用问题　医学学习中的“应用”，既是方法和技能的学习与锻炼过程，又是知识积累的强化过程。医学学习过程中的不同阶段有多种形式的“应用”，既有知识积累过程中的“直接应用”，又有知识积累到一定程度的“综合应用”，以及后期的“临床应用”，它们是随着医学学习的不断深化而依次表现出来的不同层次的“应用”。通过应用，既可以学到解决问题的方法和技术，还可以提供许多反馈信息，强化记忆，改善学习。“应用”是医学学习过程中必不可少的重要环节，其中“临床应用”的作用尤为突出。

四、大学各类热门考试

大学里的考试五花八门，学校的宣传栏里种类繁多的考试辅导班广告让人眼花缭乱。许多同学都在埋头苦读，准备这样或那样的考试。对于各种名目的考试哪些是必要的呢？我们应该冷静地思考后再做决定。

1．英语证书　对于大学生来说，外语考试是最主要的考试之一。大学英语四、六级证书：与学位相关系，是极其重要的；专业八级证书：只有英语专业学生才有资格考，但很多职位都有要求，如翻译或者外籍主管的助理；英语中高级口译证书：含金量很高；托福证书：只有少数企业会问到是否考过托福，但同时会担心你工作不久后，可能会出国溜掉；雅思：少数英联邦国家企业会注意到你考过雅思，但绝不是必要条件；剑桥商务英语：证书说明了你的英语能力，还有你在大学里很好学，懒惰的同学不会去学，或者学了考不过的；托业考试："鸡肋"，有比没有好，没有培训，只是考试，在某些企业找工作时会起到加分作用。总体来看，四、六级证书最重要，其他有比没有好，至于口语，关键看面试时的表现。

2．计算机证书　全国计算机二级证书：在有些大城市是申请户口时的必要条件，如上海市，此外还有三级和四级证书。其他名目繁多的专项技能计算机证书，则与未来具体的工作选择相关，不是每个用人单位都会看重。关于计算机技能的各种培训很多，但被用人单位认同的证书却不多，关键看实际操作技能。

3．学校证书　包括奖学金证书、三好学生、优秀毕业生、优秀学生干部等，奖学金证书非常重要。其中奖学金证书被很多用人单位列为筛选简历的必要条件，没有奖学金，就没有面试机会。学生干部经历非常重要，如果再有一个"优秀学生干部"的证书，就能起到更好的作用了。三好学生、优秀毕业生等，在申请户口时候可以加分（如上海）。

4．第二外语证书　会一门第二外语，将大大增加进入相关用人单位的机会。时下比较热门的第二外语有日语（世界500强中有87家日本企业）、法语（世界500强中有36家法国企业）、德语（世界500强中有35家德国企业）、韩语（世界500强中有13家韩国企业），其他有葡萄牙语、西班牙语、意大利语、阿拉伯语等。因为中国与南美国家的经济往来，与阿拉伯国家的石油合作前景看好。还有，学习德语和法语，不仅是找工作，还可以在申请到德国或法国留学时起到作用。

5．专业资格证书　执业医师资格证书：医学生毕业后才有考试资格，只有通过执业医师考试并完成相应的注册环节，才能成为合法的医生。执业医师考试内容涉及从基础医学到临床医学的很多理论知识，同时还包括基本的临床操作技能考核。此外还有执业护师资格证书、执业药师资格证书、心理咨询师资格证书、律师资格证书、导游资格证书等。这些执业证书是个人从事某一行业工作的合法资质证明。

第二节　医学生的学习困扰与调适

一、学习动机障碍

学习动机是指激发个体进行学习活动，维持已引起的学习活动，并使行为朝向一定的学习目标的一种内在过程或内部心理状态。直接性学习动机随年级升高而削减，而学习的间接性远景动机日益增强。与社会责任感相联系的学习动机成为学生学习的主导动机，表现为随年级的升高而更为明显，而职业化的学习动机随年级升高而巩固和发展。学习动机障碍主要有学习动力缺乏和学习动力过强两种表现形式。

1．学习动机缺乏　主要表现为学习没有明确的方向，无学习兴趣，甚至厌倦学习。如：无明确的学习目标；学习无计划，得过且过；无成就感，无理想和抱负；厌倦学习，逃避学习；学习肤浅，满足于一知半解。问题的产生主要有以下的原因：经济因素的影响、家庭的影响、未来就业的影响、学校教育失当、个人学习动机不正确、社会责任感不强、价值观不健全等原因。针对问题产生的不同原因可以努力提高学生对学习意义的认识，增强学习的主动性和自觉性。应适当地设置学习目标，使学习具有明确的努力方向；制订学习计划，增强学习的有序性；培养学习兴趣，做到多谈、多听、多看、多动手、多参与。

2．学习动力过强　指大学生因学习动机超过正常强度而引起的过度焦虑等一些不良心理反应。表现为急于取得成就并超过他人，树立的抱负与期望值远远超过自己的实际能力和潜力，只盼成功，担心失败，给心理上造成很大压力，实际上欲速则不达。如对奖惩考虑过多，一心只想获得奖励，避免受到惩罚。每天用于学习的时间过长，休息时间不足，常处于过度疲劳状态。问题的产生主要有以下的原因：对自己的能力认识不足，估计过高，所树立的抱负与期望远远超过自己的实际水平。自尊心过强，过分看重荣誉。除了学习外没有其他的爱好和特长，不能在丰富多彩的校园生活中崭露头角而产生成绩感，因此，想在学习上得到补偿。一般性格内向、沉默寡言、不善交际的大学生更容易引起学习动机过强。针对问题产生的不同原因可以正确认识自己的潜力，量力而行，制订合理的目标，脚踏实地、循序渐进、不好高骛远，并培养广泛的兴趣爱好，积极参与各类文体活动，注意劳逸结合，重视综合素质提高，培养多种特长。

二、学习兴趣缺乏

兴趣是学习的催化剂，只有使学生培养起浓厚的学习兴趣，才能使其真正熟练掌握所学的专业知识和技能，因此，提高职业教育教学质量的关键之一是培养起学生浓厚的学习兴趣。目前大学生中学习兴趣不高主要表现在以下四个方面。

1．求知欲被压抑　古希腊哲学家亚里士多德有一句名言："求知是人类的本性"。求知欲被压抑，学习就陷入被动，兴趣无从产生。应该鼓励学生提出问题，刺激其求知欲。传统的灌输教学法对于渴求知识的学生来说教学效果还可以，但对于缺乏求知欲的学生却不适用。实践证明，通过对求知欲的开发，可以极大地增强学生的学习兴趣。树立榜样学生，鼓励学生提出问题，以激发学生的学习兴趣。另外，活跃的课堂气氛也有利于求知欲的开发。

2．自信心不足　刚进入学校时，由于大学的学习生活与高中存在着较大差异，使新入学的学生感到力不从心和无从下手。考试科目的繁多及学习方法的不当使一些科目的成绩很不理想，因此，对今后的学习感到自信心不足。老师在这个时候对成绩较差的学生，应该帮助其剖析成绩差的客观原因和主观原因，对于其取得的进步应该及时加以肯定和表扬，从而增强其自信心。提高学生的自信心应当采用从成绩最差的学生入手，给其他学生提供榜样的方式，才能取得最好的效果。这种方法要求教师有较大的耐心和观察力，也需要同学的积极配合。

3．学习目的不明确　求知欲是学习兴趣产生的内因，学习目的是学习兴趣产生的外因。现在的大学生大多数是在优越的环境中成长起来的，虽不是锦衣玉食，却也是饭来张口、衣来伸手。有些学生不明白学习专业知识是为了将来找工作养活自己，更不明白学习专业知识是为了将来为社会服务、为社会作贡献。学习漫无目的导致失去了学习的外在动力。应该鼓励大学生通过社会实践活动认识社会，树立正确的人生观和价值观。多参加一些实践活动，如"三下乡"活动。只有这样，才能使学生认识到自己是社会的一份子，将来要融入社会当中去，实现自己的人生价值，从而坚定其学习目标，激发其学习兴趣。

4．知识、技能掌握不熟练　学生熟练掌握所学专业知识和技能既能激发大学生的学习兴趣，又能给其以自信。有的大学生在课堂上不认真听讲，课后又不复习，往往把所学内容忘得干干净净。如果顺其自然，他们就不可能熟练地掌握所学专业知识和技能，这反过来只能降低他们继续学习的兴趣。结果就形成学习兴趣的恶性循环。如何打破这个恶性循环，是使学生培养起浓厚的学习兴趣的关键。多上临床接触病患，将所学的医学知识与临床实践相结合，是提高医学生学习兴趣的一个重要的方法。

三、学习方法问题

大学的学习不仅是学知识、学专业，更重要的是学方法、学策略，发展和提升学习能力。学习方法涉及如何听课、记笔记、归纳知识要点等许多方面，但课前预习、课后复习以及考试等环节把握显得尤为重要。

1．预习 这是掌握听课主动权的主要方法。预习中要把不理解的问题记下来，听课时增加求知的针对性。预习既节省学习时间，又能提高听课效率，是学习中非常重要的环节。上课时要集中精力、全神贯注，对老师强调的要点、难点和独到的见解，要认真作好笔记。课堂上力争弄懂老师所讲内容，经过认真思考、消化吸收，变成自己的东西。

2．复习 课后及时复习是巩固所学知识必不可少的一环。复习中要认真整理课堂笔记，对照课本和参考书，进行归纳和补充，并把多余的部分删掉，经过反复思考写出自己的心得和摘要。每过一个月或一个阶段要进行一次总结，以融会贯通所学知识，温故而知新，形成自己的思路，把握所学知识的来龙去脉，使所学知识更加完整和系统。

3．考试 考试是为了检验对所学知识掌握的程度，找出薄弱环节，有针对性地加强学习。对考试要有正确态度，不作弊，不单纯追求高分，要把考试作为检验自己学习效果和培养自己独立解决问题能力的演练，把努力放在平时，决不为了考试而考试。

在学习中抓住上述几个基本环节，在理解的基础上进行记忆，及时注意消化和吸收。经过不断思考、消化，加深理解，这样得到的知识和能力才是扎实牢靠的。

四、考试焦虑

考试焦虑是一种负性的情绪体验，是青少年常见的心理健康问题。当学生意识到考试情境对自己具有某种潜在威胁时，就会产生这种紧张的内心体验。适度的考试焦虑可唤起大脑皮质的兴奋，对于学生集中注意、活跃思维，是有积极作用的；但严重的考试焦虑则对学生有极大的危害，不仅会影响学生的考试成绩，而且会影响他们的身心健康。医学生作为大学生的群体之一，其课程设置多、学习负担重、学习压力大、竞争激烈，因此，也是考试焦虑的多发群体。有考试焦虑的同学们应该思考导致自己考试焦虑的原因所在及其带来的不良影响，正确面对考试并学会一些应考对策和控制考试焦虑的方法，以降低焦虑、缓解紧张，在考试过程中充分发挥出自己的水平，取得良好的成绩。

1．端正考试动机，正确认识考试的意义 心理学研究表明，动机强度与考试效果之间并不完全是正相关的，动机过强或过弱都会影响个人的水平发挥，只有中等强度的动机才是应试的最佳水平。心理学家艾里克森曾指出：人的认识直接影响情绪，错误的不合理的信念会导致不良情绪和不适应性行为，进而会产生躯体和心理症状。一般来说，考试焦虑与不当的认知和自我暗示是分不开的。正确认识考试的目的和意义，把考试当做检验自己平时学习的手段，轻装上阵，才会充分发挥出水平。

2．培养健康的心态 要克服考试焦虑，还得从导致其产生的内在根源——不良的人格特点这方面着手。平时加强意志锻炼，培养良好的人格品质，提高心理素质，进行勇气、放松、宽容、友爱等非焦虑心态的训练，多参加带有竞争性的比赛活动以增强自己的适应能力。

3．认真复习，增强考试信心 树立考试信心的关键是平时做到认真复习功课，知识扎实，考前进行全面系统的复习。考试时放下思想包袱，稳定情绪。保持平静、超脱的心理状态，做到从容不迫、应付自如，如果考试时感到心里不自觉地紧张了起来，就用积极的言语进行自我暗示，排除消极暗示的干扰或采用自我放松的方法，缓解心理压力。

4．注意科学用脑 许多学生不懂得用脑的科学性，平时过于放松，考前“临阵磨枪”，甚至考试的前一天还开夜车，致使大脑出现超限抑制，因此，平时抓紧学习，考前要保持充足的睡眠，适当参加文体活动，使大脑得到松弛和调节，能有效降低焦虑。只有平时认真复习了，考试时才能做到胸有成竹。

5．提高应试技能 考试时做到冷静沉着、认真仔细。拿到试卷后，先浏览试题，统观全局。答题时先易后难，力求在正确的前提下加快速度，检查时可采用逆向式或交换式。

第三节 医学生的学习方法

一、医学通识课程的学习

医学服务的对象是有思想、有情感的患者，这种职业的特殊性，要求医生必须拥有医学人文情怀，因此，高等医学院校都不同程度地为学生开设了以医学人文为主的通识课程。主要包括思想品德、哲学、医学史、生命伦理学、人际沟通学以及医学心理学等课程。

第一，要充分认识通识课的重要意义。由于专业课学分多，得分低影响绩点，从而影响奖学金和保研以及随之会引发的一系列问题。所以，有很多同学重视专业课程，却没有给医学通识课留下余地。其实，通识课程是一个医学生成为好医生的必不可少的学习环节，是保证一个医生德艺双馨的重要课程，没有不重视的道理。

第二，积极主动联系人生、社会学习通识课程。通识课程揭示的规律和人生规划、生命意义、人性本质、社会发展密切相关，这些知识的深入理解，需要学习者积极主动地联系人生观察社会。所以，同学们不仅要课堂上认真听讲，课后还要深入思考，就感兴趣的问题多查阅资料，并且要与大学生社会实践活动密切结合。

二、医学基础课程的学习

基础医学课程主要涵盖解剖学、组织学与胚胎学、生理学、生物化学、微生物学、免疫学、病理生理学、病理解剖学以及药理学等基础医学内容。学好基础医学课程是学好临床医学课程的前提。因为临床课程在很大程度上就是基础医学课程的延伸和综合。比如内科学，对每一种疾病都会按病因、发病机制、病理、病理生理学、诊断及鉴别诊断、治疗、预后的顺序编写，其中涉及免疫学、微生物学、生理学、病理学、病理生理学、药理学等多个基础课的知识，可见学好这些基础课对临床课程是多么的重要。医学生必须每天学习很多新的医学知识，记忆很多医学名词，期间将枯燥的理论学习与临床实践相结合是学好医学基础课程的重要方法。同时，学习中还应注意：

1．求理解　俗话说，“欲要记，先要懂”，要力求“知其义而明其根”。

2．勤复习　记忆的过程也就是同遗忘作斗争的过程，斗争的最好武器就是复习，要使复习取得好效果就必须注意：①及时复习。德国著名心理学家艾宾浩斯的遗忘规律告诉我们，人们对所学知识的遗忘是先快后慢、先多后少。②强化记忆。人们对所学习、记忆的内容达到了初步掌握的程度后，如果再用原来所花时间的一半去进一步巩固强化，使学习、记忆的程度达到 150%，将会使记忆的痕迹得到强化，所记内容经久不忘，这在心理学上称为“过度学习”效应。

3．巧记忆　可分散难点，学练结合；自我回忆，尝试再现。

4．多动笔　“好脑袋不如烂笔头”。在学习中，一定要注意学思结合，手脑并用，养成“不动笔墨不读书”的好习惯。

5．抓重点　立足于全面、系统，突出重点，抓“牛鼻子”，可起到“以点带面”、“牵一发而动全身”的效果。

6．善归纳　有条理的知识比杂乱无章的知识更容易记牢。在学习中要及时对所学知识进行归纳、整理，这对于保持记忆无疑也有重要的作用。

三、临床课程的学习

临床医学课程主要涵盖内科学、外科学、妇产科学、儿科学、五官科学、神经病学、精神病学、传染病学以及皮肤病学等课程。对于临床课的学习要理论和实践相结合，在掌握基本理论、基本知识的同时，要在培养正确的临床思维方式、准确娴熟的临床技能上下工夫。

1．抓住重点　每种疾病要掌握的内容很多，但就一种疾病而言，流行病学、病因或病理生理等内容可能是了解的部分，而疾病的临床表现、并发症、实验室检查的特点和诊断则是学习的重点。以疾病的防治为例，治疗原则是学习的重点，而具体方法则是应了解的范围。临床课要记忆的东西很多，甚至有些东西要死记硬背，但是在记忆的过程中准确地抓住重点、难点和关键点，弄懂疾病的病因、发病机制、临床表现、实验室检查、诊断及鉴别诊断、防治等知识点，弄懂每一个字、每一句话的意思。在懂的基础上，深入理解内容，对各个知识点的前后关系、来龙去脉了如指掌。否则，“知其然而不知其所以然”，所记忆的东西很容易遗忘，记忆不牢固。

2．培养科学的临床思维方法　科学的临床思维是诊断和治疗的理论基础。要学会科学的临床思维，从解剖、生理、病理等基础理论到诊断学操作技能、内科学理论，从见习和实习到今后从事医疗工作，都要学会运用医学基础知识和科学思维方法来指导自己。在培养临床思维方面应注意以下几个关系。

（1）主观与客观的关系：每一位医师在诊疗疾病的全过程中要做到下面两点：①主观认识尽量与患者的实际情况相一致，避免主观臆测。②力求避免主观、片面，要以点带面。

（2）整体与局部的关系：患者的病变可能发生在某一局部的器官或组织，局部病变可以影响全身，患者的主要症状不一定就是病变所在。①一个系统发生病理变化，必然会影响其他某一系统，甚至几个系统发生变化。如尿毒症，除泌尿系统有典型的临床表现外，它还会影响呼吸、循环、消化、神经等系统，因此，在学习的过程中必须具有整体观念。②某个系统或器官发生的病理变化，在临床上，症状却体现在另外一个系统或器官，甚至有时是唯一的症状。如心绞痛，典型症状应该是胸部的压榨样疼痛，向左肩、左臂内侧放射，但临床上有少数患者单纯表现为上腹部的疼痛，这时往往易误诊为胃肠道疾病，这就要求我们在学习过程中，要牢固地树立整体观念。

（3）共性与个性的关系：一种疾病的临床表现有其一定的特点和规律，但是疾病发生于人体时，受到患者具体情况和其他因素的影响，其临床表现并非千篇一律，在共性表现的基础上总会有个性的表现，总会有特例，因为人不是机器。医学生在临床课程学习的过程中，要注意培养自己科学的临床思维方法，在见习和实习中初步树立系统、全面、发展、联系的观念。

四、临床实习

临床实习是一个医学生成为医生的必由之路，是理论和实践相结合的重要环节，其学习效果甚至可以影响一个医生的一生，每一个医学生都要重视临床实习。进入临床实习阶段的医学生对一切都感到新鲜，他们离开了枯燥的书本，面对的是活生生的患者，同时也面临着从医学生到实习医生的角色转换。学生在课堂学习的过程中，理论和实践相脱节是一种普遍的现象。学生在学校集中上大课进行临床理论学习，再到医院实习时，学过的理论很多都已经忘记了。理论与实践的结合是一个反复的过程，从理论到实践，再从实践到理论，通过反复结合才能达到新的高度。在临床实习时，应有意识地强化相关重点理论，采取灵活的方式，结合病例学习，才能收到良好的学习效果。实际技能操作是临床医生的基本功，正确的治疗来源于正确的诊断，正确的诊断来源于准确的病史采集、查体、必要的辅助检查和对辅助检查的正确分析。

采集病史、准确查体是医学生的基本技能操作，也是临床实习的重点，这需要反复地、不厌其烦地练习才能熟练掌握。要做到提前预习，熟悉操作步骤，在教师现场的指导下，认真仔细操作，过后复习，多上手锻炼，使基本技能在实际工作中得到锻炼和培养。实习过程是纠正临床不规范行为的重要环节，平时查房时注重全面性，同时又要突出每个患者应注意观察的重点。训练严密的临床逻辑推理思维方式，培养综合各门基础医学学科知识以及分析、判断、解决问题的能力也是临床实习的重点内容。为了提高临床实习效果，需要注意以下三方面的问题。

1．迅速适应新的学习方式　医院的学习和课堂学习不同，没有专门的可以看书的教室，没有老师讲课，没有作业，没有考试。学习就是工作，工作就是学习。实习医生需要每天写病志、病程记录，参加科室的相关业务活动。带教医生因为繁忙的医疗工作，常常无暇顾及实习医生。所以，医学生要尽快适应这种“干中学”的学习方式，要有不耻下问的精神。有的实习生抱怨在病房工作又忙又累，什么都学不到，就是干活。其实这是学习方法不得当，应该看书结合临床，上班看病，下班看书。比如来了一个类风湿关节炎的患者，应该先把类风湿关节炎这章看一遍，掌握其诊疗规范标准，然后再观察类风湿关节炎患者的情况，对照书本。要贯彻书本—实践—书本—再实践的原则。事先看书可以指导临床实践，事后看书可以对临床实践予以校正、补充和深化。对于初出校门的实习生，在学校里看书是为了掌握理论，而在临床工作中看书则是为了实践。

2．注重细节　在病房里工作，不但要记住患者的主要症状、体征和辅助检查结果，而且要记住治疗的具体方法和全部细节：药名、剂型、剂量、给药途径和给药方法等，注重细节很重要。作为实习医生应该经常去查房，和患者交流，了解患者的病情变化情况，了解患者的既往史、药物过敏史等。把患者每天的情况、用药后的反应、检查结果都记录在案，有时间的时候就翻翻小本子。这个阶段要求实习医生重视细节观察和病史追踪，从小事做起，如给高血压的患者量血压，给糖尿病患者制订膳食方案，给有损伤的患者包扎换药等。

3．培养思维　在临床工作中要培养严谨的临床思维，这一点也是所有医学生所欠缺的。临床思维是临床医生接触患者后形成初步临床诊断和制订合理治疗方案的基本思维形式，是临床医生的基本功。要培养严谨的临床思维，就要求实习医生首先学会与患者沟通，详细正确地询问病史和体格检查，尽可能地掌握患者所有疾病的相关信息是进行正确临床思维的关键，尽管现在先进的检查设备很多，但是辅助检查有时只能起到辅助诊断、印证结果的作用，只有详细的病史和可靠的体征才是对疾病推理性分析的客观依据。另外，还要建立严密的逻辑思考，在实习的过程中，要善于思考，勤于思辨，但切忌不科学、不严谨的“联想”，应对患者信息进行选择性编码，结合患者主要表现及其相关的背景因素，将各个方面的“症状”整合起来思考，抓住问题的实质，积极寻找相关理论依据，而最终获得正确的诊断和治疗方案。

【心理自我训练】

提高应试技巧的训练

1．训练目的

（1）学会调适和控制考试中的情绪。

（2）学会逐渐改进自己的答题技巧。

2．活动过程

（1）热身。

（2）应试情境诊断。

情境：在一次重要的考试中，小明非常紧张，他的身体在颤抖，两手发紧，握不住笔，头脑里一片空白……

你在考试中发生过类似的情况吗？遇到这种情况该如何处理？

（3）问题分享：请学生自由说出考试中经常出现的问题，教师将这些问题逐一写在黑板上，将问题分成两类：解题技巧和情绪控制。

（4）策略分享：师生一起分析上述问题产生的原因，并共同研究对策，既要分享已有的成功经验、吸取失败的教训，又要在现有的基础上作新的探讨。

（5）教师对应试技巧的总结

①解题的两大原则：从易到难，学会放弃。

②情绪控制法：a. 考前做一些轻松、愉快的运动。b. 放松和呼吸。c. 用适当的力度按摩头面部穴位。d. 自我积极暗示。e. 用“喝断法”阻止自己不良的心理暗示。

（6）考试压力模拟训练：模拟考试的场景。

（7）分享。

【案例分析】

勇敢面对“考试之战”

案例回放：李某是大三学生，学习压力一直让他喘不过气，尤其是每次考试时，总担心自己会不及格，平时表现良好的他每次都因为这种紧张心态影响考试的发挥。大三的学习任务更重，李某的焦虑情况也越发严重，考试前的一个月左右他就开始紧张，每天都想着考试的事情，拿着书看时就担心这次会不会不及格，导致学习时注意力无法集中，学习效率严重下降，严重的时候还出现了头痛、失眠的症状。

案例分析：李某在考试前所表现出来的心理状态在心理学上叫做考试焦虑。考试焦虑是指在一定的应试情景下激发个体产生的一种以担忧为基本特征、以防御或逃避为行为方式、通过不同程度的情绪反应所表现出的一种心理状态。李某的状况就是他的主观愿望和自身行为的一种矛盾，渴望成功却又整日担心考试失败，想抓紧时间却又学不下去，陷入浮躁不安的状态之中。心理咨询师建议他采取如下措施：

1. 增强考试自信心。许多学生的焦虑情绪源于自信心不足，对自己能力的低估。所以，大学生必须学会树立自信心，相信自己能够应对即将到来的考试。当然，自信心要建立在一定知识的基础上，盲目自信反而会导致考试失败后更大的失望和焦虑。

2. 形成正确的认知评价。一个人对考试的认知评价直接影响其考试的焦虑程度。想要消除考试焦虑，就需要形成对考试正确的认知，不夸大也不缩小其重要性，同时也学会正确评价自己的能力。

3. 学习必要的应试技巧。考试主要考查学生对知识的掌握情况，因此，针对考试科目进行专业的训练和准备是非常重要的。不同的学科有不同的答题技巧，在充分准备学科知识后，也应该对考试技能进行相关了解，学会运用考试技巧对消除考试焦虑有良好的效果。

4. 掌握放松技术。在考试前，学习掌握放松技术，在考试过程中，一旦发生严重的紧张焦虑，便采用放松技术对抗。

（佟　欣）

第四章　自我意识与心理健康

【哲人的忠告】

一切的成就、一切的财富，都是始于自我认识。

——拿破仑·希尔

大学阶段是自我意识迅速发展的时期。进入大学的学生经常会思考："我是谁""我为什么是这样一个人""我努力奋斗的目标是什么""怎样才能更好地完善自我"，等等，通过对这些问题的思考去努力寻求自我、探索自我。在自我辨析的过程中，会经受一系列矛盾、冲突、迷茫和苦恼，也会产生不少心理问题。但正是在解决这些问题的过程中大学生不断认识自我、改善自我、超越自我，形成良好的自我意识，而良好的自我意识是大学生塑造健全人格、自主建构高质量大学生活、成为全面发展的高素质专业人才的必要条件。

第一节　自我意识概述

一、自我意识的概念

自我意识（self-consciousness）是指个体对自己以及自己与他人、自己与周围环境关系的多方面、多层次的认知、评价和体验。

自我意识是一个人对自己的认识和评价，包括对自己心理倾向、个性心理特征和心理过程的认识与评价。正是由于人具有自我意识，才能使人对自己的思想和行为进行自我控制和调节，使自己形成完整的个性。此外，自我意识不仅是人脑对主体自身的意识与反映，人的发展离不开周围环境，特别是人与人之间关系的制约和影响，所以自我意识也反映了人与周围现实之间的关系。自我意识是人类特有的反映形式，是人的心理区别于动物心理的一大特征。

二、自我意识的构成

自我意识是个体社会化的结果，是人的意识发展的高级形式，是一个多维度、多层次的复杂的心理系统。

（一）从内容上看，自我意识可分为生理自我、社会自我和心理自我

1．生理自我　生理自我是自我意识最原始的形态，是个体对自我的身体状态的认知，如性别、年龄、容貌、仪表、健康状况等。在自我体验上表现为自豪或自卑，在行为上表现为追求外表美、对所有物的占用、支配与爱护等。

2．社会自我　社会自我就是个体对自己在一定的社会关系和人际关系中的角色、地位、名望等方面的认识。随着个体社会化程度的加深，个体获得了一定的社会经验，逐步意识到自己在社会中要担任一定的角色，在组织中要有自己的地位和作用，这就产生了社会自我。在自我体验上表现出自豪或自卑，在行为上表现出追求个人的名誉、地位，和他人进行激烈的竞争等。

3．心理自我　与社会自我相伴而产生的是心理自我，它是指个体对自己的能力、性格、气质、兴趣、信念、世界观等个性特征的认知。在自我体验上，常表现为自豪、自尊、自信或自卑，在行为上追求个人能力的提升、品格的完善等。

（二）从结构上看，自我意识分为自我认识、自我体验和自我调控

1．自我认识　自我认识是主观自我对客观自我的认识与评价，自我认识是自己对自己身心特征的认识，自我评价是在这个基础上对自己做出的某种判断。正确的自我评价对个人的心理状态及其行为表现有较大影响，如我是什么类型的人、我的言语举止是否落落大方、我的进取心是否很强等，这些都是自我认识的内涵。

2．自我体验　自我体验是主体对自身的认识而引发的内心情感体验，是主观的我对客观的我所持有的一种态度，如自信、自卑、自尊、自满、内疚、羞耻等都是自我体验，再如我对自己的学习成绩很满意、我对自己的社交能力弱而感到失望等，反映了个体的情绪体验。

3．自我调控　自我调控是自己对自身行为与思想言语的控制，具体表现为两个方面：一是发动作用，二是制止作用，也就是支配某一行为，抑制与该行为无关或有碍于该行为进行的行为，如我如何控制自己的不良情绪、我如何改变自己、怎样才能成为一个受欢迎的人等。自我调控的实现受自我认识、自我体验的制约。

（三）从存在方式看，自我意识分为现实自我、投射自我和理想自我

1．现实自我　也称现实我，是个体从自己的立场出发对自己当前总体实际状况的基本看法，包括对自己躯体特点、行为特点、人格特点、角色特点的认识。

2．投射自我　也称镜中我，是指个体想象自己在他人心目中的形象或他人对自己的基本看法。现实自我和投射自我不一定相同，两者之间可能会有距离，当这个距离相差太大时，个人便会感到不被理解而产生隔阂。

3．理想自我　也称理想我，是指个体想要达到的比较完美的形象，如个人的生活目标和对将来的期待。理想自我是个人追求的目标，不一定与现实自我是一致的，但它对个人的认识、情绪和行为的影响很大。理想自我建立在现实自我基础上，如符合社会期望，自我意识将获得快速发展。三个自我有矛盾时，可能会引起个体内心混乱，甚至产生严重的心理问题。

三、自我意识的功能

自我意识具有目的性、社会性和能动性等特点，对个性的形成和发展起着调节、监督、矫正的作用，对个体的身心健康和社会适应具有重要影响。个体的自我意识与个体的成长发展息息相关，自我意识在个体的成长和发展中具有定向作用、控制作用、调节作用等。

1．定向作用　一个人要想成就一番事业，就必须从自身的实际出发，制订明确的目标。只有如此才能调动自身的潜能，激发强大的动力。主体在自我意识的定向性作用下，通过反映选择和进一步评价确定认识对象和认识途径，便产生了对认识对象的注意，形成了认识取向，从而使认识目标得以明确。自我意识健全的个体，在从事一项活动之前，活动的目的和结果就以观念的形式存在于头脑之中了，并以此做出计划，指导自己的活动，从而激发起强大的动力，达到预期的目标。

2．控制作用　自我意识具有控制的功能。认识主体借助于自我意识的这种自我控制功能，通过主体的思维模式、情感等理性和非理性因素的作用，一方面排除来自主体自身或客体的与认识对象无关或相反的信息，另一方面又促进和加速对认识活动有用信息的吸收、加工和整合。这种阻止和促进作用便使认识活动得到控制，排除了认识活动中的错误因素，提高了认识活动的独立性、深刻性和批判性。可见，自我意识的这种控制作用保证了认识的发展与既定认识目标的一致。

3．调节作用　自我调节作为自我意识的一个主要功能，在认识过程中表现为主体根据一定的要求及时地调节认识活动，修正认识手段，必要时重新调整或改变认识的对象，使认识对象的定向与手段的选择保持动态的平衡，以确保主体的内外反应遵循着有效的程序，不断地趋近预定的认识目标。自我意识的这种调节作用作为认识发展过程的内在驱动力，既保证了认识过程的稳定性，又促使认识过程不断地发展、深化。

这三种能动作用在认识过程中并非各自单独地出现和起作用的，而是同步出现、相互交叉、相互渗透、相互作用、参与同一认识的过程，并形成一种内在的“场”力，从而构成推动认识发展的内在动力。

四、健全自我意识的标准

1．自知之明　自我意识健全的人应该是一个有自知之明的人，既知道自己的优势，也知道自己的劣势，能正确、独立地评价自我。

2．整合的自我意识　自我意识健全的人应该是自我认识、自我体验和自我控制协调一致的人。

3．自我肯定　自我意识健全的人，应该是能积极自我肯定、有积极内省意识的人。

4．理想我与现实我统一　自我意识健全的人，应该是理想自我与现实自我统一的人，有积极的目标意识，积极进取、永无止境。

第二节　大学生自我意识的发展

一、个体自我意识的发展与形成

自我意识是人类在与外在世界的相互作用过程中，特别是在同社会的人的相互作用过程中，根据他人对自己的看法和评价发展起来的，这个过程贯穿在人的一生之中。个体自我意识发展一般经过三个阶段，即生理的自我意识、社会的自我意识和心理的自我意识，从发生、发展到相对稳定，大约需要二十多年的时间。

（一）生理的自我意识阶段（自我中心期，1 ~ 3 岁）

在生命降生之初，婴儿是没有自我意识的，他们甚至不能意识到自己和外界事物的区别。大约 8 个月左右，生理自我开始萌生，这就是自我意识的最初形态。到 1 岁左右，儿童开始能把自己的动作和动作对象区别开来，初步意识到自己是动作的主体。1 周岁以后，儿童逐步认识到自己的身体，也开始能意识到自己身体的感觉。不过，他只是把自己作为客体来认识，他从成人那里学会使用自己的名字，并且像称呼其他东西一样地称呼自己。到 2 岁左右，儿童逐渐学会用代词“我”来代表自己。3 岁左右的儿童开始出现羞耻感、占有欲，凡事要求“我自己来”（要求自主性），自我意识有了新的发展。但处于这一时期的幼儿的行为是一种以自我为中心的行为，他们以自己的身体为中心，从自己的想法和情感出发去认识外部世界，并把自己的情感投射到外部世界，因此，这一时期的自我意识被认为是生理自我时期，也有人称之为“自我中心期”，它是自我意识最原始的形态。

（二）社会的自我意识阶段（客观化时期，3 岁到 13 ~ 14 岁）

从 3 岁到青春期（13 ~ 14 岁）这段时期，是个体接受社会文化影响最深的时期，也是学习社会角色的时期。个体在家庭、幼儿园、学校中游戏、学习、劳动，通过模仿、认同、练习等方式，逐渐形成各种角色概念，如性别角色、家庭角色、伙伴角色、学生角色等。这一时期也是获得社会自我的时期，他们开始能意识到自己在人际关系、社会关系中的作用和地位，能意识到自己所承担的社会义务和享有的社会权利等。虽然青春期的青少年开始积极关注自己的内部世界，但他们主要是根据别人的观点去评价事物、认识他人，对自己的认识也屈从于权威或同伴的评价，因此，这一时期的个体自我意识的发展被称之为“社会自我”发展阶段，也称之为“客观化”时期。

（三）心理的自我意识阶段（主观化时期，14 ~ 15 岁到 25 岁）

在从青春期到成年的大约十年时间，是自我意识发展的关键期，个体自我意识趋于成熟，并逐步获得了心理自我。此时个体开始清晰地意识到自己的内心世界，关注自己的内在体验，喜欢用自己的眼光和观点去认识和评价外部世界，开始有明确的价值探索和追求，强烈要求独立，产生了自我塑造、自我教育的紧迫感和实现自我目标的驱动力。这一时期被称之为心理自我发展时期，也被称之为自我意识“主观化”时期。青年人的世界观、人生观、价值观的形成是心理自我成熟的标志。

【专栏 4-1】

埃里克森自我意识发展阶段理论

埃里克森认为人的一生发展要经历 8 个阶段，每个阶段都有相应的心理社会任务。

1．婴儿期（0 ~ 2 岁）　基本的信任感对基本的不信任感。主要任务是发展信任感，克服不信任感，体验着希望的实现。

2．儿童早期（2 ~ 4 岁）　基本的自立感对羞耻感和疑虑。主要任务是获得自立感，克服羞耻感和疑虑，体现着意志的实现。

3．学前期（4 ~ 6 岁）　基本的主动感对内疚感。主要是获得主动感，克服内疚感，体验着目的实现。

4．学龄期（6 ~ 12 岁）　基本的勤奋感对自卑感。主要任务是获得勤奋感，克服自卑感，体验着能力的实现。

5．青春期（12 ~ 18 岁）　基本的自我同一感对同一感混乱。主要任务是建立自我同一感，避免同一感混乱，体验忠诚的实现。

6．成年早期（18 ~ 25 岁）　亲密感对孤独感。主要任务是获得亲密感，避免孤独感，体验着爱情的实现。

7．成年中期（25 ~ 50 岁）　繁殖感对停滞感。主要任务是获得繁殖感，克服停滞感，体验着关怀的实现。

8．成年晚期（50 ~ ）　自我完善感对失望和厌倦感。主要任务是获得自我完善感，克服失望和厌倦感，体验着智慧的实现。

埃里克森也认为，上述每一阶段都有相应的重要影响人物，也就是存在着人际关系的焦点。

二、大学生自我意识发展的过程

个体自我认识、自我体验、自我调控的协调一致，是自我意识成熟的标志。大学生自我意识的逐步成熟经历了自我意识的“分化—矛盾—统一”的多次反复过程。在这个过程中，大学生为了解决内心的矛盾进行了不懈的努力，付出了艰苦的代价，同时也不断成长、成熟。

（一）自我意识的分化

自我意识的分化是个体自我意识不断走向成熟的标志。青年期是自我意识不断分化的时期，原来在儿童、少年时期统一不可分割的自我意识一分为二：一是理想自我，它是根据主观的自我和主观感受的社会现实所希望自己未来成为什么样的人而达成的自我状态。理想自我是处于观察者的地位，也就是“主体我”（I）。二是现实自我，它是指当前实际所达到的自我状态，即我现在是个什么样的人。现实自我处于被观察者的地位，是理想自我所要观察的对象，也就是“客体我”（Me）。

自我意识的明显分化，使大学生主动、迅速地对自己内心世界和行为具有了新的意识，开始意识到那些从来没有被注意到的“我”的许多方面和细节。在这一时期，大学生的自我沉思、自我分析、自我反省的时候明显增多：对自我新的认识、体验和控制而带来的种种激动、焦虑、喜悦和不安也显著增加：为自己应该怎样做、能怎样做、不应该怎样做等而开始认真的思考，不像中学生那样随心所欲。

此时如果个体的理想自我（主体我）和现实自我（客体我）能保持大致的平衡，也就是说，个体真正能力、性格、欲望能如实地表现出来，个体便能以自己的本来面目出现在别人面前，既不用掩饰自己的努力，也不怕暴露自己的缺点，从而有利于发挥自己的实际能力，促进个体健康发展，但也常常会出现理想自我和现实自我的失衡感。

现实自我占优势的个体往往表现出较强的虚荣心和自我陶醉感，特别在乎他人对自己的评价，期望事事处处得到他人的赞赏。他们担心暴露白己的缺点，常常炫耀自己的知识，追新猎奇、哗众取宠，以换取他人的赞赏。

理想自我占优势的大学生，往往将“客体我”萎缩到实际能力之下，总认为自己事事处处不如人。他们往往自卑感较强，因为自己某方面的欠缺，如口才不好、个子不高、相貌一般、家境贫寒、能力不强而苦恼，甚至放弃应有的努力，形成自我怜悯或伤感的心理状态。

（二）自我意识的冲突

自我意识的分化使青年开始意识到自己不曾注意的许多“我”的方面和细节，发现理想我与现实我的差距。另一方面，由于处于发展阶段，自我形象不能很快确立，自我概念不能明确地形成，因而自我冲突加剧，表现为内心冲突，甚至有很大的内心痛苦和强烈的不安感。归纳起来，当代大学生自我意识的矛盾冲突主要表现在以下几个方面：

一是“理想我”与“现实我”的冲突。这可以说是大学生自我意识矛盾最突出、最集中的表现。大学生对未来充满信心，抱负水平较高，成就欲望较强，但由于他们生活范围相对狭窄，社会交往比较单一，缺乏社会阅历，对自我认识的参照点较少，因此，不能很好地将理想与现实结合起来，从而使“理想我”与“现实我”之间产生较大差距。这种差距在给大学生带来苦恼和不满的同时，也会激发大学生奋发进取的积极性，但如果这种矛盾与冲突过于强烈，不能及时加以调适，则会导致自我意识的分裂，从而带来一系列心理问题。

二是独立意向与依附心理的冲突。上大学后，大学生的独立意识迅速发展，他们希望能在经济、生活、学习、思想等方面独立，希望摆脱成人的管束，自主地处理所遇到的一些问题，但他们在心理上又依赖成人，无法真正做到人格上的独立，这种独立意向与依附心理的矛盾也一直困扰着他们。

三是交往需要与自我闭锁的冲突。大学生迫切需要友谊，渴望理解，寻求归属和爱。他们有强烈的交往需要，希望能向知心朋友倾吐对人生和生活的看法，盼望能有人分担痛苦，分享欢乐。但同时他们又存在着自我闭锁的倾向，许多人往往不愿主动敞开自己的心扉，而把自己的心灵深藏起来，在公开场合很少发表个人的真实意见。他们在与他人交往时存有较强的戒备心理，总是有意无意地保持一定距离，正是这种交往需要与自我闭锁的矛盾冲突，使得不少大学生备受“孤独”的煎熬。

四是自信心与自卑感的冲突。大学生刚刚考上大学时，受到老师、家长、亲朋好友的赞赏、同辈人的羡慕，故而优越感和自尊心都很强，对自己的能力、才华和未来都充满了自信。然而进入大学后，群英荟萃，许多大学生发现“山外有山”，尤其是当学习、文体、社交等方面显露出某些不足时，有些大学生就会陷入怀疑自己、否定自己的不良情绪中，于是产生自卑心理。在这些大学生的内心深处，自信心和自卑感常常处于冲突状态。

五是追求上进与自我消沉的冲突。许多大学生都有较强的上进心，他们希望通过努力来实现自身的价值。但在追求上进时，困难、挫折在所难免，不少大学生常常出现情绪波动。在困难面前望而生畏，消极退缩，虽然退缩但又不甘放弃，心中依然想追求、想奋进，内心极为矛盾，困惑、烦躁、不安、焦虑也由此而生。

（三）自我意识的统一

由自我意识的分化带来的种种矛盾冲突是大学生自我意识发展中的正常现象，也是大学生迅速走向成熟的集中表现。自我意识矛盾冲突一方面会使学生感到焦虑苦恼、痛苦不安，可能影响到他们的心理发展和心理健康，另一方面也会促使他们设法解决矛盾，来实现“理想我”与“现实我”的统一。但是由于个人的社会背景、生活经验、智力水平、追求目标等方面的差异，自我意识的统一途径也有所不同，但总的来说其统一途径有三个方面：一是努力改善现实自我，使之逐渐接近理想自我；二是修正理想自我中某些不切实际的过高标准，并改善现实自我，使两者互相趋近；三是放弃理想自我而迁就现实自我。

由于个人的社会背景、生活经验、智力水平、追求目标等方面的差异，大学生自我意识的分化、冲突、统一的途径不同，其结果也不同，统一的类型也不同。一般来说，我们把理想自我和现实自我的矛盾统一归纳为五种类型：

第一种是积极型：不断完善现实自我，使之与符合社会发展要求的理想自我达到统一。这是有抱负、有志气的青年所采取的一种统一类型，它最典型地反映了青年人积极向上、努力进取的精神，是值得鼓励和提倡的。

第二种是现实型：一方面不断完善现实自我，另一方面又根据现实自我的实际状况，修正理想自我，达到两者统一。在这里虽然理想自我也有朝着现实自我“靠拢”的修正，但出于较现实的考虑，仍不失为一种积极的统一。

第三种是庸碌型：放弃理想自我，以迁就现实自我，达到统一。这是不思进取、安于现状、庸庸碌碌、得过且过的一种统一。例如，有的人原来有良好的理想自我，但在改善现实自我的过程中遇到挫折，便消极处世、作茧自缚，放弃理想自我，听凭自然发展。这是需要教育者促其前进的一类。

第四种是虚假型：通过对现实自我的过高评价或虚妄的判断，获得与理想自我的统一。这类人往往狂妄自大、自命不凡，以主观臆想代替客观现实，沉浸于自我陶醉之中。这是需要教育者击其猛醒的一类。

第五种是消极型：是理想自我和现实自我在不符合社会发展要求的方向上的统一。这多为自甘堕落、执迷不悟的人所采取的一种统一类型。例如，有的人形成了与社会进步相悖的理想自我，只是由于种种主、客观条件的束缚（如主观上的自尊心，客观上的道德舆论），现实自我才滞后于理想自我，一旦束缚被挣脱（如自尊心已受挫伤，已无视道德舆论），便破罐子破摔，使现实自我一下子滑向消极的理想自我，获得统一。这是有极大危害性的统一，应引起教育者的高度警惕。虚假型和消极型的学生实际上都有不同程度的心理障碍，属于自我意识的变异状态。这类学生人数极少，但表现出来的心理与行为问题波及面较大，是高校学生思想政治教育和心理咨询引导的重点对象之一。

总之，青年中期是理想自我与现实自我矛盾突出的时期，也是使其趋向统一和转化的关键时期。过了青年中期，自我意识就逐渐趋于稳定，再变化发展就没有原来那样急剧了。一般来说，一年级大学生具有一定的依赖性和盲目性，二年级的大学生理想成分较多，容易想入非非，三年级以后就显得沉着稳定了。这表明，大学生的自我意识正处在矛盾、统一、转化并日趋稳定的阶段。

三、大学生自我意识发展的特点

处于青年中期的大学生，经过社会生活和学校教育，自我认识、自我体验、自我调控三方面趋向于协调发展。总的来说，大学生自我意识的发展是随着年级的上升而发展的，并表现出以下几个方面的主要特点。

（一）自我认识的深刻性、客观性、概括性

大学这一特殊的学习、生活环境，为大学生提供了一个博览群书、自由发展、自我实现的新天地。这个新天地为他们的自我认识的发展提供了有利条件。大学生的视野更开阔了，关心的社会问题也多了，社会对他们的期望也比较高。这时，他们的自我认识不只涉及自我的气质、风度和性格等一般问题，而且还涉及自己的社会地位、社会责任、自我价值等问题。通过对这些问题的分析和思考，大学生的自我意识达到新的广度和高度。随着大学生活的继续，大学生的知识增加了，社会经验也丰富了，大多数人对自己的分析、评价逐渐变得全面、客观和主动，对自己的优、缺点有了较正确的认识和评价，并能选择自己的长处进行发展，开始具备在自觉基础上的“自知之明”。大学生对自我的评价已从外部的、具体的、偶然的特征，发展到综合自己经常出现的心理特点。与高中学生相比较，大学生的自我概念有了明显的变化，更加重视自己的智力才能、意志品质、气质性格、活动成绩等，对自己倾向于做更抽象的概括和全面的描述，自我形象较少受到偶然情境因素的影响，不太会发生急剧变化。

（二）自我体验的丰富性、波动性、敏感性

大学生丰富多彩的学习生活为他们发展自我体验的丰富性提供了有利条件。例如，由于意识到自己的成熟而产生了成人感，由于意识到自己的能力和品德的高低而产生了自豪、自尊或自卑、自惭等体验，由于意识到自己的社会角色和社会地位而产生了社会责任感和义务感。一般来说，在“自我体验”里面，男生比女生更有自信心，更富于活力，但容易急躁；女生则更热情，但容易多愁善感。大学生自我体验的情感基调是积极的、健康的。大学生要注意增强自我意志的指向能力，提高自我认识水平，这将有助于自我体验的丰富性向健康方面发展。

大学生由于对自我的认识还在不断进行中，个性还不够成熟和稳定，意志也缺乏驾驭情感的力量，因此，他们的情感体验表现出明显的波动性。他们可能因一时的成功而产生积极、愉快的情感体验，甚至骄傲自满、忘乎所以；也可能因一时的挫折、失败而低估自我或丧失自信心，甚至悲观失望。到了高年级，当大学生的自我认识和自我控制比较稳定后，这种波动性才逐渐减少。

大学生正处在情感活跃的时期，他们的自我体验比较敏感，尤其当涉及的是与他们有关的事物时，很快就会引起情绪、情感反应。他们尤为关心自己在他人心目中的形象与地位，关心别人对自己的意见和看法。有时，他人无意中的一句话，会在他们的心头掀起轩然大波，他们会对此琢磨半天，正所谓“言者无心，听者有意”。有时，他们会由此及彼，引发一连串的联想，产生“一石激起千层浪”的效果。此外，处于青年中期的大学生，由于认识到自身存在的价值，强烈地要求肯定自己和保护自己，因此，他们的自尊心很强烈，对触及自尊心的刺激也十分敏感。

（三）自我控制的自觉性、独立性

随着知识的积累，生活阅历的增加，大学生能够根据别人的评价对自己的行动结果进行反省，及时调整自己的行为以适应实现目标的要求。大学生自我评价的自觉性来源于社会责任感、成就目标、生活的价值定向和意志的努力与锻炼，而外部直接诱因的作用减少了。大学生行为的自觉性和自我控制能力明显增强，盲目性和冲动性逐渐减少。与此同时，大学生自我控制的独立性也在增强，他们的心目中已逐渐确立一个新的自我——成人式的自我。他们的成人感特别强烈，经常向周围的人，尤其是年长者表明自己独立自主的要求，并表现出他们全新的"成熟"的特点，如激烈地阐述自己的主张，不愿让人们看到他们的依赖性和幼稚性；喜欢独立地观察事物、认识事物、判断事物、思考问题和独立行动，讨厌老师、家长和班干部絮絮叨叨的指点和管教；希望自理自治，乐于自己组织行动，自己动手解决问题，对自己搞的活动十分热心，而不希望别人过多地干预、指责和控制。

第三节　大学生自我意识发展的问题及偏差

大学生处在自我统一性成长的关键阶段，真正的社会化过程才刚刚开始，他们缺少做人做事的经验，因此，在自我意识成长中往往会出现偏差。

一、过分地自我接纳

过分地自我接纳是指大学生过高地估计自己，不切实际地高估自己的能力和长处，难以看到自己的缺点和不足，却把别人看得一无是处。对现实自我的评价过高，虚假的理想自我占优势，现实自我与理想自我的统一是虚假的统一。在前进的道路上一旦有点儿成绩就会沾沾自喜，大有"天将降大任于斯人"之感，忘记了现实自我，忘记了客观现实对自己的约束，甚至开始整天埋头于虚无缥缈的自我设计。另一种表现是，将幻想我、理想我代替现实我，将自己伪造一个能让人人满意并自我陶醉于其中的典型形象，来充当现实我。这种学生往往过分"悦纳"自我，盲目自信，妄自尊大，虚荣心强，心理防御意识强。日常生活中一旦遇到挫折，如考试不及格、求爱被拒、竞选干部落选等，总是把责任推到老师、同学身上，认为别人对自己不公平，从而疏远集体和他人，很难处理好人际关系。

【典型案例】

过分悦纳自己的大学生

张某，女，某医学院一年级新生，因心情郁闷而来咨询。自述自己是家族中唯一女孩，是掌上明珠，从小受到家人宠爱。入学后自认为宿舍里所有的同学都对她有排斥情绪，别人在一起说说笑笑，经常一起出去玩儿，可是唯独不喜欢和她在一起，她感到特别失落和气愤。另外，她报名参加了学生会及其他一些社团组织，比如演讲协会、舞蹈协会，自己觉得挺有优势的，可是除了几个无关紧要的社团组织外都落选了，这让自己感到非常耻辱，觉得很丢人。她从小的理想就是要当领导、当伟人，可是现实的大学生活却让自己一点儿都找不到领袖的感觉，反倒觉得处处受排挤。

此同学是过分接纳自己的人，过分夸大自己的价值，把所有的热情都转向自己，而不注意别人，只期望别人认同她，要别人对她非常尊敬。这种类型的大学生往往盲目乐观，以自我为中心，自以为是，不易被周围环境和他人所接受和认可，容易引起别人的反感和不满。

二、过分地自我拒绝

过分地自我拒绝就是指不喜欢自己，不能容忍自己的缺点和不足，否定、指责、抱怨、苛求自己。对于这种意识状态的大学生，在把理想我与现实我进行比较时，对理想我期望较高，又无法达到，对现实我不满意，又无法改进。他们在心理上的一个特征就是自我排斥。由于在成长过程中，理想我与现实我的距离过大所导致的自我矛盾冲突，他们往往会产生否定自己、拒绝接纳自我的心理倾向。这类大学生往往降低人的社会需求水平，对自我过分怀疑，压抑自我的积极性，并可能引起严重的情感损伤和内心冲突。他们的心理体验常伴随较多的自卑感、盲目性、自信心丧失和情绪消沉、意志薄弱、孤僻抑郁等现象，尤其是面对新的环境、挫折和重大的生活事件时，常常会产生过激行为，酿成悲剧。绝大多数大学生自杀事件是由自我拒绝心理所导致的。

【典型案例】

过分拒绝自己的大学生

张某，18 岁，某大学一年级学生，因坚决退学由家长陪同咨询。张某在高中时一直是班里的佼佼者，在老师、父母、同学的眼里，他是未来的名牌大学的学生。高考结束后，他以某地市高考状元的身份进入某重点大学。入学后发现自己什么都不如其他同学好，如不会洗衣服、不会打牌、不会打篮球，体育课上因不会跳绳受到同学们的耻笑。学期结束，他买了票但找不着火车站，最后家人从北京把他接回家。假期结束返校后，他天天待在图书馆看书，不与同学接触，不去上课。有一次家人去学校，他躲着不见，最后家人在图书馆找到他。后来家人与学校协商将其接回家。但回家后，他再也不愿意去上学，天天待在家里看书、上网，就是不说回学校。家人一旦劝其返校，他便大发雷霆，几天不与家人说话。

此同学是过分拒绝自己的人，理想自我极度缺乏或丧失，对现实自我又极度不满。往往会因理想自我实现过程中遭遇挫折而自轻、自贱、自怨、自恨、自嘲、孤独沮丧。

三、过分地自我中心

过分自我中心的人，在观察事物或考虑问题时，以自己的经验和标准去认识、评价事物以及自己与他人的行为，从自己的立场出发采取行动，容易出现自我中心倾向。这种倾向与个人主义等不健康的思想意识和心理特征结合时，就会发展为过分的、扭曲的自我中心。一个自私自利、崇尚个人主义又过分自尊的人，其自我中心倾向很容易发展为过度自我中心。这种人极端自私，凡事都满足自己的欲望，要求人人为己，却置别人的需求于度外，不愿为别人做出半点儿牺牲。这种人与别人相处时总以高人一等的身份出现，总把自己的意志强加于人，做事情认为自己总是对的，别人都是错的。过分自我中心的人很难赢得他人的好感和信任，人际关系多不和谐，生活中缺少知心朋友，做事难以得到他人帮助，易遭挫折。

【典型案例】

过分自我中心的大学生

来访者 22 岁，女，某大学二年级学生。求助原因：父母不理解她，同学们故意惹她生气，与她的关系不好，这些事情让她很痛苦。最近发现父母与自己不和，总是不能顺着她的想法做事。例如，前一个月，她向父母要钱，想去和同学们一起参加露营，正逢下雨，遭到父母阻止，父母认为下雨路滑，外面不安全，希望她改天再约同学去。她认为下雨并不会出现什么事故，父母的担心是多余的，认为是父母小气，不愿给钱，为此和父母大吵一架，一个星期没有理睬父母。也因下雨没有去露营，她与同学们大吵一架，认为同学们知道她不喜欢下雨，却故意选择下雨天，不想让她参加。

此同学是过分以自我为中心的人，在观察事物及考虑问题时，以自己的经验和标准去认识、评价事物，以及自己与他人的行为，从自我角度出发采取行动，出现自我中心的倾向。这种倾向与不健康的思想意识结合时，会发展为过分、扭曲的自我中心。

四、过分地追求完美

目前的教育模式使许多大学生都会有追求完美的倾向，对自我期望很高。凡事精益求精、尽职尽责、尽善尽美、追求完美，正是一个人有理想、有责任心的表现，在竞争激烈的当今社会，这往往是一个人成功的必备素质。我们完全可以说，没有个人的追求，就不可能有社会的进步。但是自我完美是相对的，不是绝对的，任何人都是优点与缺点的综合体，过度地追求完美只能成为对自我身心的一种折磨。过分追求完美表现为两种情况：首先，对自己有过高的不切实际的要求，脱离了自己这个活生生的个体的实际状况，这种情况很容易使自己“完美”的期望受挫，出现不良的情绪体验，导致社会适应困难。同时，对于自己的稍微“不完美”之处过分地关注与看重，乃至将人人都会遇到的问题都归结为是自己“不完美”的表现，严重地干扰了自己的情绪，挫伤了自信心，造成自我认识的歪曲。其次，过分地追求完美还表现为对自己的苛求，不允许自己出现一丝差错，担心自己因差错而遭到别人的蔑视，侵蚀了自我高大完美的光辉形象。在生活中表现为极力降低出现错误的机会，一旦出现某种错误，反复寻找原因，有些人可能形成强迫思维，导致心理障碍。

【典型案例】

过分追求完美的大学生

余某，女，22岁，某校大三学生，因注意力不能集中而咨询。自述在高二看电视时，曾看到过一部关于宫廷斗争的电视剧。当看到剧中的太监时，突然想到太监是被阉割过的。看完了电视剧，她仍然想“太监是被阉割过的，为什么被阉割呢？”一旦有了这样的想法，她就感到自己特别肮脏，局促不安。特别是遇到男孩子后，眼睛不敢看男孩子，并总有想看男孩子身体下部的想法。上大学后，她看见男孩子就紧张，只要男孩子在旁边就感到分神，无法安静学习。目前，这种感觉泛化了。在自习室，她一旦看到桌子上有个物品，这个物品就会严重影响自己的学习，越不愿意看到，反而越引起自己的注意。假如这个东西换了，就会出现别的东西影响自己，为此她感到非常痛苦。

此同学的问题是过分追求完美所导致的。青春期的女性，想到一些关于性的问题，见到男孩子就紧张是正常的反应。但把自己当成一个纯洁高尚的人，把精力完全投入到学习中去是不现实的，有时候想阻止某些思维，反而适得其反，只能令自己痛苦。

总之，大学生自我意识发展方面存在的问题是其心理发展还不够成熟的具体表现，但这些矛盾和冲突是大学生自我成长过程中必然要出现的问题，也是正常合理的。应该看到，大学生自我意识发展的走向是积极的、健康向上的。大学生需要重视和正视存在的问题，积极加以自我调节，努力完善自我。只有这样，大学生才能促进自我意识的和谐发展，实现自我意识的有机统一。

第四节 大学生完善自我意识的途径和方法

大学生自我意识发展中有许多偏差，所以自我意识的完善是大学生健康成长过程中一个很值得引起注意的问题。自我意识的完善有利于正确的自我认识和定位、有利于良好的人际关系、有利于身心健康和大学生人格的和谐发展，有利于大学生职业生涯的规划。

一、正确认识自我

美国心理学家乔（Joe）和哈里（Harrya）提出了关于自我认知的窗口理论，被称为乔哈窗口理论。他们将一个人的自我分为四个部分：A 为自己认识到、别人也认识到的公开的我；B 为别人未认识到而自己认识到的秘密的我；C 为别人认识到而自己未认识到的盲目的我；D 为别人和自己均未认识到的潜在的我。一个人 A 的部分愈大，其自我认识就愈正确，自我评价愈全面，心理就愈健康，愈有利于自身发展（图 4-1）。

自己知道的	自己不知道的
A 自由活动领域 （公众我）	C 盲目领域 （嗅领域）
B 逃避或隐藏领域 （隐私我）	D 处女地 （潜在领域）
别人知道的	别人不知道的

图 4-1 乔哈窗口理论

大学生应如实地展示自我，并主动地征求他人的意见，留心观察和分析他人对自己的态度，力求缩小 C 的部分，力争全面认识自我；同时按照自己的本来面目展示自己，决不刻意掩饰自我，以缩小 B 的部分。企图以假象求得别人的好感，那将造成沉重的心理负担，不利于自我成长。

二、积极悦纳自我

悦纳自我就是要无条件地接受自己的一切，无论是好的或坏的，成功的或失败的，有价值的或无价值的。凡自身现实的一切都应该积极悦纳，要平静而理智地对待自己的长短优劣、得失成败，要乐观开朗，以发展的眼光来看待自己，既不以虚幻的自我表现来补偿内心的空虚，也不消极回避自身的现状，更不能以哀怨、自责甚至厌恶来否定自己。一个人首先自我接纳，才能为他人所接纳。在悦纳自我的基础上，培养自信、自立、自强、自主的心理品质，从而发展自我，更新自我表现。

既然欣然接受自己如此重要，那么大学生应当怎样欣然接受自我呢？

首先，要全面、正确地评价自己。世界上没有一个人是完全地拥有长处或短处，即使短处也总有一定的限度，因此，万万不能只看到短处，否定自己，也不能只盯住短处，将它轻易扩大，认为自己一无是处。大学生对自己的评价要恰到好处，既不要盲目自大，也不要妄自菲薄。夸大或缩小自己的优缺点都不利于欣然接受自我。

其次，要正确对待短处。短处有两种，一种是能够改进的，如不良的习惯、坏脾气等；另一种是无法补救的，如先天的身材矮小、其貌不扬等。对前一种短处，要认识到它的危害所在，应理性思考，有则改之。对后一种短处，则要鼓起勇气，面对现实，承认它、接受它，不以此为羞，决不掩饰。掩饰固然可遮羞于一时，但带来的心理负担是沉重的。可采用积极的心理防御机制，比如“代偿”“升华”等。其实，随着年龄的增长，心智的成熟，内在的心灵美比相貌美更加重要，大学生应在学问上、修养上下工夫，培养内在的气质。

【小故事】

各有所长又各有所短

为了和人类一样聪明，森林里的动物们开办了一所学校，开学第一天，来了许多动物，学校开设了五门课程：唱歌、跳舞、跑步、爬山和游泳。当老师宣布“今天上跑步课”时，小兔子兴奋地一下子在体育场跑了一个来回，并自豪地说：“我能做好我天生就喜欢做的事！”其他小动物，有撅着嘴的，有搭着脸的。第二天老师宣布上游泳课，小鸭子也兴奋地一下子跳进了水里。天生怕水的小兔子傻了眼，其他小动物更没招。接下来，第三天是唱歌课，第四天是爬山课……学校里每天的课程，小动物们总有做得好的和做得不好的。

三、努力完善自我

认识自我、接纳自我是为了更好地塑造自我、完善自我，只有自觉塑造自我的大学生才能更好地发挥人所特有的自我教育的功能。人永远是自己的主人，是自己生活的塑造者，是自己命运的建构者。人本身就具有转变和重塑的力量，由此他可以使自己成为他愿意成为的对象。本杰明·富兰克林（B. Franklin）曾经奇怪地开始觉察到他正在不断地失去一些朋友。他开始意识到他在不断地与人发生争执，他就是和人相处不好。有一天，大概是快到新年了，大家都在制订新年计划。富兰克林坐下来，开出一张清单，清单上有他所有让人讨厌的性格特点。他把它们一一列出来。他对这些特点进行编排，把最有害的一个放在清单的第一位，然后依次排下来，害处最小的排在最后。他决定要一个一个地改掉这些讨厌的性格特点。每次他发现自己已经成功地改掉了一个坏毛病的时候，他就把这个毛病从清单上划掉，直到清单上所有的坏毛病都划完为止。后来他成为了全美国人格最为完美的人之一。每个人都尊敬他、崇拜他。当殖民地需要法国的帮助的时候，他们将富兰克林派到法国去。法国人非常喜欢富兰克林，以至于他要什么他们就给什么。今天几乎在所有关于性格塑造的书中，你都会发现富兰克林的名字，他被当做这个方面最杰出的例子来引用。

哲学家托·富勒（T. Fuller）说过这样一句话：“伟大的抱负造就伟大的人物”。目标是人们在行动开始之前对结果的一种预想状态，对人们的行为具有强烈的导向和激励作用。当代大学生应该确立远大而具体的目标，远大的目标是把自己的人生追求与祖国的发展联系起来，具体的目标要切合自我实际，在不同时期因具体情况而进行修改的目标。任何一个目标的实现都需要以坚强的毅力作为保证，如认识目标的自觉性和主动性，实现目标的恒心和毅力，克服困难的信心和决心等。大学生在学习和生活中，应有意识地培养自己具有顽强的意志，通过积极的自我暗示、主动争取机会、积累成功经验来增强自己的自制力和挫折耐受力，逐步完善自我。

四、勇敢超越自我

一个人要想成为一个真正的社会人，就必须超越自我，为社会、为他人有所贡献，担当历史的重任。其实，超越自我，为社会、为他人作贡献的过程，也是超越现实自我而迈向理想自我的过程。“自我”是在超越自我的过程中不断发展和完善的。一个人要想竭尽全力为社会进步、国家富强多作贡献，他就会尽自己所能，克服一切艰难险阻进行创造性的活动，并且为达到目标不断地调控自己的行为，使现实自我与理想自我更加契合。那么，如何塑造自我与超越自我呢？按照社会的需要和个人的特点设计，大学生应将自我设计建立在牢固的现实基础上，根据自己的特点和社会提供的可能性来设计自我，不受虚荣心诱惑，或被嫉妒心所鼓动。大学生应将理想与现实结合起来，从我做起，从现在做起。只要我们遵循社会的需要，从自己的特点着眼发展自己，就一定能施展自己的聪明才智。

大学生应树立远大的理想和抱负，但“齐家、治国、平天下”须从“修身、养性”开始，即从点滴小事开始，从具体行动开始。具体说来，要想健身修身，就需要经常参加体育锻炼；要想开阔思路，就需要有选择地多读好书；要想提升能力，就需要积极参加多种实践活动，并在实践之后反省总结，汲取经验和教训后再度投入行动。如此从行动到反思再到行动，自我不断地得到开拓与升华，从而形成一个更好的自我。这个过程可以用四“A”描述：接纳（Acceptance）：接纳自我与自我所在的现实环境；行动（Action）：对自己决定的事，付诸行动，并全力以赴；情感（Affection）：工作学习时情感投入，获得乐趣，乐在其中；成就（Achievement）：是以上三者完成后的自然结果，是努力奋斗的代价。如果一个大学生经历了四“A”，可以说是领到了一张健全自我意识的合格证。

在美国一个黑人教堂的墙上，刻着这样一句话：“在这世界上你是独一无二的一个，你生下来是什么，这是别人给你的礼物，你将成为什么，这是你给别人的礼物。”别人给你的礼物，我们无法选择，你给别人的礼物，握在你的手中。珍惜已有的自我，追求更好更高的自我，做一个自如、独特、最好的自我。

【心理训练活动】

1. 20 个“我是谁”

（1）活动目的：认识自己，了解自己，增强自我意识。

（2）活动步骤

①写出 20 个“我是谁？”“我是什么样的人”，请你把头脑里浮现出来的答案一一写出来，要求尽量反映个人特征和风格。由于这是自我分析材料，可以不给别人看，所以想到什么就回答什么，不要有什么顾虑。

②对自己的答案进行分析评估。分析的内容包括以下几个方面：

a. 评估一下你对自己的陈述是积极的还是消极的；

b. 在你列出的每句话的后面加上加号（+）或减号（–）；

c. 加号表示“这句话表达了你对自己肯定的、满意的态度”，减号则表示“这句话表达了你对自己不满意、否定的态度”；

d. 看看你的减号与加号的数量各是多少，如果加号数量大于减号，说明你对自我接纳的状况良好；如果你的减号将近一半或超过一半，这显示你不能很好地接受自己。

2. 我的橘子

（1）活动目的：增加对自我的认识，认识到每个人都是与众不同的，并接纳自我。

（2）活动程序：

①请成员在地板上坐成一个大圈圈。给每人一个橘子，并解释没有两个橘子是相同的，所以须对手上的橘子有相当的认识。

②让成员花十分钟熟悉他的橘子。第一个五分钟观察橘子的视觉特征，第二个五分钟则闭上眼睛，感受橘子的触觉特征。

③十分钟后，请成员配成对，每位成员根据所熟悉的特征向他的伙伴介绍自己的橘子。

④请求每对伙伴交换橘子，感觉不同处。

⑤将每对伙伴拼成四或六人小组，使新小组的成员形成一个小圈，并将橘子放到中间堆成一堆，然后让他们闭上眼睛去找自己的橘子。

⑥再请所有成员围成一个大圆圈。请成员闭上眼睛，向右传每一个橘子，使成员感觉认出

自己的橘子。当一位成员认出自己的橘子时，则将那个橘子放在腿上，不用继续传。

⑦团体成员讨论此经验，感受彼此橘子的不同。

（3）注意事项：除橘子之外，也可使用其他水果；第五步骤可排除；第六步骤可改成将橘子堆于房间中央，成员睁着眼睛发现自己的橘子亦可。

【案例分析】

案例回放：小 A，男，21 岁，医学院三年级学生。某日突然找辅导员，要求退学，说不愿读医学院了，要求回家重新上高中参加高考，准备报考师范院校，因为只有教师才好到西部支边。

同学反映：其平时性格内向，较孤僻，有时出去与同学上上网、逛逛街，但很少参加集体活动。上课从不迟到、不早退，课堂纪律良好，学习成绩较差，在班级学习排名几乎倒数，每年都有 1 ~ 2 门课程不及格。

小 A 自述高中时有个理想，想着考师范院校，准备到西部支边。高考结束后，他在家长的强迫下报了医学院，其实自己不喜欢学医。入校后感到医学课程没有意思，好多内容听不明白，考试经常挂科。他现在越来越感到自己不适合学医，一上课脑子就想起西部地区的穷孩子，想着去帮助他们，根本听不进去。他觉得如果现在再不行动的话，恐怕以后没有机会了，所以想退学重新考大学。

心理检查：学生意识清，定向佳，言语流畅，对答切题，未引出感知觉障碍，未有妄想，情绪稍低，记忆力正常，自知力良好。

案例分析：小 A 是富于理想的，自我期望值比较高，想着当老师为西部落后地区做出一定贡献。由于家长的原因使其选择了医学院。经过 3 年学习，他认真进行了自我观察、自我分析、自我评价，不情愿地看到“理想我”和“现实我”之间存在差距，而且自我感到这种差距越来越大，因而产生了自我意识矛盾。表现为内心冲突，出现了极大的内心痛苦和强烈的焦虑不安，所以做出决定想退学，重新考师范院校。可见解决大学生的自我意识矛盾冲突对大学生健康的成长是至关重要的。

（张曼华）

第五章 情绪管理

【哲人的忠告】

每个人都要对自己的情绪负责。

——美国心理学家艾里斯

人的任何心理活动都伴随着一定的情绪状态。它就像空气一样时刻围绕着我们，正因为有了喜、怒、哀、乐、爱、憎等不同的情绪和情感，生活才显得如此丰富多彩，正所谓“感时花溅泪，恨别鸟惊心”。大学生正处于青年期，情绪波动较大，情感体验复杂而丰富，经常会面临着各种各样的情绪困扰，因此，掌握情绪疏导调节的方法十分重要。

第一节 情绪概述

一、什么是情绪

情绪（emotion）是人根据客观事物是否符合自己已有的需要而产生态度的体验及其相应的行为反应。虽然个体可有情绪体验，但对情绪所引起的生理变化与行为变化却不为个体自身所控制，所以它对个体的生活具有重要的影响作用。

（一）情绪的产生是以需要为基础的

客观事物本身并不能直接导致情绪的发生，它对情绪的决定作用是以需要为中介的。和人的需要无关的事物，人对它不可能产生情绪。如某大学生学期成绩单上有一门功课不及格，这份成绩单对学校管理学生成绩的教师来说，可能未加注意，但该大学生及其家长则将会因这份成绩单而产生较为强烈的情绪反应。

另外，客观事物是否满足人的需要，决定了个体产生什么样的情绪体验。当客观事物符合并满足人的需要时，就会使人产生积极的情绪体验，如满意、愉快等；当客观事物不符合、不能满足人的需要时，就会使人产生消极的情绪体验，如悲伤、厌恶等。大学生的需要复杂多样，既有合理的需要，也有不合理的需要。即使是合理的需要，由于受到各种条件的限制，有时候也不可能满足，这就造成了大学生情绪的广泛性、复杂性和多样性。

（二）对刺激情境的认知决定了情绪的性质

由于个体已有经验的不同和价值取向的差异，对同一刺激情境，不同的人会做出不同的评价，于是，唤起情绪体验的性质也会有所不同。例如，面对患者的情绪发泄，有些医生可能把患者的这种表现视为对医生的无理取闹，可能会气恼万分；而另外一些医生可能把患者的激动表现看成是患者对疾病的一种情绪反应，就可能会心平气和地去面对患者。因此，我们说，对刺激情境的认知决定了情绪的性质。

（三）情绪与情感有一定的区别

情绪与情感虽然在定义上相似，但在实际应用中，两者存在着一定的差异，主要表现在：①情绪具有较大的冲动性和暂时性，它往往会随着情境的改变和需要的满足而减弱或消失；而情感则具有较大的稳定性、深刻性和持久性，是对人、对事稳定的态度反映，情感是个体人格结构和道德品质中的重要成分之一。②情绪是情感的外部表现形式，通常具有明显的冲动性和外部表现，如高兴时手舞足蹈、愤怒时暴跳如雷等，而且情绪一旦暴发往往难以控制；情感常以内心体验的形式深埋在心底，不轻易外露。③情绪大多与生物性需要满足与否相关；而情感则更多地与社会性需要是否满足相联系。面对某个异性，感到快乐是情绪反应，喜欢对方就变为情感反应了。在现实生活中个体的很多情绪和情感是夹杂在一起的，本书中对两者不做明显的界定和区分。

二、情绪的表达

情绪发生时，个体将情绪体验通过行为活动表露出来，从而显现其心理感受，并借以达到与外界沟通的目的，此谓情绪的表达，其形式有很多种。

（一）面部表达

情绪表达以面部的肌肉活动为主。眉飞色舞、眉目传情、愁眉苦脸、横眉竖眼等描述都是指面部的表情，表达了不同的情绪状态。同时，面部表达具有双向沟通的作用。

（二）身体语言

通过身体的各种动作代替语言借以达到表情达意的沟通目的，就是身体语言。广义的身体语言包括面部表情在内，而狭义的身体语言只包括身体与四肢的动作表达的意义。如手舞足蹈、捶胸顿足、坐立不安等描述均表达了不同的情绪状态。

（三）言语表达

言语表达主要是指言语的声调、音色、音量、节奏速度等方面的变化。如喜悦时语调高昂，速度较快，语音高低差别大；悲哀时语调低沉，言语缓慢，断断续续。言语表情所传达的情绪信息比言语本身含义更多、更复杂。

三、情绪的类别

（一）四种原始的情绪

快乐、愤怒、恐惧、悲哀通常被认为是最基本的和最原始的四种情绪。之所以称其为“基本”和“原始”的情绪，是因为它们是其他更加复杂的情绪产生的基础，又因为它们是人和动物共有并见之于世界各民族的体验。

快乐是达到所期盼的目的后紧张解除时个体产生的心理上的愉快和舒适。一个目标越难达到，达到后快乐的体验就越强烈；人们的愿望在意想不到的时机和场合得到满足，也会带给人更大的快乐体验。现代社会中对快乐的追求已经成为我们生活的重要目标。

愤怒是由于受到干扰而使人不能达到目标时所产生的体验。如年年希望晋升，但终不能如愿时产生的激动的体验；又如面对不公平的事实一次又一次地找管理人员说理，但终不能解决时的激动的体验。

恐惧是企图摆脱、逃避某种危险情境时产生的体验，引起恐惧的重要原因是缺乏处理可怕情境的能力。在医疗工作中最常见的就是患者对死亡的恐惧，在这种情境下由于个体缺乏控制疾病的能力而表现出对医务人员的高度依赖性。人类的恐惧具有明显的后天性，正所谓“初生牛犊不怕虎”，伴随个体生活经验的增多，恐惧感会随之增加。

悲哀是在失去心爱的对象或愿望破灭、理想不能实现时所产生的体验，悲哀体验的程度取决于对象、愿望、理想的重要性与价值。在现实生活中，可以有各种程度不等的悲哀，轻度的悲哀可以是微不足道的失望或遗憾的情感。有人说医院是一个悲哀的世界，因为住在医院里的患者都失去了对人生具有重要意义的健康，所以悲哀是住院患者最常见的情绪反应。

由上述四种基本情绪还可派生出许多复杂情绪，如喜欢、悔恨、嫉妒、厌恶、羞耻、同情等。

（二）三种情绪状态

情绪状态是指在某种事件或情境影响下，在一定时间内所产生的激动不安状态。其中典型的情绪状态主要有三种。

1．心境（mood） 是比较微弱而持久的一种情绪状态，通常也叫心情。引起不同心境的因素有许多：可能是对人有重要意义的事件，如考试失败、与恋人分手等；也可能是微不足道，甚至毫无关系的小事；还可由回忆及对身体状态的感觉引起。但是，人们不能完全意识到引起心境的原因，所以经常听到有人这样说“不知道为什么就是觉得今天不高兴”。人们往往还具有自己比较独特、稳定的心境。有的人经常处于朝气蓬勃的心境中，积极乐观；有的人经常处于抑郁忧愁的心境，终日愁眉苦脸。心境对人的生活、工作、学习有很大的影响。积极、乐观的心境有助于人发挥自己的能力，提高工作和学习的效率，增强克服困难的信心；消极、悲观的心境使人厌烦、意志消沉、降低效率。因此，学会调节控制自己的心境是非常重要的。

2．激情（intense emotion） 是一种迅速暴发的、剧烈而短暂的情绪状态。这种情绪状态通常是由对个人有重大意义的事件所引起。巨大成功之后的狂喜、遭到欺辱时的狂怒、失去亲人的大悲都是激情状态。

激情状态下，人往往出现“意识狭窄”现象，即认识活动的范围缩小，理智分析能力受到限制，自我控制能力减弱，使人出现一些过激行为。合理的激情可以诱发个体巨大的潜能，在体育竞技活动中运动员和观众的激情可以极大地提升比赛的热度和竞技水平，但同时，一个处于矛盾冲突中的大学生也会因过度的激情而丧失理智，出现伤害自己或破坏环境的行为。所以我们要锻炼自己的情绪自控能力，做情绪的主人。

3．应激（stress） 是一种遭遇到突发性事件后自己不知所措的情境下产生的紧张状态。例如，医师第一次独立值班、第一次面对患者的死亡、第一次手术中的突发事件都可使他陷入应激状态。处于应激状态时，人的意识域变窄，平时习惯化了的技巧动作可能会阻碍个体摆脱应激境遇。

应激有积极的作用，也有消极的作用。一般的应激状态能使机体具有特殊防御排险功能，能使人精力旺盛，使思想特别清楚、精确，使人动作敏捷，推动人化险为夷，转危为安，及时摆脱困境。但紧张而又长期的应激会使人全身兴奋，注意和知觉范围狭小，言语不规则、不连贯，行为、动作紊乱等。

四、情绪的功能

在人类生活中，情绪具有重要的作用。

（一）情绪的适应功能

人在生存和发展的过程中，存在多种适应方式，情绪就是其中的一种。婴儿通过哭、笑传递信息，进行社会交往；成人通过情绪的变化与外界取得平衡，以便更好地克服困难，适应环境。

（二）情绪的调控功能

情绪是一个独立的心理过程，有自己的发生机制和发生、发展过程。情绪对其他心理活动具有组织作用，表现为积极情绪的协调作用和消极情绪的破坏、瓦解作用。中等强度的愉快情绪有利于提高认知活动的效果；而消极的情绪，如恐惧、痛苦等，会对操作效果产生负面影响，消极情绪的激活水平越高，操作效果越差。情绪的组织功能还表现在人的行为上：当人们处在积极、乐观的情绪情感状态时，容易注意事物美好的一面，其行为比较开放，愿意接纳外界的事物；而人们处在消极的情绪状态时，容易失望、悲观，放弃自己的愿望，有时甚至产生攻击性行为。

（三）情绪、情感的健康功能

人对社会的适应是通过调节情绪来进行的，情绪调控的好坏会直接影响到身心健康。常听人们叹息“人生苦短”。在一般人的情绪中，常是苦多于乐。在喜、怒、哀、乐、爱、惧、恨中，正面情绪占 3/7，负面情绪占 4/7。情绪对健康的影响作用是众所周知的。积极的情绪有助于身心健康，消极的情绪会引起各种疾病。我国古代医书《内经》中就有“怒伤肝，喜伤心，思伤脾，忧伤肺，恐伤肾”的记载。有许多心因性疾病与人的情绪失调有关，如消化道溃疡、偏头痛、高血压、哮喘、月经失调等。有些人患癌症也与长期心情压抑有关。一项长达 30 年的关于情绪与健康关系的追踪研究发现，年轻时性情压抑、焦虑和愤怒的人患结核病、心脏病和癌症的比例是性情沉稳的人的 4 倍。所以，积极而正常的情绪体验是保持心理平衡与身体健康的条件。曾有人说过，一个小丑进城胜过一打医生，就非常形象地说明了情绪对人身体健康的影响。

（四）情绪、情感的信号功能

情绪是人们社会交往中的一种心理表现形式。情绪的外部表现是表情，表情具有信号传递作用，属于一种非言语性交际。人们可以凭借一定的表情来传递情感信息和思想愿望。心理学家研究了英语使用者的交往现象后发现，在日常生活中，55% 的信息是靠非言语表情传递的，38% 的信息是靠言语表情传递的，只有 7% 的信息才是靠言语传递的。表情是比言语出现更早的心理现象，在婴儿会说话之前，主要是靠表情来与他人交流的。表情比语言更具生动性、表现力、神秘性和敏感性，特别是在言语信息暧昧不清时，表情往往具有补充作用。人们可以通过表情准确而微妙地表达自己的思想感情，也可以通过表情去辨认对方的态度和内心世界。所以，表情作为情感交流的一种方式，被视为人际关系的纽带。表情还与身体的健康有关，医生常把表情作为诊断的指标之一。中医望、闻、问、切的“望”就包括对表情的观察。中国有“出门看天色，进门看脸色”的俗语，意思是说通过别人的情绪反馈信息，领悟到别人对自己的态度。

【专栏 5-1】

智商和情商的契合——成功的基础

情商即情绪商数（emotional quotient，EQ），是指个体控制和调节自身情绪体验的能力。情商这一概念是由当代美国耶鲁大学心理学家沙洛维（P. Salovery）和梅耶（J. Mayer）于 1990 年提出的。学术界对情商的解释主要包括四个方面：

（一）情绪的感知、认识与表达能力

1. 从个体的生理状态、情感体验和思想中认识自身情绪的能力。
2. 通过外显的行为、个人创作作品中辨认情绪的能力。
3. 准确表达情绪以及表达与这些情绪有关的需要的能力。
4. 对情绪表达效果的自我判断的能力。

（二）思维过程中的情绪促进能力

1. 情绪思维的引导能力。
2. 生动鲜明地对与情绪有关的判断和记忆的过程产生积极作用的能力。
3. 心境的起伏使个体从积极到消极摆动变化，促使个体从多方面进行思考的能力。
4. 对特定问题的解决所具有的促进能力。

（三）理解与分析情绪，获取情绪知识的能力

1．给情绪贴上标签，认识情绪本身与语言表达之间的关系的能力。

2．理解情绪所传送信息的能力。

3．对情绪的自我剖析能力。

4．复杂心情的分析能力。

（四）对情绪进行理性调节的能力

1．以开放的心情接受各种情绪的能力；能够安抚自己，摆脱强烈的焦虑、忧郁以及控制刺激情绪的根源。

2．根据所获知的信息与判断成熟地浸入或离开某种情绪的能力。

3．维系融洽人际关系的能力，能够理解并适应别人的情绪。

智商主要担当个人成长的基础性作用，情商则起到提升和促进作用，并直接影响人的工作、学习与生活的成功与否，但智商的基础性作用是不可否认的。简单地说就是智商达到一定水平后，情商的引导控制效果才有可能得到发挥。智商将成功的机会带到人们的面前，情商会从多方位、多角度帮助人们敲开成功之门。既有高的智力水平、又有很高的情商的人最容易取得事业的成功。也需要指出，情商相对于智商具有一定的可塑性和成长性，后天的努力可以提升情商水平，以弥补智商的不足。

第二节 大学生的情绪问题

一、情绪对大学生发展的影响

（一）情绪影响大学生的学习效果

人的学习活动不仅受认知影响，也受情绪影响。情绪既可以提高大学生学习的积极性，提高学习效率，也可以降低大学生学习的积极性，降低学习效率。这一点已为大量的心理学研究所证实。

1．情绪强度与学习 研究表明，各种学习活动有一个最佳的情绪活动水平。较低的情绪激活水平有助于学习较难的代数问题；中等的激活水平有利于训练基本的算术技能；较高的激活水平有利于学习简单的操作。心理学上称此现象为叶克斯 - 道德森定律。

2．焦虑与学习 焦虑是由紧张、不安、焦急、忧虑、担心、恐惧等感受交织而成的情绪状态。焦虑与学习效率之间的关系可由倒 U 形表示，无动于衷或过分焦虑都不能产生高的学习效率，而适中水平的焦虑最有利于学习。

3．心境与学习 积极乐观的心境能够增强人的自信心，提高学习效率，而消极悲观的心境使人丧失信心，降低学习效率。实验表明，学习时的情绪状态一致，被试回忆或再认的成绩最好，因为学习时的情绪状态在回忆或再认时可以成为信息检索的有效线索。这种现象称为“心境状态依赖性效应”。

（二）情绪影响大学生的身心健康

俗话说“笑一笑，十年少；愁一愁，白了头。”大量研究表明，良好的情绪，如快乐、满意等，既是维护心理健康的保证，也是促进生理健康的有效途径。它不仅能保持身心平衡，使人精神振奋，激活神经系统，使之兴奋和协调，调节内分泌系统的平衡，还能提高人体对疾病的抵抗力。反之，不良的情绪，如恐惧、忧郁等，若得不到及时调适或宣泄，就会减弱人的抵抗力，引起心身疾病。

如果大学生不能适应大学里竞争性的环境，或对自己期望和要求过高，精神长期处于紧张状态，可能导致各种心身疾病或诱发心理障碍。大学生中常见的一些疾病，如紧张性头痛、神经衰弱、心律失常、哮喘、神经性皮炎、十二指肠溃疡、月经不调等，都与情绪变化有关。

（三）情绪影响大学生的行为反应

埃普斯顿的研究表明，大学生的情绪体验对其行为有重要影响。例如，某事如果使大学生体验到高兴、亲切、安全、平静等积极的情绪，大学生的行为目标也因此是积极的、主动的，其社会兴趣、对新事物的接受程度、对周围人的尊重与理解、对目标的确定等，都会明显增强。相反，如果某事使大学生体验到的是痛苦、愤怒、紧张或受到威胁等消极情绪，一部分大学生的行为将会发生消极的改变，表现为社会兴趣下降，反社会行为增加，自我封闭等；但是也有一部分大学生会向积极的方向转化，在行为上表现得更加坚强，更有勇气去克服困难。

二、大学生常见的情绪困扰表现

情绪困扰是大学生群体中比较突出和普遍的问题。情绪困扰又称为情绪适应不良，主要表现在以下几点。

（一）焦虑

焦虑（anxiety）是指一种缺乏明显客观原因的内心不安或无根据的恐惧，是由几种情绪混合而成的负性情绪，是一种对未来某种可能发生的可怕情境产生的不愉快情绪体验。焦点是个体预期即将面临不良处境，但无法采取有效措施加以预防和解决时而产生的紧张的情绪体验，表现为持续性精神紧张（紧张、担忧、不安全感）或发作性惊恐状态（运动性不安、小动作增多、坐卧不宁或激动哭泣），常伴有自主神经功能失调表现（口干、胸闷、心悸、出冷汗、双手震颤、厌食、便秘等）。和恐惧不同的是，当事人发生焦虑时并没有值得害怕的明确对象和内容，但总有大祸临头的感觉和压力，心理上出现紧张的期待情绪反应，但当事人又说不出究竟害怕、担心什么，不能明确表述最终会发生什么灾难和不幸。

医学生常见的焦虑有自我形象焦虑、学习焦虑与情感焦虑。自我形象焦虑是担心自己不够漂亮，缺乏吸引力，体重过胖、矮小、青春痘等影响自我形象而引发的焦虑。这类焦虑与自我认知有关，需要通过调整自我认识进行自我接纳，建立新的自我形象。由于医学生的课程压力大、考试项目多，尤其是面临期末考试时，学生会感到巨大的学习焦虑和考试焦虑，这一阶段个体的情绪反应最为强烈。此外，情感焦虑也是这一阶段个体焦虑的重要内容，是否恋爱、如何恋爱、怎样处理情感矛盾都是影响大学生焦虑的重要原因。

焦虑对个体的影响是复杂的，一般焦虑水平能够使学生维持适度的紧张状态，注意力集中，促进学习活动；过高的焦虑则会使个体产生紧张不安、思维混乱、注意力不集中，甚至记忆力下降等不良反应。

（二）抑郁

抑郁（depression）也是极为复杂的情绪障碍，是一种持续时间较长的低落消沉的情绪体验。当个体感到无法面对外界压力时常常会产生这种消极情绪。按照国际公认标准，心情低落、苦闷、沮丧至少持续2周，且妨碍学习、生活的，一般称为抑郁症。它的外部表现具有“六无”：①无兴趣（对平时兴趣多的人较易被发现，而对平时兴趣就少的人则较易被忽视）；②无希望，对人生持灰色、悲观态度；③无助感，认为没有谁能帮助自己；④无动机，精疲力竭、疲劳、沮丧；⑤无价值，自认为于人于己都无价值，贬低自己，有深刻的内疚心理、后悔和自责感；⑥无意义，生命本身无意义，活着不如死，期望意外突发事件，严重的甚至自杀。

一般来说，性格内向、敏感猜疑、不爱交际、依赖性强、遭遇过意外挫折、有不良童年经历、长期努力得不到报偿的大学生更容易陷入抑郁状态。

抑郁症状不单指各种感觉，还指情绪、认知与行为特征。抑郁最明显的症状是压抑的心情，表现为仿佛掉入了一个无底洞或黑洞之中，正被淹没或窒息。其他体验包括容易发火，感到愤怒或负罪感。抑郁常常伴随着焦虑，对所有活动失去信心和兴趣，渴望一个人独居。抑郁也伴随着个体思维方式的转变，这些认知改变可以是一般性的，比如注意力不集中、记忆力衰退或者很难做出决定。在思考中可能有更多的心境转变，消极地看待世界、自我和未来，因此，抑郁的人很难回忆起美好的事情，不适当地责备自己，认为他人更消极地看待自己，对未来感到悲观。与此同时，还伴随身体症状，如常常乏力，起床变得困难，更严重时睡眠方式都将改变，睡得太多或者早晨醒得太早，并且不能再次入睡。也可能出现饮食紊乱，吃得过多或过少，随之而来的是体重激增或剧减。

引起大学生抑郁的主要原因是一部分大学生由于不喜欢所学专业，感到前途渺茫，或是由于人际关系处理不当、失恋等问题而过早“看破红尘”，导致情绪抑郁。另外，性格孤僻、内向、不爱谈吐与交往的大学生也容易产生抑郁情绪。

（三）愤怒

愤怒（anger）是人的基本情绪反应，主要是由于客观事物与主观愿望相违背，或愿望不能实现并一再受挫时产生的激烈的情绪反应。

有研究表明，当愤怒发生时，可能导致心跳加快、心律失常、血压升高等生理变化，同时还会使人的自制力减弱甚至丧失，思维受阻，行为冲动，甚至可能做出一些事后后悔的蠢事或造成不可挽回的损失。

愤怒也是大学生常见的一种消极情绪。由于他们正处于精力充沛、血气方刚的青年时期，情绪上好激动、易动怒，如有的大学生因一句刺耳的话或一件不顺心的小事而暴跳如雷，有的因与人发生矛盾而怒不可遏、恶语伤人，有的因别人的观点或意见与自己不同而恼羞成怒。大学生伤害他人的事情多与他们不能控制自己的情绪、好激动、易动怒有关。愤怒对大学生的发展是极其有害的，这种情绪需要加以控制。

（四）冷漠

冷漠（apathy）指人对外界刺激缺乏相应的情感反应，对生活中的悲欢离合无动于衷。作为一种消极的情绪体验，冷漠具体表现为凡事漠不关心、冷淡、退让。如有的学生对周围的人和事漠不关心，对集体和同学态度冷淡，对自己的前途命运、国家大事等漠然置之，把自己游离于社会群体之外，独来独往，对各种刺激无动于衷。这种冷漠的情绪状态，多是个体对挫折情境的一种自我逃避式的退缩性心理反应，带有一定的自我保护和自我防御性质。具有这种情绪的人从表面上看、平静、冷漠，但内心却往往有强烈的痛苦、孤寂和压迫感。如果大学生长时间地处于这种情绪状态下，巨大的心理能量无法释放，超过其承受的限度后，就会以排山倒海的形式爆发出来，心理平衡遭到破坏，影响身心健康。

冷漠是一种消极情绪的内化而非外显的行为，事实上，冷漠比攻击更可怕。冷漠会带来责任感的降低、生活意义的缺失与自我价值的放弃。冷漠的形成多数与人生重大生活事件与重要丧失有关，也与个体的生活经历有关。

克服冷漠最根本的是改变认知，发现生活的意义，找到自我的价值，改变长此以往形成的对人生消极的看法。在行为上，积极投身各种有意义的活动中，融入集体，进行积极的自我暗示与自我提升，正确认识自我与他人，个体与社会，并不断矫正自己的非理性观念。

（五）自卑

自卑感（inferiority complex）是因对自己评价过低而产生的压抑、羞愧情绪体验，是自我意识中自我情绪体验的形式之一。自卑感的出现可能有真正的生理或心理缺陷基础，也可能仅仅是出于想象。自卑的人自我评价过低，评价不符合自身实际情况，因而会轻视自己，或者看不起自己，对自己没有信心，在社会生活中表现出胆怯、退缩，担心不被他人尊重，对他人的评价异常敏感，为了避免受到进一步的心理伤害，尽量不与人接触，把自己封闭起来。

大学生在某方面的实际状态与个人自我期望不相符合时，最易出现自卑感。学习成绩一向很好的学生可能会因一次考试失利而一蹶不振；自认为漂亮的姑娘可能因为别人议论自己的缺陷而饮泣。如一位十八岁的大学生，因自觉与人对视时表情不自然，怕被人发现而瞧不起自己，从此不敢与人对视，最严重时不得不休学，回绝一切与熟人，尤其是与同龄异性的接触机会，后来在求助于心理医生后才解决问题。

大学生自卑感存在着性别差异。女性大学生较男性大学生更易产生自卑感，其原因是由于社会文化更强调男性角色的独立、进取特征，而强调女性角色的依赖、温柔特征，女性大学生的自信心普遍低于同龄男性大学生。

大学生自卑感的产生有其独特的心理背景。从心理发展过程看，儿童主要依靠他人如家长、老师的价值观念来确定自己的价值，成人则主要靠自我价值观念指导约束自我行为。大学时期是个体处于从儿童到成人的转变时期，大学生对自己的外貌、能力、个性品质非常关注，但尚未形成准确的自我认识，对自我的评价容易被具体情境牵着走。顺则有“天下英雄舍我其谁”的气概，逆则易陷入一无是处的自卑消极评价体验之中。

第三节　大学生的情绪管理

情绪是流动、易变的心理历程，所以有文学家把它比喻为水和火。情绪犹如火，太大会烧毁一切，太少会使人间温暖尽失；情绪犹如水，量适当可浮舟，量太大、太凶猛则会覆舟。这也就是说，如果我们能恰当地调控自己或别人的情绪，会为我们的生活锦上添花，否则将会成为我们生活的负担。因此，大学生学会管理好情绪，做情绪的主人，对于促进自身的身心健康具有十分重要的意义。

一、自信

自信（self confidence）代表着一种优秀的心理品质和积极的人生态度。它是一种无形的力量，时刻在充实和完善着自我和人生。自信的人相信自己，相信自己的能力，也相信自己的价值，因而凡事尽力争取，有一种“当仁不让”的主动精神。自信的大学生表现出活泼、开放、幽默、果断等特点。

现实中并不是所有的大学生都具有这一优秀心理品质，大学生要培养这种优秀心理品质，就需要有意识地学习和磨炼。那么自信的大学生是如何维护其自信心的呢？我们该如何汲取他们的经验，使自己也同他们一样充满自信呢？下面就维护自信的方法进行分析和讨论。

（一）培养健康的自我形象

自我形象是一个人对自己的看法。一个人自信的感觉，在很大程度上受自我形象的影响。认为自我形象不好的人，往往具有严重的自卑感，深深地影响到自信心的建立、因此，要保持自信心，应充分认识到，归根结底是自己决定对自己的看法和态度。同时，自己也拥有着改变自己的能力。尽管我们的自我概念和认识在某种程度上受到外在因素的影响，但自我形象毕竟存在于内心之中。

自信程度低的人往往会受别人评价的影响，陷于种种消极的思维模式中。比如：当他们获得成功时，可能会把它归功于自己的运气；而失败时，则深深责怪自己的无能。要培养自信心，应该采取一种相反的态度，把成功更多地归功于自己的努力，面对失败则要冷静地分析客观因素，而不要过多地责备自己。有这样一个例子，心理学家对毕业求职的大学生做了一次有关自信心的调查。研究结果发现，当求职被拒绝之后，自信程度低的学生，80% 会认为是因为自己“太差了”、“自我形象不好”等，从而对他们的自信心产生消极影响。其实，求职被拒绝还有许多客观原因，比如所学专业不对口、用人指标有限等。

（二）不要让别人来设定自己的生活目标

在日常生活中，本来是自己的事情，其标准却往往是由别人设定的。比如“别人”（包括商业广告）不断地告诉我们，应该做什么和不该做什么，甚至应该怎样做，不应该怎样做。许多大学生易受周围同学的影响，如穿着、饮食，甚至连兴趣爱好都想和别人一致，否则就觉得不自在、离群。像“你应该去减肥”，“你应该学会跳舞”，“你应该穿牛仔裤”等建议，即使别人大都出于好心，甚至所提的建议也并不坏，但是别人的好标准不一定能成为你的标准。自信程度低的人，更容易受别人的影响。要建立自信，就应该经过全面和独立的思考后，为自己设立生活标准，选择符合自己理想和个性特点的标准。

（三）认识和调整不现实的生活目标

每个人都有着自己的理想和目标，并且会执著地去实现它们。但是，这些目标现实吗？符合自己的条件吗？有些人习惯于向自己提出一种“高标准”，这样常常会显得很勉强，并且当愿望不能实现时，就会不断地打击其自信心。比如根本不具备条件，而硬要强迫自己去做电影明星。这种不切实际的目标只能使自己处于志大才疏的状态，其结果反过来影响自己自信；因此，凡事注意考虑自己的环境和条件，脚踏实地地求发展，每实现一个小目标，就能增加一分自信。

（四）优化意志

意志品质可以影响健康情绪的培养。意志薄弱的人是不良情绪的俘虏，意志坚强的人是情绪的主人。有人说：“我知道发火不对，可就是控制不住”。其实，如果尝试把发火的时间推迟 15 秒，下一次再推迟 30 秒，以后不断向后推延，这样坚持下去，学会自我控制，就能成为情绪的主人。

二、适度焦虑

研究表明，保持适度的焦虑可以提高人的活动效率，只有那些严重地影响了正常工作和生活的焦虑才是需要改变的。这是因为，一方面，适度的紧张和焦虑使个体进入紧张、激动状态，由于交感神经作用，生理上会有一连串的变化，如血压升高、呼吸加速、血液循环加快。这些变化使身体产生较多的能量来应付当前的问题和情景。这种能量有时是巨大的，它可使人做出超出自身极限的成就；另一方面，适度的紧张和焦虑不仅是维持学习效率的有利因素，而且也是健康生活的必备条件。有些人愿意从事冒险活动，有些人喜欢在学习完一天功课后，还要玩桥牌、围棋之类动脑筋的消遣活动，就是这个原因。个体在适度焦虑状态下，思考力、反应速度、动作的敏捷性都得到了锻炼，使身心更趋于健康。能够保持适度焦虑的大学生往往能够较好地适应大学生活，发展自己，做出正确抉择，并取得较好的学习成绩。

然而，有些大学生存在过度焦虑的现象，其表现和原因是多方面的。首先是适应性焦虑。生活环境的改变使一些缺乏独立生活能力和来自偏远地区的大学生不知如何处理生活和人际交往。其次是考试焦虑。一些大学生考试前数天就表现得极其紧张，以致不能安心复习，其焦虑程度随考期临近而日益严重。那些能力不如他人或对自己能力的主观评价不如别人的大学生，以及那些对获得好成绩有强烈愿望的大学生，容易产生较高的考试焦虑。再次是健康焦虑。因为对身体健康和生理现象过分关注而产生的焦虑，如失眠、疲倦、头痛等，同时还有一部分同学由于缺乏性知识，对遗精和手淫产生焦虑。最后是选择性焦虑。这是一种面临动机冲突和困难的选择，如两难选择而产生的焦虑，学习、交际、恋爱、择业过程中出现的心理冲突和焦虑便是如此。

过度焦虑可使人失去信心和希望，在心理上摧垮一个人，因此，我们平时应注意培养积极乐观的生活态度，减少不必要的忧虑，保持适度焦虑，使自身健康地发展。

三、热情乐观

我们热情乐观的时候，可以想得更好，干得更好，感觉得更好，身体也更健康。俄国心理学家柯克契耶夫试验过人在乐观与悲观的思维中的生理状态。人在乐观的思维中时，视觉、味觉、嗅觉和听觉都更灵敏，触觉也更细微。精神医学也证明：在乐观的时候，我们的胃、肝、心脏和所有的内脏会发挥更有效的作用。可见，热情乐观的情绪状态与一个人的潜能密切相关。

（一）快乐不在未来而在现在

不能乐观地面对生活的人有一个最普遍的原因，即他们企图按照难以实现的计划而生活。他们现在不是在生活，也不是在享受，而是在等待将来发生的事情。例如有些同学以为大学毕业，找到工作以后，完成某个任务或取得某种胜利以后，就会快乐起来。这种人一般都以失败而告终。快乐是一种心理习惯，如果不在现在加以了解和实践，将来也体会不到。快乐不是在解决某种矛盾后产生的，一个问题解决了，另一个问题还会出现。生活本身就是解决一系列问题的过程。快乐也就是在解决问题和克服困难中获得的心理体验。前苏联心理学家巴甫洛夫说："愉快可以使你对生命的每一跳动，对生活的每一印象易于感受，不论躯体和精神上的愉快都是如此，可以使身体发展、健康。"中国俗语说"人逢喜事精神爽""笑一笑，十年少"，就是说愉快乐观的情绪和情感可以延缓衰老、增进健康。

（二）培养乐观的习惯

亚伯拉罕·林肯说："只要心里想快乐，绝大部分人都能如愿以偿。"也就是说，只要你相信做的事情一定会成功，你个人的活动就能够发展和实现这些想法。包括圣人在内，没有一个人能随时感到百分之百的顺利。正如萧伯纳所说的那样，如果我们觉得不幸，可能会永远不幸。但是，我们可以凭借动脑筋和下决心来使事情变得愉快起来，以应付日常生活中使我们不痛快的琐碎小事和环境。我们对小的烦恼和挫折的牢骚、不满、懊悔、不安的反应，在很大程度上是出于习惯。我们做出这种反应已经"练习"了很长时间，也就成了一种习惯性反应。这就是那些悲观的人无法自拔的原因。

这种习惯性的悲观大多起因于自尊心受到伤害。如考试成绩不及格，便责怪自己能力差；说话时有人肆意插嘴，便认为自己的话题不佳等。改变这种习惯性反应的最好药方就是提高自尊心。请看在一个电视节目里节目主持人"操纵"观众的情况。他拿出"鼓掌"的标记，大家就都鼓掌；他又出示"笑"的标记，所有的人就都笑起来。观众的反应像绵羊一样，告诉他们怎样反应，他们就顺从地做出反应。你现在也是这种反应。你让外在事物和其他人来支配你的感觉和反应，在等待某件事向你发出"生气""不痛快""没办法了"的信号。这种方法轻易地使人认识到做悲观的奴隶有多可笑，我们可以积极乐观地对待事情。请做自己的主人，培养乐观的习惯。

（三）在挫折中练习乐观

当处在不如意和不利的环境时，我们一般都很难冷静，只要我们不在不幸之上再加上自怜、懊悔的情绪和于事无补的想法就能逐渐找回乐观和热情。美国整容师、心理学家马尔兹在宣布想当一个医生时，有人告诉他这是办不到的，因为他家没有钱，他母亲没有钱，这是事实，但说他永远当不成医生只是一种意见。后来又有人说他永远不能到德国去读研究生，还说一个年轻的整容医生不可能独自在纽约挂牌开业。这一切他最终都做到了。他常常提醒自己：这些“不可能”只是别人的意见，而不是事实。我不仅要设法达到目标，而且要在奋斗过程中感到快乐，甚至在我典当大衣买医学书，省下饭钱买解剖的尸体的时候。他认为，要说这是“莫大的不幸”或者“人生失去希望”，那仅仅是一种想法。他不仅克服了困难，而且这些遭遇成了他最大的幸事，使他学会了乐观。

四、大学生情绪控制与调节的路径和技术

有必要指出，凡是有利于身心健康的生活方法，都对调控人类情绪有利。调控情绪的具体方法种类非常多。下面所列的方法主要用于情绪障碍调控，也适用于其他心理问题。

（一）情绪调节的路径

1．情绪疏泄法　激烈紧张的情绪活动一般有五条出路：一是忍气吞声，强压怒火。心理学研究表明，许多心身疾病，如胃溃疡、高血压、癌症，都与情绪压抑有关。二是投向自我，情绪激动又不便发作时，打自己耳光、摔自己的东西，甚至去上吊、自杀。三是转化为无意识冲突，成为神经症的根源。四是报复性发泄，伤害他人或财物，容易造成不可挽回的损失。五是正常的发泄，不掩饰自己的不满或气愤情绪，直接表达出来。

情绪疏泄法是指在人处于较激烈的情绪状态时，允许他/她直接或者间接表达其情绪体验与反应。简单而言，即高兴就笑，伤心就哭，“男儿有泪不轻弹”不符合情绪调控的疏泄方法，不值得提倡。坦率地表达内心强烈的情绪，如愤怒、苦闷、抑郁情绪，心情会舒畅些，压力会小些，与情绪体验同步产生的生理改变将较快地恢复正常。所以为了心理健康，该哭就哭吧。

情绪疏泄法可以分为直接疏泄法与间接疏泄法。直接疏泄法是在刺激引发情绪反应之后，即时表达自己的内心感受，如遭遇到不公平对待时，可以马上提出来，被人伤害后，直接告诉对方自己很生气，要求赔礼道歉。间接疏泄法是在脱离引发强烈情绪的情境之后，向与情境无关的人表达当时的内心感受，发泄自己的愤怒、悲痛等体验。例如，在受到欺侮后，向家人或能够主持公道的人倾诉，以平息激烈的情绪活动。

情绪疏泄法也有“度”的问题，不能把合理的情绪疏泄理解为激烈的情绪发泄。情绪发泄是指在激情状态下，由于自我控制能力不强，以暴力或其他不恰当的方式发泄情绪，其后果往往很严重，不利于问题的解决，反而会引发新的问题。如大学生之间发生矛盾，可能会出手打架伤人，即时的痛快招来的可能是被开除学籍的终身悔恨。所以情绪疏泄原则和方法都强调其合理性，而不是一味地发泄情绪。大学生应该学会克制、宽容、忍让，情绪的发泄不得损害其他人的利益。

2．活动转移法　活动转移法是指在处于情绪困境时，暂时将问题放下，从事所喜爱的活动以转变情绪体验的性质，达到调控情绪的目的。事实证明，音乐是调控情绪的最佳方式之一。欢快有力的节奏使情绪消沉者振奋，轻松优美的旋律让紧张不安者松弛。大学生应该学习欣赏不同形式的音乐，把内心的体验投射成心灵的曲调，从中换来心理上的轻松。

体育活动也是转移调控情绪的良好方法。当情绪状态不佳时，游山玩水、打球下棋都是极好的情绪调控手段。体育活动既可以松弛紧张情绪，又可以消耗体力，使消沉者活跃，激愤者平静，实现平衡情绪的目的。

活动转移法按其转移的方向可分为两类：第一是消极的转移，第二是积极的转移。消极的转移是指情绪不佳时，转而去吸烟、酗酒，自暴自弃。这是大学生应该努力避免的转移方向。积极转移方法是指把时间、精力从消极情绪体验中转向有利于个人和人类幸福和未来发展的方向，如勤奋学习、从事研究。积极转移方法是大学生调控情绪努力的方向。

活动转移法之所以有效，其原因有三：一是新的活动是大学生所喜爱的，从事该类活动，大学生马上可以感受到愉悦；二是新的活动成功有利于帮助大学生寻找自我价值所在，获得自尊；三是每个人的时间、精力有一个限度，用于一件事多些，用于第二件事自然就少些，无暇再深刻体验负面情绪。

3．认知调控法　认知调控法是指当不适度、不恰当的情绪反应出现时，个人理智地分析和评价所处的情境，正确地分析引起情绪反应的客观现实和主体状况，理清思路，冷静地做出应对。例如，一个人被激怒时，常会做出过激的行为，但如果此时能够先冷静地分析一下引起愤怒情绪的原因、可能解决问题的种种方法，并选择其中较为理智、恰当的方法去解决问题，就可以使过分激动的情绪反应得以平静，避免出现过激的情绪反应和行为。但应该注意的是，使用认知调控法来调节和控制情绪，前提必须是对刺激有正确的认知与评价，否则，不但不能调节和控制情绪，反而会激化矛盾，导致更为恶劣的情况出现。

认知调控法在实际应用时可分为以下两步：首先是分析刺激的性质与程度。冷静地分析问题的症结所在，可以即时调控过度的情绪反应，以避免因情绪反应过于强烈而产生不良的后果。二是积极地寻找多种解决问题的方案，多方比较后择优而行。情绪引发的即刻反应往往是带有冲动性的本能反应，它反应迅速快、强度大，有时可以帮助我们脱离险境，但如果选择不当，则会带来严重的后果。其实，在一般情况下，许多问题的解决都会有多种可行性方案，只要我们能冷静地思考，总能找到最佳的解决途径。

4．积极的自我暗示　心理自我暗示，从心理学角度讲，就是个人通过语言、想象等方式，对自身施加影响的心理过程。这个概念最初由法国医师库埃（E. Coue）于1920年提出，他的名言是“我每天在各方面都变得越来越好”。自我暗示分消极自我暗示与积极自我暗示。积极自我暗示使人在不知不觉之中对自己的意志、心理以至生理状态产生影响，并令我们保持好的心情、乐观的情绪、自信心，从而调动人的内在因素，发挥主观能动性。心理学上所讲的“皮格马利翁效应”也称期望效应，讲的就是积极的自我暗示。而消极的自我暗示会强化我们个性中的弱点，唤醒我们潜藏在心灵深处的自卑、怯懦、嫉妒等，从而影响情绪。

与此同时，我们可以利用语言的指导和暗示作用，来调适和放松心理的紧张状态，使不良情绪得到缓解的方法。心理学的实验表明，当一个人静坐时，默默地说“勃然大怒”“暴跳如雷”“气死我了”等语句时心跳会加剧，呼吸也会加快，仿佛真的发起怒来。相反，如果默念“喜笑颜开”“兴高采烈”“把人乐坏了”之类的语句，那么他的心里面也会产生一种乐滋滋的体验。由此可见，言语活动既能唤起人们愉快的体验，也能唤起不愉快的体验；既能引起某种情绪反应，也能抑制某种情绪反应。因此，当我们在生活中遇到情绪问题时，我们应当充分利用语言的作用，用内部语言或书面语言对自身进行暗示，缓解不良情绪，保持心理平衡。比如默想或用笔在纸上写出下列词语：“冷静”“三思而后行”“制怒”“镇定”等。实践证明，这种暗示对人的不良情绪和行为有奇妙的影响和调控作用，既可以松弛过分紧张的情绪，又可以用来激励自己。

5．寻求帮助法　当大学生陷入较严重的情绪障碍时，有必要向社会支持系统寻求帮助。每个大学生都应该建立自己的社会支持系统，有能够在心理方面给予自己支持和帮助的社会网络，如亲人、朋友，或者是专业的社会工作者和心理医生。社会支持系统的存在有多方面的意义：一是寻找可以倾诉的对象，苦恼的人将苦恼向他人倾诉之后，会有轻松解脱的感觉，就是所谓的“精神排毒”；二是可以提供新的看待问题的视角和思路，学会摆脱个人习惯的思维模式的束缚，重新评价困境，寻找新的出路；三是社会工作者和心理医生可以提供专业意见、建议，运用心理学手段和方法帮助大学生更有效地解除情绪障碍。

（二）情绪调节的常用技术

1．内在的安全岛技术　这是一种用想象法改善自己情绪的心理学技术，能在出现自己不愿面对的负面情绪时，找到一个仿佛是世外桃源的地方暂避一时。

所谓“内在的安全岛”，是指可以在自己的内心深处找到一个使自己感到绝对舒适和惬意的地方，它可以是在地球上的某个地方，也可以是在一个陌生的星球上，或者任何其他可能的地方。如果可能的话，它最好存在于想象的、并非现实世界中真实存在的某个地方。关键是这个地方只有自己一个人可以进入。当然，如果在进入那个地方时产生强烈的孤独感的话，也可以找一些有用的、友好的物件带着。

这个地方应该是受到良好的保护，并且有一个很好的边界。它应该被设置为一个自己绝对有能力阻止未受邀请的外来物闯入的地方。真实的人，即使是好朋友，也不要被邀请到这个地方来。因为与其他人的关系也包含有可能造成压力的成分。在内在的安全岛上不应该有任何压力存在，只有好的、保护性的、充满爱意的东西存在。

在做这样的练习时，通常需要花上一些时间才能找到自己的安全岛。慢慢找，直到这样的安全岛在自己的内心清晰、明确起来。

2．保险箱技术　保险箱技术是一种很容易学会的负面情绪处理技术，也是靠想象方法来完成的。它早先被设计作为严重的心理创伤的掌控技术，可以用来有意识地对心理创伤进行排挤，从而使自己在比较短的时间内从压抑的念头中解放出来，它通过对心理上的创伤性材料“打包封存”，来实现个体正常心理功能的恢复。

但事实上，这一技术不仅可以用于处理严重的心理创伤，更能有效地缓解我们平常一般的压力和情绪困扰。在保险箱练习中，可以将引起负面情绪的东西锁进一个保险箱，而钥匙由自己掌管，并且可以自己决定是否愿意以及何时打开保险箱的门，来重新触及那些带来负面情绪的压力以及探讨相关的事件。在进行该训练时，可以先用深呼吸让自己放松和安静下来，再根据引导词继续下去。

3．遥控器技术　内在的安全岛技术是靠转移注意的焦点，让自己从负面情绪中摆脱出来而进入平静愉悦的情绪中；保险箱技术帮助个体暂时收藏起压力和负面情绪，能够面对生活；遥控器技术则是帮助个体既能直接提取自己的积极记忆和情绪，又能尝试直面自己的压力源和负面情绪，并且能将个体从负面情绪切换到积极情绪中去的一种技术。

遥控器技术是一种自己可以单独练习的放松技术，有三个功能：一是帮助个体学习提取、标记并保留记忆中的美好记忆画面，以备需要时快速从个体的记忆中提取出来，从而唤起自己的积极情绪和感觉；二是帮助个体面对会引发自己不舒服感觉的压力源或负面情绪，让自己在这些不舒服的感觉中保持控制，并且能通过相应的心理技术缓解自己的不舒服感觉，从而获得和掌握调节自己负面情绪的方法；三是心理切换功能，即帮助自己从负面情绪快速切换到正面情绪，让自己快速从消极状态调整到积极状态中来。

总之，情绪调节的方法多种多样，一种情绪调节方式对有些大学生有效，而对另一些大学生无效，大学生应当根据自身的特点和具体情境选择适合自己的情绪调节方法。情绪调节技术更具专业性，当情绪困扰较严重而自己又难以调节时，可在专业的心理咨询师的指导下进行。

【心理自我训练】

放松训练技术——气球冥想法

（1）先回想最近3个月以来发生的事件，最好是有负面情绪和感受的事情，并把这件事带来的最深刻的感受，如生气、委屈、不公平、害怕等用词语表达出来。

（2）在一个安静的环境中坐下或躺下，先做一组深呼吸，让自己完全放松下来，可以想象此时自己正在大海边或绿色的草坪上自由地呼吸，感到无比的舒畅。

（3）闭上眼睛，想象自己手中有3～4只气球。自己一个一个地将它们吹得鼓起来。并在上面分别写下前面所感受到的生气、委屈、不公平、害怕等情绪。继续保持想象，每当你将气球吹得更大一些的时候，气球上的字体变得越来越模糊、越来越变形。

（4）继续吹大气球，让气球的体积越来越大，上面的字更加变形、扭曲，已经认不出字的样子了。

（5）这时，你松开手中的气球，让其随风飘在空中，气球越飞越高，越飘越远，已经看不清楚上面的字体了。你的感觉也如同气球一般，越发轻盈、自由。

（6）继续目视着天上的气球，看着它们四处飘散，飞过人们的视野，已经模糊不清了，直到消逝在天际。你的心头舒缓了许多，仿佛扔下了4个大石头的感觉，如释重负。

（7）再一次深呼吸3次，感受自己身体和心里的感受，慢慢地醒来。

【案例分析】

案例回放：2008年4月13日下午，昆明某高校22岁的女生小雪在宿舍被10名同学打耳光、扯头发、踹肚子、板凳砸头、往头上浇方便面汤、用洗脚水洗头、强行脱下其内衣挂在脖子上、拿眉笔在其脸上写侮辱的字、用手机拍照、脱外衣裤子、用烟头烫大腿、摸下体、踢脊柱，并被逼迫写不告发的保证书。后来经鉴定小雪为头皮血肿、左眼顿挫伤、口唇挫伤、面部多处挫伤、头外伤后神经反应、全身多处软组织挫伤，挫伤面积累计为1338.5平方厘米，占体表面积约10.3%，构成轻伤。事件的原因是小雪同寝室的同学们认为小雪是挑拨离间、搬弄是非的人，所以，当一个人对小雪有暴力行为时，迅速演变成10名学生对其施暴，还有众多的围观者。

案例分析：十几个受过高等教育的大学生对自己的同学——一个毫无反抗能力的女生，用极其恶劣的手段围攻暴打了数小时，这种只有在暴力电影或者暴力文学作品中才能看到的场景，却活生生地发生在我们的大学宿舍里。在愤怒之余，让我们不由得思索，是什么让这些大学生丧失理智，践踏人性，做出如此过激的甚至是犯罪的行为？对此我们可以做出多种解释，如学生道德修养不够，法律意识淡薄，学校对学生的教育不够，或小雪同学真的令人生厌等。但如果从情绪心理学的角度去分析，在集体活动的氛围中，集体成员间情绪的相互感染和责任扩散也是促成本案发生的重要因素。在一个寝室中，有三个学生动手打人，这种愤怒的情绪会相互感染，导致更多的学生参与其中，随着参与人数的增加，每个人的责任会变得越来越小，最终会变成整个集体的责任丧失和良知泯灭。

（赵阿勐）

第六章　人格与心理健康

【哲人的忠告】

同样的火候，使黄油融化，使鸡蛋变硬。

——奥尔波特

心理学的研究表明，人格与个人的社会适应、心理健康息息相关，塑造健康完美人格，促进学生身心全面发展，是大学生心理健康教育的重要任务。

第一节　人格概述

到过医院产科的人，很容易发现这样一种情景：同样是新生婴儿，有的酣然安睡，有的大哭大叫，还有的东张西望。留心观察周围的人们也会注意到：有些人总是精力充沛、活泼外向，有的人整天愁眉不展、委靡不振；面对同样的任务，有人视为挑战、充满信心，有人却焦虑不安、踯躅不前……人与人之间的差异如此之大，以致我们经常感叹“人心不同，各如其面”。人格是人的一切心理活动和行为的基础，也是每个人心理面貌的集中反映，它决定了人如何面对外界的刺激、做出什么性质的反应以及速度如何。人格的差异铸就了个体千差万别、千姿百态的心理面貌，成就了每个人的个人魅力。随着社会的发展，人类逐渐认识到，健康而幸福的生活越来越多地取决于人类自身的人格健康状况，而且人格的健康发展也是促进社会健康发展的一种力量。

一、什么是人格

“人格”一词在日常生活中用得很广。我们中国人一说到“人格”，态度往往严肃而认真。我们常常听到“某某人的人格高尚”或者“某某人的人格卑鄙”之类的话，这是从道德的观点给予某人的一种评价。此时的“人格”相当于“品格”或“品德”。而“保护人格尊严”则是将人格视为权利义务的主体，是法律上的含义。此外，在社会学、哲学等领域，“人格”都有其特殊含义。心理学探究“人格”，则同探讨认知、情绪、智力等心理现象一样，是对人类自身的研究活动。

人格“personality”一词，最初源于古希腊语“persona”，在古希腊语中其原意是指戏剧中演员表演时所戴的面具。面具代表这一角色的典型特点，随人物角色的不同而变换，类似于我国京剧中的脸谱。心理学沿用面具的含义，转意为人格，意指个人在人生舞台上扮演的角色。

现代心理学中人格概念的涵义广泛而复杂，不同的研究者从各自角度出发，提出的定义多达五十种以上。对复杂的人格作出一个公认的定义是一件困难的事。国内学者给出的定义是：人格（personality）是指一个人整体的精神面貌，即具有一定倾向性的、相对稳定的和独特的心理行为模式。它是个体在遗传素质的基础上，通过与后天环境的相互作用而形成的。

与其他心理过程和心理特征相比，人格具有以下特点：

第一，人格的独特性，是指每个人都是独一无二的个体，个人对环境和个体本身作出的行为反应具有特殊性和个别性。世界上没有两片相同的树叶，更没有完全相同的两个人。每个人的基因、所处环境、与环境的互动方式等方面的不同造就出一个个独特的个体。即人格体现了个体人格倾向性和人格心理特征区别于他人的特点。

第二，人格的整体性，是指人格有多种成分和特质，如气质、能力、性格、需要、动机等。在一个现实的人身上，任何一个方面都不是孤立存在的，而是密切联系并整合成为一个有机组织。正常人的心理与行动并不是某一特定成分运作的结果，而是各个成分协调一致活动的结果。一个人从自卑到自信的改变，相应地也会引起情绪、认知和行为等全方位的变化，我们感受到的不仅是他自信心的改变而是整个人的改变。人格的内在统一性是人格健康的标准。精神分裂症是一种常见的精神疾病。布洛伊勒（E. Bleuler）在提出“精神分裂症”这个术语时便认为，精神分裂症是精神内部的分裂，他将统一性的丧失、精神的内部分裂视为此病的本质。可以将精神分裂症患者的心理与行为比喻为一个失去指挥的管弦乐团。患了这种病后，患者的感觉、记忆、思维和习惯这类心理功能虽然不至于丧失，却是乱七八糟的。由此可见，一个正常人的心理是多样性的统一，是有机的整体。

第三，人格的稳定性，是指人的思想情感和行为具有跨情境的一致性与跨时间的连续性。一个害羞的人会在朋友聚会、课堂发言、交友等方方面面都表现出“害羞”的样子来；同样一个现在害羞的人，我们可以猜想他过去也是害羞的，也可以预测他以后遇到类似场合也更容易害羞。一个人的行为模式是成长和经验积累的产物，一旦形成，就会相对稳定地持续一段时间，轻易不会发生改变。但“江山易改，禀性难移”不等于说“不能移”，人格还具有可塑性。人格可以改变但是速度缓慢，生活中的重大事件如疾病可能会导致生活态度突然变化，但经过一个时期后其基本行为方式还是会朝原来的样子回复，虽有所改变但仍保持连续性。

第四，人格的社会性，是指社会化把人从动物变成社会的成员，人格是社会的人所特有的。人格是在个体的遗传和生物基础上形成的，受个体生物特性的制约。从这个意义上也可以说，人格是个体的自然性和社会性的综合。但是人的本质并不是所有属性相加的混合物，或者是几种属性相加的混合物。构成人的本质的东西，是那种为人所特有的，失去了它人就不能称其为人的因素，而这种因素就是人的社会性。其实，即使是人的生物性需要和本能，也是受人的社会性制约的。例如，人满足食物需要的内容和方式是受具体的社会历史条件制约的。

【专栏 6-1】

狼孩——脱离人类生活的实例

1920 年，在印度米德那波尔地区的狼洞发现了“狼孩”卡玛拉（约 2 岁）和阿玛拉（约 8 岁），她们具有人类的遗传素质，但不具备正常儿童的心理。她们四肢爬行，不穿衣服，白天睡觉，夜间活动，用舌头舔食生水和流汁，只吃地板上的生肉。卡玛拉（约 2 岁）很快死去，阿玛拉活到 17 岁。在辛格夫妇的精心训练下，在被发现 2 年后，阿玛拉能直立，6 年后能直立行走，7 年后学会 40 多个词，智力相当于 4 岁儿童的水平。

在遗传和生理成熟所提供的可能范围内，环境和教育对儿童心理发展的现实水平起着决定作用。狼孩虽然具备人类一切的生物属性，但是脱离了人类社会和环境，就不能成为真正的人。

二、人格的类型

当代心理学对人格有多种不同的分类方法，常见的有以下几种：

（一）内外向型

瑞士心理学家荣格（CG. Jung）认为：人与周围世界发生联系时有两种指向，他称此为定势。一种定势指向个体的内在世界，称内倾；另一种定势指向外部环境，称外倾。据此把人分为两大类型：内向型和外向型。通常内向的人具有安静、富于想象、爱思考、退缩、孤僻、冷漠害羞、防御性、缺乏自信、自我欣赏、对社会不感兴趣、难以适应环境的变化等特点；而外向的人通常是爱交际、活跃、开朗、自信、冒险、坦率、随和、勇于进取、对周围一切事物都很感兴趣，易适应环境变化。

在实际生活中，绝大多数人都是兼有外向型和内向型的中间型。荣格本人也认为，没有纯粹的内向型或外向型的人，只是在特定的场合下，由于情境的影响而某种态度占优势。

（二）场独立型和场依存型

美国心理学家威特金（HA. Witkin）根据信息加工方式的不同，把人的性格分为场独立型（field independence）和场依存型（field dependence）两类。场独立型的人，倾向于利用自身内在的参照标志，具有从复杂整体中区别部分的能力特征，较少受周围背景的干扰，受暗示性较少，对他人不感兴趣，社会敏感性差，不善于交际，对抽象的内容特别关注，解决问题时不易受定势影响，比较有创造性。场依存型的人，倾向于利用外在参照标志，独立性较少，受暗示性较强，对他人感兴趣，社会敏感性强，善于交际，抗应激能力差。

（三）A、B 型人格

20 世纪 50 年代，美国心理学家弗雷德曼（M. Friedman）和罗斯曼根据人们在时间上的匆忙感、紧迫感、好胜心等特点，把人的性格分为 A 型、B 型性格。

A 型性格（A-type personality）的人具有强烈的进取心和成功意识，时间紧迫感强，生活节奏较快。这类人往往智商较高，能力较强。对自己寄予极大的期望，终日忙忙碌碌、紧紧张张，不知道放松自己，极不情愿把时间花在日常琐事上。B 型性格（B-type personality）的人则表现平静，与世无争。从未感到被时间所迫，凡事逆来顺受，不对别人产生敌意，不易为外界事物所扰乱，很容易使自己放下未完成之事而稍作休息或另觅生活之情趣。

A 型性格的人，由于一系列的紧张积累，极易导致心血管病，甚至可随时发生心肌梗死而猝死。其发病率是 B 型性格的 2 倍。有统计表明，85% 的心血管疾病与 A 型行为有关。同样，有关研究也表明，A 型性格与冠状动脉粥样硬化性心脏病的发生密切相关。

（四）人格 - 职业匹配理论

1959 年霍兰德（JH. Holland）以自己的职业咨询经验为基础提出了一种关于职业选择的人格类型理论。认为职业选择是个人人格的反映和延伸，人格是决定一个人选择何种职业的重要因素；个人职业选择分为六种“人格性向”，分别为现实型、研究型、艺术型、社会型、企业家型、传统型，这六种人格类型特点是：

1．现实型（realistic） 愿意使用工具从事操作性强的工作；动手能力强，做事手脚灵活，动作协调；往往不善言辞，不善交际。

2．研究型（investigative） 抽象能力强，求知欲强，肯动脑筋，善思考，不愿动手；喜欢独立和富有创造性的工作；知识渊博，有学识才能，不善于领导他人。

3．艺术型（artistic） 喜欢以各种艺术形式的创作来表现自己的才能，实现自身价值；具有特殊艺术才能和个性；乐于创造新颖的、与众不同的艺术成果，渴望表现自己的个性。

4．实际型（social） 喜欢有规则的具体劳动和需要基本操作技能的工作，缺乏社交能力，不适应社会性质的职业。

5．企业家型（enterprising）　精力充沛、自信、善交际，具有领导才能；喜欢竞争，敢冒风险；喜欢权力、地位和物质财富。

6．传统型（conventional）　喜欢按计划办事，习惯接受他人的智慧和领导，自己不谋求领导职位；不喜欢冒险和竞争；工作踏实、忠诚可靠、遵守纪律 。

以上人格类型划分都是根据某种原则，把所有的人划分为几大类型。它的特征是整体性和典型性，能使人直观地了解人的人格，目前已得到广泛的应用。不足之处在于将人格概括为少数几个类型，就会忽视中间型，这样有可能导致简单化和片面化，容易将人格固定化、静止化，忽视人格变化发展的侧面，特别是容易忽视影响人格形成和发展的环境因素。

另外，尽管人格特征有各种各样的类型，就其总体而言，并无高低优劣之分。那些开朗灵活、好说好笑的人，适合于搞文艺及社会活动；而那些文静沉默、谨慎执着的人，就适合搞科学技术及研究。也就是说，每一种类型的人格特点都有其长处和短处。只有扬长避短，才能充分地发挥一个人的能力。

三、人格与健康

在生活中我们会碰到诸如此类的疑问，如“有些人会比其他人更容易生病吗？”“有些人生病后会更快地痊愈吗？”“有些人会比其他人更能承受压力吗？”随着对这些问题的解答，心理和行为因素对健康有着重要的影响已经成为一个共识。人格在很多方面都可以帮助每一个个体以独一无二的方式来适应生活的挑战和要求，不同的应对方式决定了我们的健康与否。

1．压力与健康　压力在人格与健康的关系中扮演重要的角色。压力是指由不可控制或威胁事件所导致的主观感受，是个体对知觉到的需求的一种反应。例如，你明天有场重要的考试，但你还没有复习好，到了该休息的时候却难以入睡。想继续看书但是白天的学习已经使你疲劳而无法集中精力。再有几个小时就要考试了，躺在床上，你手心开始出汗，心怦怦地跳，不知道该怎么办。你想学习，也知道睡一觉比较好，但是好像两样都做不到，觉得快要崩溃了。这就是压力。产生压力的事件被称为压力源（stress），它们具有无法控制、双向对立倾向和让人无法承受的超负荷的感觉等三个特征。压力来源除了大的生活事件外，还与日常琐事有关。在应对压力时个体需要调动身体和情绪资源来适应需求，而太强、太长的压力消耗掉个体大量的生理和心理资源，最终痛苦情绪会以愤怒、焦虑、紧张、消沉、头痛、胃痛、高血压、溃疡等方式表现出来。

2．乐观（optimism）与健康　压力与疾病之间的确存在着一定的关联，但是在同等的压力下，并不是所有的人都会产生疾病。个体对压力的反应以及这种反应的后果都会因人而异。个体的归因风格在压力与健康中起着中介作用。所谓归因风格（attributional style）是指以一种倾向性的方式来解释坏事件的原因。那些把坏事件归因于稳定的和内在的因素的人被视为悲观主义者，他们认为出现不好的事情时，个人无能为力，他们的行为和生活结果无关；而将坏事归因为不稳定的外在的因素者被视为乐观主义者。他们认为生活事件是不稳定的、可操控的，他们所做的事能影响生活的结果，因此，后者在生活中期望未来充满好事而少有坏事，忽视或最小化生活中的风险，对做成一件事充满信心等。相关研究发现，乐观者更不容易患病，病情恶化亦缓慢，患病后康复速度快，且复发的可能性也低。乐观的人也更可能采取积极健康的生活方式如定期锻炼、低脂肪饮食、有节制的饮酒等。

3．情绪表达（emotional expression）与健康　心理学家认为，不对他人敞开心扉，把什么事都埋在心里是压力的来源，并最终导致心理压力和身体疾病。要抑制与创伤、消极或郁闷事件有关的想法和感受需要消耗身体能量，日积月累，这些压力积压起来会增加与压力有关问题出现的可能性，如睡眠问题、易怒、胃痛、头痛等，甚至因免疫功能下降而导致疾病。说出心里的秘密，告诉他人自己的隐私即情感表达会让人从这些压力中解脱出来。原因在于表露减少了抑制这些信息所需的精力消耗，而且说出或写下过去的创伤性事件可以让人更好地解释该事件，寻找其中的积极意义，并将之整合到当前的情境中。这也可能是大多数以谈话为主要手段的心理咨询能够成功的最基本因素。

4．A 型人格与健康　关于 A 型人格的早期研究者大多是医生，他们发现曾经患过心脏病的人其行为与其他患者不一样。他们更具有竞争性、更好斗，言行更为积极，精力更充沛，更有野心。研究者将这类行为称为 A 型人格。它是一种症候群，包括竞争性成就动机、时间紧迫感和敌意三个方面特征。有研究发现，对于人格与心脏病的关系，敌意成分具有更强的预测性。具有很强敌意的人面对挫折和麻烦时更可能表现出不友善，比如自动取款机吞了银行卡却没有吐出钞票，具有敌意的人更可能用使劲拍打机器、咒骂或者踢开垃圾桶的方式来应对。

强烈的敌意和攻击性能够导致反抗 - 逃避反应，这些反应包括血压升高、心跳加速、每次心跳的输血量增加，与压力有关的激素也会被释放到血液中，这些可能会引起动脉损坏和动脉壁的脂肪堆积，当然也包括心脏上的冠状动脉，最终导致心脏持续供血不足，引起心脏病的发作。

总的来说，众多心理学家对于压力和人的健康之间关系的研究已经证明了人格作为中间因素所起的作用。这些因素中如乐观和情绪表达等积极因素能有效抑制压力的破坏作用从而维护个体的健康，而敌意则起着相反的作用。对于大学生来说，拥有健壮的体格，可以抵御各种躯体致病因素的侵袭；拥有健全的人格，能抵御各种心理致病因素的影响。健壮的体格，要靠坚持不懈的锻炼方能获得；而健全的人格，则要靠在生活实践中不断地培养、陶冶和锻炼。一个人，只有在这两方面都下了工夫，才能达到真正的身心健康。

【专栏 6-2】

“半杯水”测出你的生活态度

假设你现在非常渴，独自一人在找东西喝，忽然间看到桌子上一个透明的玻璃杯里有半杯水，你会怎么想、怎么做呢？

A. 真是太好啦，在我口渴的时候，这里还会有半杯水，正好解渴。

B. 谁放在这儿的？我得问问。

C. 真倒霉！本来就够渴的了，好容易看到点儿水，还只剩半杯了。

D. 喝完了以后我没准儿会更渴，干脆别喝了。

测试分析

选择 A 的人：对待生活是充满阳光的，总可以从事情好的方面来思考问题。在这些人眼中，生活是美好的，人与人之间少有芥蒂，所以往往对外人毫不设防，不分你我。

选择 B 的人：对生活有很客观的评价，做事很讲原则，相信“人不犯我，我不犯人”，并且往往不轻易相信别人，哪怕是受到别人的帮助，也小心地考虑对方的企图，生活缺乏安全感。

选择 C 的人：做出这样的选择，说明这个人总是用一种悲观的视角去看待挫折，忽略逆境也能给人们带来乐趣，总是怨天尤人、闷闷不乐，也许这么想已经成为了一种习惯。

选择 D 的人：有这种想法的人把注意力放在事情的结果上，而忽略过程。在他们眼中只有对错之分，从来不会做没有意义的事情。但有时由于目标太高，也会有一些挫败感。

第二节　大学生的人格发展

我国大学生多数处于青年中期（18～24 岁）这一年龄阶段，而一般来说，直到青年后期，人格的基本特征才大体形成。由此可以说，大学生时期是人格形成的关键时期。

一、大学生所处的人格发展阶段

大学生作为一个身心快速发展的群体，正经历着从青春期到成人的过渡，伴随着其生理的成熟及生活环境的变化，他们需要确认自己的能力，需要把自己对自己的认知与他人的评价进行整合，回答一系列关于“我”的问题；因此，大学生的人格发展就是自我的形成与稳定过程。

（一）大学生人格发展的理想状态

从理想层面分析，大学生人格发展正处于寻找自我同一性（identity），寻求良好的自我意识，形成一种自尊型人格层次。根据精神分析理论家埃里克森（EH. Erikson）的观点，人的一生每个时期都有特定的社会发展任务，完成任务会促进积极品质的形成，反之则会产生消极的品质；而在人格发展中，逐渐形成的自我过程在个人及其周围环境的交互作用中起着主导的作用。根据埃里克森的发展理论，大学期间大学生人格发展处于寻找自我同一性与角色混乱冲突时期。也就是说大学阶段的主要人生任务就是确立自我的同一性，形成稳定的自我形象。

人们对自我的认识经历了三个阶段，即“我”与“非我”的分化，“主体的我”与“客体的我”的分化，“理想的我”与“现实的我”的分化。由于发现了自我，因此，“我是谁？”“我会怎么样？”“我该怎么办？”等问题时常困扰着正在成长的青年。而青年也正是在这种询问和追求过程中逐渐寻找到自我的同一性。即将步入成年期的大学生应该且有能力承担诸多社会责任和义务，但是由于受教育期的延长、缺乏经济独立、不参与劳动及父辈的宽容等因素使得个体容易出现各种身心方面的问题。如在承担义务和责任、作出某种决断时往往进入一种“暂停”的局面。日本心理学家关忠文认为：“青年期可说是精神社会的缓冲时代。所谓缓冲，是指延缓期，或者说向将来发展的准备时期。”青年期在智力方面达到了成人的水平，在体力上又是一生中最旺盛的时期，而且没有生活负担，因而具有很大的自由。对自由的认识，关系到自我的确立，必须把它提高到自己的责任上来认识。在确立自己责任的意识方面，一个重要的前提就是要正确地认识自己。自己的身体、能力、性格，可以说是自我的基础，即使主观上没有意识到这一点，但实际上是被自己所接受了的。如果青年人一和别人相处就感到自卑，或追求不可能实现的幻想，那么，自我确立就难以实现，因此，寻找自我同一性，建立良好的自我意识，是大学期间发展的主要心理任务。

从大学生人格发展的层次来看，大学生处于寻找自我同一性时期，他们更关注自我发展的问题，这表明大学生人格发展已经超越了基本的生理需要层次、安全需要层次、归属需要层次，进入到自尊这个层次。而大学生正处于自我同一性的形成和发展时期，他们的自我发展又还没有完全走向成熟，因此，还不可能达到自我实现这个层面，所以从总体上说，大学生人格发展处于一种自尊型人格层次。

（二）大学生人格发展的现实状态

从现实层面看，大学生的人格发展总体上向着好的方向发展。体现在：

1．能正确地认识自我　接受一切属于自我的东西，如外貌、家庭、个人能力等，能正确对待成功与挫折；有明确的奋斗目标，明白自己的长处与不足，正视与他人的差距。

2．主体意识明显增强　大学生对外界的看法更加深刻而广泛，对社会政治、经济、文化及整个社会生活表现出极大兴趣，参与意识浓厚，并渴望在其中发挥主体性地位的作用。而且，他们在学习和实践中，力求个体的需要、才能、素质和价值的自我确证与为社会做贡献之间的和谐统一。他们能容忍别人与自己在价值观念与信念上的差别，并实事求是地看待事物的发展。

3．智能结构较合理 情感意志较适度，富有事业心。大学生非常注重知识的获取和能力的培养，在学习实践中明确社会需要的智能结构，并主动按社会需求调整自己的知识结构。而且，他们情感丰富，情绪多变，重友情、讲义气，愿为朋友两肋插刀，但又能理智地控制自己的情感泛滥；开始认真考虑未来事业，将精力投放在工作中，并争分夺秒地完成有价值的事业与工作；在学习与工作中，大学生既有竞争意识，又重视团队协作精神；喜欢尝试新东西，勇于创造；做事有信心，独立性强。

然而，尽管大学生的人格有所发展，但由于大学生所处的年龄阶段和社会环境的局限，他们在价值观念的认知水平和行为上与社会中的成人相比尚存在一定的差距，在自我评价和社会定位中有一定的冲突，因此，大学生的人格发展仍然存在不足，具有很强的可塑性。

二、大学生的人格特征

人格不是天然生成的，人格既是社会化对象也是社会化的结果，大学生人格的形成与其所处特殊环境与教育条件息息相关。多元化的社会背景与校园氛围使大学生有了更大的适应性、灵活性和更大的发展可能，为人格塑造提供了一个广阔的天地；加之其正处于身心急剧发展和自我意识由分化、矛盾逐渐走向统一的特殊时期，因此，造就了不同时代大学生多姿多彩的人格画卷。

根据国内外心理学家对人格结构的研究，结合我国当代社会发展的现状，大学生人格发展中呈现出如下几个方面的特点：

第一，能正确认知自我，但是自我控制能力弱。首先，能自我认可。由于中学阶段个体基本上被紧张的学习和考试所追逐着，几乎没有余暇去充分思考自己的问题。进入大学时代，他们能够专心考虑自我和探索自我，基本上能接受一切属于自己的东西，从而形成对自己积极的看法；其次，是自我客体化，对自己的优点和缺点都比较清楚和明确，理解现实自我与理想自我之间的差别。再次，大多数人有明确的奋斗目标和愿望，并为之付出努力。但不可否认的是大学生自我控制能力比较弱，如情绪波动大，为了小事喜怒无常；行为易冲动，不计后果；遇到挫折容易沮丧等。

第二，智能结构健全而合理。他们具有良好的观察力、记忆力、思维力、注意力和想象力，智力发展进入全盛时期，各种认知能力能有机结合并发挥其应有的作用。大学生的思维方式以辩证逻辑思维为主，思维的流畅性、变通性、新颖性得到发展，为以后进行创造性活动奠定了基础。但是在知识结构、生活技能等方面存在不足，表现为对实际问题的分析和解决能力不足。

第三，社会环境的适应能力较强，不断地进行社会化活动。大学生对外部世界有着浓厚的兴趣，政治新闻、国际关系、体育娱乐、校内社团等多姿多彩的领域吸引着大学生的目光，尤其是互联网的普及为大学生发展个人兴趣爱好提供了极大的便利；除了学校，大学生广泛接触社会，人际交往范围扩大，积极参与各种形式的社会实践活动，为未来的职业生涯积极规划筹谋。同时，他们转变了非黑即白的二元思维模式，能接受别人与自己在价值观与信念上存在的差别，能根据实际情况而非自己的主观愿望来看待事物。

第四，富有事业心，具有一定的创造性和竞争意识。大学生开始将精力投放在未来工作的准备中，掌握作为社会一员所必须具备的知识和技能并付诸社会实践，把事业看成生活的重要组成部分，在事业上有较强的进取心和责任感；具有竞争意识，具有开放性的思想观念，少有保守思想；乐于创造，勇于创新，甘愿冒险，独立性强，富有幽默感，态度务实。

第五，情感饱满适度。他们在情绪上稳定性与波动性、外显性与内隐性并存；情感丰富，对学习、生活有着积极的情绪、情感体验。但他们的情感丰富强烈，同时也具有不稳定的特点，容易出现疾风骤雨式的激情爆发状态。

第三节 大学生的人格完善

一、人格缺陷及其调适

人格缺陷（personality defect）是相对于人格障碍而言的。人格障碍是一种病态，精神病学及临床心理学上对其研究已较为丰富（详见第十二章）。人格发展缺陷是介于健康人格与人格障碍之间的一种边缘状态或亚健康状态，表现为人格发展的不良倾向，常见的人格缺陷有自卑、抑郁、怯懦、孤僻、冷漠、悲观、依赖、敏感、多疑、焦虑、暴躁冲动、破坏等。可以肯定地说，几乎所有的人在其人格核心（即性格）的某些方面都或多或少存在着缺陷或问题，但这不属于人格障碍。需要强调的是，由于性格是人格的核心，人格发展缺陷绝大多数都表现为性格的偏移，这里介绍的几种人格发展缺陷的类型也是以性格的偏移为代表的，通过了解和掌握相关知识，对于完善大学生的人格、提高心理健康水平有着极其重要的意义。

（一）自卑感

自卑感是对自己不满、鄙视和否定的情感。可以说我们每个人都有一定程度的自卑感，因为追求理想、向往成功是人类的一种天性。人们在追求理想目标过程中，由于成绩的变化或能力高低而产生胜利或挫败的感觉，这是一种正常的人生体验。但当心里期待的目标实现不了时，特别容易产生失败的体验，对自己的能力和品质评价过低，并且把这种评价的方式当成一种习惯，在性格中注入了自卑的成分。现实中很多人进入大学后发现“山外有山”，以往的优势不复存在，尤其是当学习、社交、文体方面显露出某些不足时就会怀疑自己、否定自己，看不到自己的优点，忽视过往的成功经历，一味突出自己不如别人，从而陷入自卑之中；因此，自卑感往往是自尊心受挫的结果，没有自尊心也就不会有自卑感，过强的自卑感往往又以过强的自尊心表现出来，成了性格的一个组成部分。有些大学生敏感脆弱，经不起批评，原因即在于此。

【案例分析】

自卑的感觉

小陈，女，以优异的成绩考上了梦寐以求的国内某著名重点大学。接到大学录取通知书时，举家欢庆，她对未来的生活也充满憧憬。然而，小陈一进校门，就从考上大学的美梦中跌进承受心理危机折磨的噩梦中，情绪低落消沉，失去自信心，认为自己进入了一个“不太好”的环境，每次打电话回家都会忍不住落泪。

宿舍8个同学中，7个来自城市，唯有自己家在农村。小陈觉得与她们是不同世界的人，因为，她们不仅说着地道的普通话，而且见识丰富、活跃能干，在一起时能讨论包罗万象的话题，有说有笑；而自己一张嘴，带着浓浓家乡味儿的“普通话”要么招来一阵哄笑，要么因为别人听不懂而自己尴尬地进行解释。在课堂上，老师深不可测而又枯燥无味的讲授，激不起她的学习热情。她也不善于利用时间，常为自己课程表上的空白时间在“胡思乱想”中耗掉而自责。她弄不明白为什么别人看起来忙碌而充实。她发现自己“毫无特长”，感到自己与周围环境格格不入。她不会唱歌，不会跳舞，不会写一手漂亮的毛笔字等，连怎么玩儿都不会。她喜欢独来独往，没有人理她，也不愿再理会其他人。这段时间，她甚至想到了退学。她说她找不到自我，并开始厌恶周围的事物，觉得很多人、事都很“假”。她甚至怀疑以自己的能力，当初怎么会考到这所学校的？小陈觉得现在的生活就像黑暗的隧道没有尽头，特别怀念过去无忧而单纯、自信而辉煌的岁月，常常盼着放假回家。

自卑感严重的人会对自身的生活、学习和人际交往产生巨大的负面影响。如何才能走出自卑的阴影？对大学生来说，首先，要正确认识自己，悦纳自己。人有所长也有所短，不要为自己的所短而自卑。其次，要进行自信心磨炼，将目标定的小些，切合实际些，多积累成功的愉悦体验。再次，要确立合理的评价参照系和立足点，若以强者为标准则可能自卑，因而寻找适合自己的评价标准就显得很重要。俗话说：“人比人，气死人”，理性的比较方式是多与自己作纵向比较而不是一味地与别人作横向比较。有了足够的自信心，自卑感就会悄然而退。

（二）嫉妒性

嫉妒是对才能、成就、地位以及条件和机遇等方面比自己好的人产生的一种怨恨和愤怒相交织的复合情绪。每个大学生都有要求成功的欲望，有超过别人的冲动。一些大学生对超过自己的同学不服气，对自己的境遇不甘心，但又无能为力，于是时常不加分析地批判、抵制、对抗他人的言行，甚至打击别人，报复别人，以此来缩小相互之间的差别，满足自己的心理需求，因而引起他人的不满和厌恶，使交往变得困难。

有人研究发现，嫉妒心在大学生中的表现有七种：一是嫉妒别人政治、思想上的进步；二是嫉妒别人学习上的冒尖；三是嫉妒别人某一方面的专长；四是嫉妒别人生活上的优裕；五是嫉妒别人社交上的活跃；六是嫉妒别人仪表上的出众；七是嫉妒别人恋爱上的成功。这说明引起大学生嫉妒心理的内容是多方面的。而且嫉妒受一定可比性的制约，两者不相上下时最易产生嫉妒，而两者差别越大，产生嫉妒的可能性越小。“没有比较的地方就没有嫉妒”。

嫉妒心理是一种消极的、有害大学生身心健康的不良人格特质，它伤害同学间的友情，对自己的身体健康有害，甚至会由于攻击性情绪的发泄造成悲剧。我们可以尝试以下几种方法调适嫉妒心理，如培养宽阔的胸怀、高尚的情操，勇于面对他人的成绩与自己的不足；主动把注意力引到自己的优势和长处上来，通过注意力的调节产生一种平衡力，以弱化嫉妒心理，达到情绪自我控制和自我调节；化嫉妒为动力，以欣赏的眼光来对待引发嫉妒的对象，正视自己的弱点，学习他人的长处等。

（三）懒惰、拖拉

懒惰是不少大学生为之感到苦恼又难以克服的一种人格发展缺陷，是意志活动无力的表现。大学校园内曾经流行着这样的打油诗：“人生本该 HAPPY，何必整天 STUDY，只要考试 PASS，拿到文凭 GO AWAY”，这从一个侧面反映了他们疲疲沓沓、得过且过、做一天和尚撞一天钟、缺乏进取精神的懒惰心理。

懒惰是影响大学生积极进取、张扬青春活力的天敌，尤其是在改革开放、日新月异的今天，它与时代格格不入，必须予以改变，否则会有被时代淘汰的危险。

与懒惰紧密相连的另一个人格缺陷就是拖拉。拖拉是指可以完成的事而不及时完成，今天推明天，明天推后天，正是：“春天不是读书天，夏日炎炎正好眠，秋多蚊虫冬又冷，一心收拾待明年。”导致拖拉的原因，一是试图逃避困难，二是目标不明确，三是惰性作怪。拖拉一方面耽误学习、工作，另一方面并没有使人感觉轻松，却往往会导致心理压力，引起焦虑，总觉得事情没有完成，也难以安心干别的事。

要克服懒惰和拖拉，首先应充分认识到其危害性，振作精神，“起而行之”，从日常小事做起，并努力做到不给自己找借口，不原谅自己的偷懒，力争今日的事今日毕；另外，多与人交往，多关心外部世界，多参加有益身心的社会活动，而做到这一切，有一个坚定而有价值的理想是非常重要的。

（四）自我中心

自我中心是幼儿思维的核心特征，但在大学生身上稳固下来就成为一种不良的人格特点。所谓的自我中心是指在思考问题时从自我的观点出发，不能从他人的立场考虑问题，而且错误地认为自己的观点就是别人的观点，主体意识过分强烈。具有自我中心特点的人过多考虑自己的需要，忽视他人的需要和存在，对别人缺少关心和谅解，不允许他人对自己的利益构成伤害和威胁，“老虎屁股摸不得”。

自我中心是现在大学生中常表现出的一种人格发展缺陷，特别在独生子女大学生中，这种现象更为常见。我们可以采取以下的方法加以调适，达到自我克服：

第一，树立健康的人生观，自觉地将自己、他人和集体结合起来，走出自己的小天地。

第二，恰当地评价自己，既不低估也不高估，既不妄自菲薄，也不自高自大。

第三，尊重他人，获得友谊。

第四，设身处地地从他人的角度思考问题，将心比心，真诚地关爱他人。

（五）害羞

害羞这一心理缺陷在大学生中并不少见，尤其是女大学生更容易害羞，比如不敢在大众场合发表意见，害怕与陌生人打交道，路上见到异性同学会脸红出汗、手足无措，见到老师会难为情，说话感到紧张等。一般说来，自我保护心理过强的大学生容易出现害羞心理，他们往往有以下的人格特点：与人交往过于谨小慎微，过于自我关注，自尊心过强，自信心不足等。

害羞之心人皆有之，但过分的害羞，不该害羞时害羞，尤其是害羞成了一种习惯，则是有害的，它会导致压抑、孤独、焦虑等负面情绪，还会阻碍人际交往，影响个人才能的发挥。

要改善害羞的心理发展缺陷，我们可以从以下几方面努力。一要增强自信心。正确评价自己在知识才能和仪表等方面的优劣，多看到自己的长处和优势。二是不要过分在意别人的议论和评价。每个人都会说错话、做错事，人无完人，被人议论也属正常，其实生活中每个人都在议论别人或被议论。三是要有意识地锻炼自己。胆量和能力都是锻炼的结果，要敢于说第一句话，敢于迈第一步。上课、开会时尽量选择坐到前排，让自己处于易被关注的位置；主动大胆地和别人尤其是陌生人、异性、老师等讲话；与人说话时，正视对方的眼睛；大胆表现情绪，在高兴时开怀大笑，当然在愤怒时也可以“怒发冲冠”。

（六）极端内向

内向是一种正常的人格类型，但是如果内向的程度超过了一定的度就容易形成极端内向的心理，一般视为正常人格的偏移，这种偏移产生的原因是复杂的，既有主观上的成因，也有客观外界的影响，是多种因素的综合影响的结果。过分内向的大学生通常沉默寡言、消极悲观，很难适应新的生活环境。他们敏感多疑，凡事思虑过分，不喜欢参加集体活动，并且容易出现紧张抑郁、不善言辞。

大学生应以积极的态度来改变或调整自己的极端内向心理。具体可尝试以下的措施：

第一，循序渐进，逐渐调整。首先，要正视这种人格偏移，要敢于面对，要明白“冰冻三尺非一日之寒”的道理。其次，要认识到不改变会给自己带来痛苦，然后下决心一点一滴地做。要与周边的同学来往和沟通，多参加社会实践，扩大交往接触的范围，在集体环境中体验温暖和友情。

第二，正视自身不足。遇到问题要敢于剖析自己、分析自己的不足，能够跳到圈外去看事情（即客观地看待事情），在人际交往中取长补短，形成健康的交往习惯。

第三，积极培养兴趣。通过兴趣丰富自己的生活，在这个过程中逐渐放松自己，从而增加纠正偏移人格的途径和方法，以便更好地完善自我。

二、大学生完善人格的途径和方法

除了才华与机遇，人格是决定一生成功与否、快乐与否的关键因素。而大学生正处在人格完善与定型的关键时期。塑造健康完美人格是维护大学生身心健康、适应社会发展的需要，也是推动社会持续发展的重要动力因素。

（一）认识健康人格的标准

完善大学生人格，首先明确什么才是健康人格。所谓健康人格是指在各方面都处于优化状态下的理想化的人格，是各种良好人格特征在个体身上的集中体现。

自20世纪50年代以来，西方许多心理学家根据他们的临床经验，利用心理测验对高健康水平者进行研究，提出不少健康人格的模式，如马斯洛（A．H．Maslow）认为的健康人格是“充分发挥作用的人或自我实现者的人格特点”。弗洛伊德认为：“健康人格是本我、自我和超我和谐的结果”。奥尔波特（GW．Allport）认为具有健康人格的人是成熟的人。

我国沙莲香教授认为：①人格健康的人是有工作的，而且他能把本身的潜能（智慧和能力）从其工作中发挥出来。②人格健康的人是有朋友的，他们乐于与人交往，而且常能和他人建立良好的关系。③人格健康的人对于自己本身应有适当的了解，进而有悦纳自己的态度。④人格健康的人能和现实环境保持良好的接触，对环境能做正确的、客观的观察，并能做到有效的适应。北京师范大学高玉祥教授从内部心理和谐发展、能够正确处理人际关系、有效运用自己的智慧和能力等几个方面概括了健康人格的特点。我国著名人格心理学家黄希庭先生认为，自立、自信、自尊、自强这“四自”不仅是颇具我国文化传统的人格特征，也是健全人格的基础。

综合中西方学者对健康人格的描述，我们认为健康人格可以理解为人格和谐、全面、健康的发展，与社会环境相适应，为其他社会成员所接受又充分展现个体个性特征的人格模式，是一种在结构和动力上向崇高人性发展的人格特征。

由此，结合我国学者对大学生人格研究工作及大学生实际情况提出大学生健康人格标准为：

第一，具有远大而稳定的奋斗目标。有科学的世界观、人生观和价值观。

第二，具有强烈的道德责任感。能以社会、集体道德观为核心，正确处理生活和工作中的各种关系，具有正直诚实、谦虚谨慎、尊老爱幼等良好品质。

第三，具有正确的自我意识。能够正确地认识自己，客观地评价自己，自尊、自信、悦纳自我；能够自我监督、自我调节，努力发展身心潜能，能够与环境保持平衡。

第四，具有良好的情绪调节能力。经常保持愉快、开朗、乐观的心境，能合理地宣泄、排解消极情绪，富有幽默感。

第五，具有良好的社会适应能力。能够正确观察和了解社会现象，关心社会发展变化，使自己的理想和行为跟上社会发展的主流，对新环境具有较强的适应能力。

第六，具有和谐的人际关系。在人际关系中能够相互沟通理解，尊重信任他人，同时也能受到他人的尊重和接纳。

第七，具有乐观向上的生活态度。对前途和生活充满希望和信心；对学习和工作抱有浓厚的兴趣，并充分发挥自身潜能；勇于面对困难和挫折，并设法克服困难，振作精神。

第八，具有健康、崇高的审美情趣。有正确的审美理想、审美态度和对美的追求，抵制低级趣味的各种腐朽思想的侵蚀。

（二）完善大学生人格的途径与方法

1．加强自我修养，培养自信心　自信，是个体对自己的积极肯定和确认程度，是对自身能力、价值等做出正向认知与评价的一种相对稳定的人格特征，历来被人们认为是创造型人才的必备品质。但丁说："走自己的路，让别人去说吧"。这尤其要求我们有自信心！生活中美好的事物从来只和敢于正视现实、迎接挑战、战胜危机的人结伴而行。自信绝非生来就有，它需要人们去培养。如何培育自信呢？

首先，悦纳自我，发挥优势。每个人都是独特的，人与人在天赋、才能方面存在差异是极其自然的事。每个人都有自己的优势，也有自己的弱点，每个人都有别人无法取代的价值，让优势充分发挥出来就能成为不可战胜的人。

其次，要正视自身价值，学会正确自我评价。有这样一个故事：一个在孤儿院生活的男孩，觉得自己是个多余的人，没有人喜欢，因为连自己的亲生父母都不要自己了，活着一点儿意义都没有。院长知道了这件事，没有说什么，给了他一块石头，让他拿到集市上去卖，不过告诉他：无论对方给多少钱，都不要卖掉。小男孩拿着石头蹲在集上卖了一天，开始时无人问津，后来开始有人出钱买这块石头，可是小男孩坚决不卖，又有一些人出钱买这块石头，价钱也出的高，小男孩仍坚持不卖。回到孤儿院，小男孩将这件事告诉了院长，第二天，院长让他拿着这块石头到珠宝市场去卖。有人出价比头一天高出十倍，并且越出越高，小男孩依然不卖。第三天，院长让他拿着这块石头到宝石市场去卖。价格又高出许多，小男孩还是不卖。人们纷纷在猜测着、传说着，认为这是一件传世珍宝，有人不惜以重金购买。小男孩不明白为什么会出现这样的状况。院长说："石头还是那块普通的石头，为什么会身价百倍呢？是因为你的珍惜！其实，世上人与物皆如此，如果你认定自己是一个不起眼的陋石，那么你可能永远只是一块陋石；如果你坚信自己是一块无价的宝石，那么你可能就是一块宝石。"每个人的本性中都隐藏着信心，院长其实就是在挖掘孤儿的信心和潜力。人，只有你珍爱自己，相信自己，才会使人们珍爱你，重视你。

再次，记住成功经验，忘却失败。满怀热情地回忆自己过去的成功和勇敢的经历，是重拾自信心极其有益的自我训练。现实中我们可以看到，在体育运动、销售员推销商品等活动中，通过训练可以改进技巧从而推动成功，其价值并不在动作的"重复"，否则，我们学到的将是失误而不是命中。因为在学会之前，他练习最多的是失误。不过，即使失误与命中的比例是十比一，经过练习之后，失误的次数会逐渐减少，命中次数就会越来越多。这是因为他的脑子记住并强化了成功的尝试而忘掉了失误。过去你失败过多少次无关紧要，重要的是记住、强化和专注成功的尝试，将错误和过失作为一种学习的方式，然后把它们抛在脑后，同时有意识地记住并向自己描绘过去的成功。

2．学会自我治疗，培养稳定的情绪　大学生所处的人生发展时期素有"疾风暴雨"期之称，足见青年情绪变化的剧烈。心境如何是大学生活快乐与否的关键，同时也是大学生是否拥有完善人格的标志之一。在我们无法摆脱恶劣心境困扰时，许多方法如合理宣泄、理智控制、注意转移、自我安慰等都可以帮助我们将不良情绪释放出来，避免导致心理疾病的不良后果。稳定情绪其实很简单，一张纸一支笔也可以帮助你进行"自我治疗"：

第一步，拿出纸和笔记录下你的消极思想。可以随意地写，不必写得很有条理，有时用一个词来提示你自己，只要能激发你的联想就行。

第二步，思考你写下的使自己闷闷不乐的事，找出更真实、更符合逻辑的解释。换一种思维方式，不要用自己习惯的思维方式去想，这时也许会发现你的思想是歪曲了事实真相的产物，是自己上了自己当的结果。你也许还会想到，人的脑力是有限的，又何必要为这种愚蠢的想法而闷闷不乐呢？

最后，你可以松一口气了。你已经把让你深深困扰的抑郁困在纸上了，你完全可以把你写的那几张纸扔到废纸篓里去——它已经完成了使命，而你也感到了一种超脱。

3．加强锻炼，提高坚忍不拔的意志力　韧性是一种心理的耐力，即在遭遇身体及精神困难、压力时，坚持而不放弃的忍受力。心理学家罗森茨威格最初使用"耐力"这一概念，并将它定义为："能够战胜、驾驭心理适应。也就是说，可以抵抗挫折而没有什么不良适应反应的能力"。可见，韧性就是一种对困难和挫折的巨大心理承受能力，是大学生在实现目标过程中所表现出来的自觉克服人性弱点及不良因素的顽强毅力和坚持精神。它是认知、情感转化为行动的关节点，是人格形成的关键环节。这无疑是完善人格的又一闪光处。

锻炼坚韧意志力可以从以下几个方面进行：

第一，行动有明确的目的性。大学生要根据实际情况，建立符合自身能力的奋斗目标。在采取行动之前，不妨多问自己：你将要做什么？你的选择有足以说服自己的根据吗？你预期的目的是什么？你有为达到目的而不懈努力的心理准备吗？

第二，在日常生活中锻炼韧性。韧性的锻炼还需在日常的行为中进行，一个人如果做什么事都虎头蛇尾，不能善始善终，就说明在他性格中缺少韧性的品质。为了培养自己的韧性，我们可以尝试一些具体的方法：①制订每日体育锻炼计划：每天早上跑 1000 米，或每天睡觉前做 30 个仰卧起坐，坚持半年；②制订学习计划：找一本自己喜欢的字帖，制订一个每天 5 个字，每个字写 20 遍的计划，或者要求自己每天记 5 个外语单词，坚持半年。两个计划都是看起来不难，但真的做起来，却不一定能坚持到底。如果这些计划被落实了，还可以在原来的基础上提高要求、加大难度继续锻炼。你会逐渐发现这种练习对性格的作用。

第三，学会灵活变通。锻炼韧性，人们还需要锻炼自己在志向和原则不轻易改变的前提下，通过对具体目标和行为方式的灵活调整来达到目的的能力。

4．建立良好的人际关系，融入集体 我们知道人格发展的过程也是个人社会化的过程。人格在集体中形成，也在集体中展现。集体是个人展现人格的平台，也是认识自我的一面镜子。首先，大学生应该接近他人、关心他人，与他人建立和谐的人际关系，了解他人需求，解决他人的困难，体察他人的喜怒。通过关心他人，培养助人为乐的好品格。其次，真诚地与他人交流，真诚友好而有度地开放自己，达到与他人心灵的沟通，是建立良好人际关系的基础。

5．从小事做起，养成良好习惯 生活中的一些小事同样能体现我们的人格魅力。其实无论是自信心的培养，意志力的锻炼还是情绪的稳定，人际关系的协调都融入在日常事务甚至是一些小事里。因此培养健康的人格需要从小事做起，养成良好的习惯。

第一，在公众场合、开会、上课的时候在显眼的地方坐下。敢于把自己置于众目睽睽之下，放大自己在众人眼中的比例。记住一句话："有关成功的一切都是显眼的！"

第二，走路时挺胸抬头、加快速度，拉近与同行者的距离，加强自己与同学、朋友的交往。

第三，主动找那些学历或级别比自己高、阅历或资力比自己丰富的人交谈、讨论，并尝试提出与他们不同的见解。大胆地在众人面前适当地展示自己的成绩，适时赞美自己。

第四，在讨论中，尝试一下第一个打破沉默。当众表达自己的意见或看法，刚开始你可能觉得困难，但只要你开口，你会发现情况并不像你想象的那样，大家一样会认真倾听，而这种被人重视的鼓励会使你狂跳的心平静下来，你对自己的表达能力会有一个全新的认识。

第五，主动与人打招呼，如果你不敢看他的眼睛的话，试着直视他的鼻子。开始你可能怕别人不理你、拒绝你，但如果你这样做，你会发现对方一样会报以微笑，回答你的招呼。久而久之，你不再是一个没人发现的、不被重视的人。

人格的健全是心理健康的根本标志，重视健康人格的培养既是健康的需要，也是发展的需要；既是现实的需要，又是未来的需要。大学生要充分认识到健康人格对自身发展的必要性，既要充分发现自己的长处，又要寻找和承认自己的不足，勇敢地面对挑战，不断地发展自己，促使自身人格的完善。

【心理自我训练】

丹田呼吸放松法

丹田呼吸放松是一种呼气、吸气均产生强腹压的呼吸方式，其重点在于呼气要领的掌握，因为掌握了呼气的要领，也就能自然并充分地进行相应的吸气。

1. 关于呼气的要领，主要包括：

（1）上身放松，力入心窝，以此姿势开始呼气。

（2）将气深长缓缓呼出。呼气训练开始可定为5秒、10秒，以后可增至20秒、30秒、40秒，甚至2分钟。初练时，可能达不到深呼气的要求，只要呼气已尽，即可全身放松，然后用力再次吸入心窝，上体向前弯曲，同时将气呼出。经过一段时间的练习，便可达到深长呼吸的要求，掌握了呼气要领之后，接着可进行屈伸呼吸训练。

2. 屈伸呼吸训练的步骤是：

（1）吸气：双手（可握空拳）沿胸部向上，同时用鼻徐徐吸气，充分扩展胸腔。此时，脊梁伸直，颈部稍向后倾，将气吸足，而后转入呼气。

（2）呼气：徐徐将气放出的同时，力入心窝，双手静静地下落至心窝位置，力入丹田，呈上虚下实姿势，之后进行第二次吸气和长呼气。最后一步，也是最关键的，就是做好丹田气的徐徐呼出。呼气时，应当做到连续而长久，最后把气全部呼尽。同时还应做到意守丹田，上体逐渐向前弯曲。此时，上体应弯曲九十度，使肺内的气全部呼出。

（3）缓气：深长呼气后，再转入下一次的吸气。此时应进行三次轻松呼吸，用以放松和调整全身。放松时要从肩部肌肉至下身肌肉，使全身松弛宽舒。

【案例分析】

大学什么都必须靠自己，没有人会替你着想

案例回放：最近我感觉自己很悲观消极，面对什么事都不自信。其实有这种感觉已经很久了。每逢和大家在一起聚餐、开会、搞一些团体活动的时候都是默默地，不怎么说话；也不是不想说，其实是自己也不知道说些什么好。明明有自己的看法和意见的，看别人讨论得很热烈，发言很积极，说话声音也很大，但是自己想说些什么时又怕别人听了会有什么别的想法，会不会觉得自己的话很蠢？会不会嘲笑自己？当这样想着的时候就错过了发言的机会。我想“欲言又止”大概就是说的我这样子的吧，也可以说是不擅言谈交际吧，一直都是这样。

即使跟室友也总感觉说不过她们，有些事情明明自己很有理，可是在她们你一言、我一语的夹击下往往处于下风；有时感觉特委屈，我没有要和别人过不去的想法，可是又成为众矢之的。觉得被宿舍里的人孤立了，不过奇怪的是大家好像也并不在意，明明刚刚还在拌嘴，一会儿就又有说有笑了。真不习惯她们这样的，什么人啊。也许由于中学很优秀，自尊心也特强，习惯了老师的夸奖和同学的羡慕；和现在处境比比，反差太大了，所以，有时会像小孩似的哭泣。

大一时没好好用功，成绩很一般，甚至有些课差点考试不及格，总体成绩可以说是偏下了；再加上对学习的东西也不感兴趣，本来又很懒，没有很强的自学能力和学习主动性，每天还是感觉什么都不会，没时间去复习，更不用说预习。天天看着也是忙忙碌碌的，但是到底都干些啥自己也不知道。心想着到了周末了就不用上课，可以自己看看书了，但总是事与愿违。一到周末总是看不下去，只想玩儿。即使哪天被刺激了，要用功了，结果室友们说我那么认真学习是不是想得奖学金啊这类的话，我就又不想学了。好像不仅自己不爱学习，也不愿别人知道自己认真学习。看着人家学习，自己只是自责。她们也是谦虚不承认罢了，其实她们一直很

努力，却都不愿被别人说。

大学的确不同。想想以前，高中的同学和老师都很好，经常督促鼓励，一起学习。到了大学什么都必须靠自己，没有人会好好为你打算，没有人真正为别人着想。听老师和学姐们说，医学院校的课程很多的，必须很努力才行。但是一直以来自己自制力又差，又没主见，唉，现在怎么办呢？

案例分析：这是一例以不自信和缺乏自制力为主要特征的性格问题。具体表现为：欠缺人际沟通技巧、自信心不足；自我控制能力差，学习目标不明确，缺乏主见。这类问题也较多地出现在大一新生身上，通常将之归为适应问题。其核心问题是性格发展的不成熟，人格存在缺陷。通过咨询谈话及对临床资料的分析发现，该同学从小一帆风顺，没有遇到过大的挫折，高中以前学习成绩一直很好，感情细腻，生活环境单纯。进入大学后，面对缤纷多彩的世界既感到新奇又感觉无所适从。针对其主要存在的问题，建议学习必要的人际交往技能，以成功事实鼓励自己，提升信心；明确学习目标，制订有效的学习计划，在计划执行中增强自我控制能力和自主性。同时不断地总结、反思，正视自己的进步，在完成具体任务的同时塑造健康人格。

（许华山）

第七章 人际关系与心理健康

【哲人的忠告】

一个人事业上的成功，只有百分之十五是由于他的专业技术，另外的百分之八十五要靠人际关系、处世技巧。

——戴尔·卡耐基

“没有人是一座孤岛”，现实中大学生离不开人与人之间的交往，良好的人际关系是促进身心健康发展的重要途径，也是大学生成长成才的重要保证。大学生时间充裕、兴趣广泛，具有强烈的人际交往需求。但是部分大学生由于个性、认知的差异，或者缺乏处理人际关系的方法和技巧，产生了人际关系问题，成为困扰大学生的难题之一。通过对人际交往的特点、常见人际交往障碍及调适策略、人际交往原则的学习，能够帮助大学生学会与人友好相处，赢得和谐的人际关系，拥有一段美好的大学时光。

第一节 人际关系概述

一、什么是人际关系

人际关系（interpersonal relationship）是指人们在交往和相互作用过程中形成的人与人之间较为稳定的直接的心理关系，它反映了人与人之间心理距离的远近。

人际关系反映着个体或群体满足其社会需要的心理状态，其发展变化取决于双方社会需求的满足程度。如果交往双方的需要均能得到满足，则感情融洽，双方就能保持亲密的关系；反之，如果有一方不真诚，或者发生不利于另一方的行为，则双方的友好关系就会疏远、终止甚至变成敌对关系。良好的人际关系能够使人精神愉悦、心情舒畅，提高学习、工作效率和生活质量；而不良的人际关系则会使人情绪忧郁，影响学习、工作效率和生活质量。因此，大学生应主动建立和保持良好的双赢人际关系，保障心理健康，拓展发展空间。

1973 年，奥尔特曼（I. Altman）和泰勒（DA. Taylor）提出，良好人际关系的建立和发展，从交往由浅入深的角度看，一般要经历四个阶段：

阶段一：定向阶段

此阶段包含着对交往对象的注意、抉择和初步沟通等多方面的心理活动。在熙熙攘攘的人海中，人们并非毫无选择地同任何人都建立良好的人际关系，只有那些具有某种吸引人的特征的人才能引起我们的特别注意，因此，人际关系的对象往往具有高度的选择性。例如，大学新生入学时大家往往有选择地与部分同学交往，而忽略其他人，并且大家在这个阶段的沟通只是停留在较表层的自我表露上，如谈谈自己的家乡、聊聊自己的毕业学校等。

阶段二：情感探索阶段

这一阶段是彼此探索双方在哪些方面可以建立真实的情感联系，而不是仅仅停留在一般的正式交往模式。随着双方共同情感领域的发现，沟通越来越广泛，自我暴露的深度与广度逐渐增加。但人们的话题仍避免触及他人私密领域，自我暴露也不涉及自己根本的方面。例如，在熟识之后同学之间聊聊自己的兴趣、爱好等。

阶段三：情感交流阶段

人际关系发展到情感交流阶段，双方关系的性质开始出现实质性的变化。此时双方的人际关系安全感得到确立，因而谈话也开始广泛涉及自我的许多方面，并有较深的情感卷入，相互之间可以诉说自己的喜怒哀乐，寻求理解和支持。如果关系在这一阶段破裂，将会给人带来相当大的心理压力。

阶段四：稳定交往阶段

在这一阶段，人们心理上的相容性会进一步增加，自我暴露也更广泛深刻。此时，人们已经可以允许对方进入自己高度私密性的个人领域，分享自己的生活空间，相互关心、支持。但在实际生活中，很少有人达到这一情感层次的友谊关系，这也就是人们常说的“千金易得，知己难求”。

二、人际交往及其功能

（一）人际交往

人际交往（interpersonal interaction）是指社会中人与人之间传递信息、沟通思想与交流情感的过程。人是社会性动物，交往是人们存在的方式，它普遍存在于人类的社会生活中，正如亚里士多德所言：“能独自生活的人，不是野兽，就是上帝”。

人际交往意味着知识信息的传递、思想的交流和碰撞，它不同于简单的物质产品的交换。英国作家萧伯纳曾经打过这样一个比方：“假如你有一个苹果，我有一个苹果，彼此交换后，还是每人各有一个苹果。但是，如果你有一种思想，我有一种思想，彼此交流后，我们每个人都有两种思想。甚至，两种思想碰撞后，还可以产生新思想。”由此可见，人际交往过程中信息不仅仅被传递，而且还在不断形成和发展。人际交往还意味着情感的交流。人们常说的“忧愁有人分担，痛苦就会减轻；喜悦有人分享，快乐就会加倍；冬天有人惦记，寒冷就会止步；偶尔有人祝福，心情就会晴朗”说的就是这样一个道理。

（二）人际交往的功能

一撇一捺写成“人”，茫茫世界中，1 人为“个”，孤独凄凉；2 人成“从”，结伴而行；多人为“众”，形成大千世界芸芸众生。人们生活在社会群体中，相互依赖、相互支撑，就离不开人际交往。心理学的大量研究和日常生活都已证明，正常的人际交往是心理健康、幸福快乐的必要条件，人际交往对每个人都具有重要意义。

1．实现信息沟通　在当今知识经济时代，信息显得尤为重要，信息就是知识，信息就是财富，及时把握有用的信息是创新和成功的重要保障。而一个人仅凭书本上所获得的知识和信息总是非常有限的，这就需要大学生们以更有效、更迅速的方式直接沟通获得更多的信息。人际交往是一个互动的过程，人与人之间信息的交流、思想的交换能使人思维活跃，提高对知识的理解和掌握能力。有时一个人的“百思不得其解”，只因他人的一句话便可能深受启发、豁然开朗，产生灵感；因此，大学生应该努力拓展自己的交往范围和空间，主动、积极地与他人交往，建立良好的人际关系，以开阔自己的视野，丰富自己的学识。不能总是担心自己的经验和信息被他人知道超过自己，而不愿与人交往，结果造成固步自封。

2．促进人格发展　个体在人格的自我发展和自我完善过程中，不仅受到遗传和自然环境的影响，同时还受到人际环境的影响。人们在与他人的互动交往过程中“以他人为镜”，通过他人对自己的态度和评价及与他人的关系中，了解自己在他人心目中的形象和社会地位，从而更清楚、更深入地了解自己，调控自我、完善自我，促进人格的健康发展。

心理学的研究表明，积极愉悦的人际交往，融洽的人际关系能够满足一个人的归属感，提高宽容心和理解力，同时还能学习社交技巧，获得社会经验，因此，人际交往是个体人格健康发展的必由之路。离开正常的社会交往环境，离开与他人的互动、交往，个体无法成为一个人格健全的合格的社会人。例如，“狼孩”由于从小生活在狼窝里，失去了与人类正常交往的最佳时期和人类的成长环境，因而形成了狼的生活习性，虽然经过教育和训练，也已经难以成为一个正常的“人”，不仅人格发展受到影响，连智力也出现明显的障碍。

3．增进人际情感　人本主义心理学家马斯洛在其需求层次理论中提出，人都有社会交往的需求，其中主要包括归属和爱的需要。在人与人的交往过程中，人们交流自己的喜怒哀乐，他人欢喜时，与其分享快乐；他人悲伤时，多一份宽慰与理解。人际交往会增进人与人之间的情感，交流越多，感情越深，反之，交往越少，感情就会淡漠，距离也会越远。

大学时期是人一生中的关键时期，也是面临各种各样复杂人际关系的时期。在当今竞争激烈的时代，需要大学生的合作意识和团队精神，单个人的能力是有限的，正如“一个篱笆三个桩，一个好汉三个帮”，良好的人际关系能够实现自身与他人的双赢，达到“1+1 ＞ 2”的效果。

【专栏 7-1】

寓言故事：天堂与地狱的区别

一位一生行善的人，临终前天使特地下凡接他上天堂。天使说：“大善人，由于你一生行善，成就很大的功德，因此，在你临终前我可以答应你完成一个你最想完成的心愿。”

大善人说：“神圣的天使，谢谢你这么仁慈。我一生当中最大的遗憾就是：从未见过天堂与地狱究竟是什么样子？在我临死之前，您可不可以带我到这两个地方参观？”

天使说：“没问题，因为你即将上天堂，因此，我先带你到地狱去吧。”

大善人跟随天使来到了地狱，摆在面前的是一张摆满丰盛佳肴的大餐桌。

“地狱的生活看起来不错，没有想象中的悲惨嘛！”大善人很疑惑地问天使。

“不用急，你再继续看。”

过了一会，用餐时间到了，只见一群骨瘦如柴的饿鬼鱼贯地入座。每个人手上拿着一双长十几尺的筷子。每个人用尽了各种方法，尝试用他们手中的筷子去夹菜吃。可是由于筷子实在是太长，最后每个人都吃不到东西。

“实在是太悲惨了，他们怎么可以这样对待这些人呢？给他们食物的诱惑，却又不给他们吃。”

“你真觉得很悲惨吗？我再带你到天堂看看。”

到了天堂，同样的情景，同样的满桌佳肴，每个人同样用一双长十几尺的筷子。不同的是，围着餐桌吃饭的是一群洋溢欢笑、白白胖胖的可爱的人们。他们同样用筷子夹菜，不同的是，他们喂对面的人吃，而对方也喂他吃，因此，每个人都吃得很好、很愉快。

启示：天堂与地狱最大的区别在于人与人之间相处的态度，良好、和谐的人际关系氛围，可以使人们更好地生活，事业成功、生活幸福。

4．促进心理健康　新精神分析学家霍妮认为，神经症是人际关系紊乱的表现，人类的心理病态主要是由于人际关系失调而来的。我国心理学家丁瓒也曾说过：“人类心理的适应，最主要的就是对于人际关系的适应。”对于成长中的大学生来说，人际交往障碍是许多心理问题产生的重要原因，人际交往问题得不到解决，直接影响到生活、学习、情绪和身心健康。例如，大学生常见的宿舍人际关系好坏，往往决定了一个大学生对大学生活的满意程度。那些生活在友好、合作、融洽的宿舍人际关系的大学生，一般体验到更多的欢乐、幸福感，他们乐于助人，注重学习且富有成就感；而生活在人际关系矛盾重重宿舍氛围里的大学生，往往表现出敏感、自我防卫、情绪压抑，甚至影响学习、生活，久而久之还可能会积郁成心理问题。

有心理学家曾做过一个“交往剥夺”实验：被试在百米深的洞穴中，单独生活了156天后，精神面临崩溃，神情呆滞、冷漠无情、举止失常。结果表明，没有一个人愿意与他人隔绝地生活。因此，人际交往是个体心理健康的重要保证，良好的人际交往不仅能够帮助人们消除紧张和孤独，还能获得安全感和归属感。

三、大学生人际关系的主要类型

人际交往是大学生生活的基本内容之一，按交往对象的不同，可将大学生的人际关系分为以下三种类型：

（一）同学关系

大学生活中，同学是大学生人际交往最基本、最主要的对象，同学关系在大学生人际关系中占主要地位。刚一步入大学校门，人际交往便已在班级、宿舍内开展，大学生年龄相仿、经历相似，具有相同的学习起点和学习环境，生活在同一个班集体，学习相同的专业，沟通与交流更快速和直接。

大学同学之间的交往比较频繁的场合主要有以下几个方面：班级内同学关系、宿舍内舍友关系及与老乡、社团等关系。班级同学交往主要以学习与班级集体活动为主；宿舍同学关系则以情感交流与生活交往为主；老乡关系以情感交往为主；社团关系以兴趣、爱好与工作交往为主。一般情况下，大学校园里的同学关系总体上是友好、和谐的，但是另一方面，有的大学生由于个性差异，以及生活习惯、家庭背景、兴趣爱好的不同，也存在一些人际关系矛盾和问题，甚至关系紧张、冲突。

俗话说：“在家靠父母，出门靠朋友”，良好的同学关系对于提高大学生的人际交往能力、学业的进步、身心健康发展具有重要意义。大学同学之间应该在彼此相互理解和宽容的基础上，培养良好的同学感情，建立深厚的同学情谊。

（二）师生关系

老师是大学生人际交往的重要对象，师生关系也是大学生人际关系的重要内容。“师者，所以传道、授业、解惑也”，大学教师不仅是知识的传授者，也是大学生人格的塑造者，与教师的交往不仅是大学生知识获取的重要途径，也是师生交流感情、共同发展的前提。大学师生关系的好坏，直接影响学生在学校的健康成长和学习。

大学教师与学生的交往不像中小学那样频繁，老师一般除了上课之外，很少会与学生有直接的交流，再加上大学生的独立性较强，所以大学里的师生关系相对显得比较疏远。有学生便形容“大学老师真冷漠，不像中学老师那么关心学生，上完课收拾东西就走人，很少与学生沟通和交流……”这就需要大学生摆正心态，发挥在师生交往过程中的主体作用，尊重老师，积极主动地多与老师联系和沟通，从而建立一种良好的师生关系。

（三）亲子关系

家长是大学生的情感寄托，家庭是每个人的幸福港湾。大学阶段由于远离父母，且“疾风骤雨”的青春期已过，大学生在家庭中的地位较以往有了明显的变化，父母也从此认为孩子已经长大，不再像以往管理小孩子那样，大学生与家庭成员的关系一般比以前更为融洽。

但是现实中也存在亲子关系紧张和疏远的现象，有的大学生不愿与父母主动联系，每次都是家长打电话来询问在校的情况；还有的大学生因为学习、生活或者恋爱的问题与家长意见不合，搞得关系紧张。俗话说，“即使全天下都抛弃了你，唯独你的父母不会离开你”。因此，大学生应该懂得关心、体贴父母，主动与父母沟通交流，建立良好的亲子关系，从而为自己在学校的生活、学习奠定坚实的基础。

四、影响大学生人际交往的因素

（一）仪表因素

人的仪表，包括相貌、穿着、仪态、风度、姿势、谈吐、面部表情等“外部特征”是影响人际关系的重要因素。“爱美之心，人皆有之”，一般情况下人们对仪表堂堂、穿着整洁、风度翩翩、言辞幽默、自信优雅的人容易形成良好的印象，这种人具有较高的人际吸引力，容易讨人喜欢；而那种不修边幅、举止粗俗的人则会给人留下不好的印象，这种人往往缺乏人际吸引力，这就构成了人际交往的第一印象，并在很大程度上影响人们的交往兴趣，从而形成“首因效应”。

“良好的开端是成功的一半”。大学生在人际交往过程中，要注意自己的仪表风度、言谈举止，给别人留下美好的第一印象，从而增强自身的人际吸引力。

（二）能力与特长

在能力与特长方面，一般而言，在其他条件相等的情况下一个人如果有比较突出的能力和特长，便能令人心生仰慕之情，产生一种人际吸引力。因此，大学生要加强学习和锻炼，增强自身的实力，培养兴趣爱好，发展一定的特长，从而为自己的人际交往赢得魅力。

但也有研究结果表明，在一个群体中最有能力、最出类拔萃的人往往不是最受喜爱的人（E. Aronson）。现实中我们常常遇到这样的学生，因为，他的出类拔萃反而失去了同学的喜欢与信任，正如“木秀于林，风必摧之”。这是因为，虽然大家都希望自己周围的人有才能，有一个令人愉快的人际关系圈，但如果别人的才能使人望而却步，感到高不可攀，则会产生心理压力，不敢与之交往。一个聪明能干、很有才华的人，虽然有一些小缺点，反而会使一般人更喜欢接近他。因此，能力、特长与被人喜欢的程度在一定范围内成正比，超出这个范围，可能会使人逃避或拒绝。

（三）交往频率

交往频率是指人们在单位时间内相互接触次数的多少。一般而言，人们彼此间交往的频率越高，越容易形成共同的经验、产生共同的话题和感受，也就越容易形成密切的关系，即交往频率与人际交往的密切程度成正比关系。

有研究表明，同一寝室的大学生，由于交往频率较高，距离较近，一般相处的都比较密切，并且在大学毕业后舍友也是最经常联系的对象。尤其对于素不相识或新近结识的人来说，交往的频率在形成人际关系上的作用更为明显。当然，交往的过程中不能只重视交往的频率而忽略了人们之间交往的内容，否则，交往即使再频繁也难以交到知心朋友。

（四）邻近性

常言道“远亲不如近邻”。人与人在空间位置上接近，交往机会多，相互提供帮助也比较方便，也容易形成密切的关系。如，同一班级、同一寝室、同桌之间的关系更亲密，这就是因为空间位置接近的人，相互之间比较熟悉，从而为良好人际关系的建立打下了基础。

当然，空间位置的邻近性并非是形成人际关系的主要因素，而只是影响因素之一。尤其是在信息时代的今天，随着互联网、智能手机、可视电话等高科技产品的普及，在很大程度上拉近了人们的空间距离感。

（五）相似与互补

“物以类聚，人以群分”，人际交往双方在某个特点上如果具有相似性，如相似的理想、信念、价值观、兴趣爱好和态度；共同的语言、种族、国籍、出生地；共同的教育水平、年龄、性别；乃至共同的遭遇、共同的疾病等都能在一定条件下，引起彼此思想上的共鸣、相互吸引，形成密切的人际关系。有一项对住在同一寝室大学生之间友谊与态度的关系调查结果显示：态度相似性对友谊的建立与发展具有增强作用，且彼此形成友谊关系的大学生对于他们的态度的相似性有估计过高的倾向，而对他们之间态度相似性基础上的差异则有回避和掩盖的倾向。

人与人之间的相似性总是相对而言的，即使情同手足，也不可能在任何时候对任何问题都保持态度的高度一致性和相似性，关键要正视同学之间的分歧，允许不同意见的存在，及时调整同学之间的人际关系。

当交往双方的需要为互补关系时，也会增加双方的相互吸引程度。大学生群体中，外向型的人经常与内倾性格的人友好相处，成为朋友；独立性强的人往往更愿意与依赖性强的人交朋友；一个看重成绩而自己成绩不是很理想的学生，更看重成绩优秀的学生等。

（六）个性特征

“精诚所至，金石为开”。一般而言，一个性格开朗、待人热情、真诚以及对别人表示出来的热情能作出同样反应的人，通常具有吸引力；而性格孤僻，对别人表示出来的热情反应冷淡的人，则一般缺乏吸引力。良好的个性特征有助于增强个体的人际吸引力，即通常所说的人格魅力，主要包括：真诚、责任、进取、热情、宽容、幽默等特征。表 7-1 所示为影响人际关系的主要个性品质。

表7-1 影响人际关系的主要个性品质

最积极的品质	真诚、诚实、理解、忠诚、真实、可信、智慧、有思想、体贴、热情、善良、友好、快乐、不自私、幽默、负责、开朗等
最消极的品质	固执己见、嫉妒、敌意、自私、粗鲁、自负、贪婪、不真诚、不善良、不诚信、不尊重、自我中心、冷酷、偏激等

五、大学生人际关系的主要特点

（一）交往愿望强烈

大学生正处于个体生理、心理发展的关键期，他们思想活跃、精力充沛、兴趣广泛、活泼好动，进入大学后人际交往的需求极为强烈。在此阶段，大学生的自我意识也在逐渐成熟，他们关心自己的社会角色以及在朋辈群体中的地位，表现出社会参与意识强，希望开阔视野，迫切需要结交更多的新朋友的特点。尤其是进入大学后，与高中相比少了学习的重压，生活空间扩展，社会阅历不断增加，大学生迫切需要走进公共场合结交更多的朋友、交流更多的信息，接受更多的新思想。

并且，大学生大多都意识到了良好的人际关系对于学习和生活的重要性，他们不愿意把自己封闭在狭小的圈子里，而是希望能够与更多的人建立良好的人际关系。尤其是大一新生远离家乡、父母和亲人，步入大学校门，在最初会产生强烈的孤独感、寂寞感和无助感。他们强烈渴望通过交往获得友谊，希望与同龄人分享和交流自己在学习、成长和情感方面的体验和感受。因此，大学生群体呈现出前所未有的强烈交往愿望。

（二）交往方式多样化

随着信息时代的到来，高科技产品不断涌现，特别是电脑、智能手机和互联网的迅猛发展、广泛应用，网络备受青睐。大学生人际交往的方式在传统方式的基础上变得更方便、快捷和高效。打电话、发短信、微信、飞信、电子邮件、QQ、MSN 等成为大学生联络感情的重要途径。交往途径的多样性给大学生创造了更多相互接触的机会，使得大学生社会交往的可能性增大。新兴的社交方式正逐渐被大学生接受并渗入到他们的生活中。但有调查显示，新兴的社交方式在信息交流上的功能强于传统的交流方式。在人际交往上，新兴社交方式所起到的作用远不及面对面的传统交往方式能够增进人际情感。

（三）交往范围扩大化

大学生思维活跃、兴趣广泛、时间充足，他们交往的内容涉及政治、经济、文化、艺术、体育、学习、娱乐和个人情感等诸多领域，因此，交往的范围不断扩大，交往对象已不再局限于同班同学或宿舍舍友，而是逐渐扩大到同系、同校，甚至校外的社会人士。尤其是大学里面各类社团活动比较丰富，大学生往往会根据自己的兴趣爱好参与各种社团活动，以此来开阔视野、锻炼能力和扩大人脉；此外，不仅有同性交往，异性交往也是大学生交往的重要内容。

（四）交往目的多元化

以往大学生人际交往的目的主要是为了情感和思想上的交流、切磋学问、探讨人生，较少考虑到交际的价值，人际关系相对比较单纯。现在，随着社会的发展变化，大学生在社交目的上也趋于“理性化”，选择什么样的人交朋友，并不纯粹是出于情感和志同道合，交往的动机已变得更为复杂。可以说，大学生的人际交往在注重情感交流的同时，越来越注重与自身社会利益相关的务实性，呈现出情感型交往与功利型交往并重的趋势。

第二节　大学生人际交往障碍及调适

大学生在人际交往过程中，由于有的学生存在多种心理障碍，从而带来人际交往的困扰，导致人际关系不良。因此，探讨大学生常见的人际交往心理障碍并进行针对性的调适，是改善大学生人际关系的重要前提。大学生常见的人际交往障碍主要有以下几个方面：

一、自卑心理及其调适

自卑，是个人由于某些生理或心理缺陷及其他原因而产生的否定自己，认为自己在某个方面或几个方面不如他人的情绪体验。

一般而言，具有自卑心理的个体往往觉得自己低人一等，表现出忧郁、悲观、感情脆弱，在人际交往中缺乏勇气、积极性和主动性。为了减少挫折和失败，有自卑感的人尽量避开人群，人为地把自己孤立起来，因此，容易使人孤僻、离群、丧失自信。自卑感强的人还往往过分自尊，为了保护自己，常表现得非常强硬，难以让人接近，在人际交往中显得格格不入。

（一）自卑心理产生的原因

自卑心理影响人际交往的效率或导致交往的失败，个体之所以产生这种心理，主要原因在于以下几个方面：

1. 客观因素的影响　当个体外表、体质与他人存在较大差异，并为自我意识到，如生理的缺陷、家境的贫寒和生活的拮据等都容易使人产生自卑感，形成心理阴影，影响人际交往。容易使人感到不如别人，产生自卑感。

2. 挫折的经历　首先，人际交往过程中的挫折经历会引起个体消极的情绪体验，使个体的情绪处于不安、烦恼等消极状态中，过低估计自己的能力，过高估计各种困难，信心不足，从而影响个体的积极性，导致自卑心理产生。大学生如果在以往的人际交往中曾遭受到重大挫折，失败的情绪记忆往往长期影响，挥之不去，就会产生习惯性焦虑，从而抑制交往行为。如果长期得不到正常的人际交往，便又进一步加重个体的自卑心理。其次，由于个体生活中的挫折经历，诸如家庭不和、父母离异、亲人病故、失去朋友等原因，也会使人兴趣低落、压抑、忧伤，如果这种情绪长期影响大学生，也会使心理活动失去平衡，从而损害身心健康，产生自卑心理。

3．自我认识不足 自卑感强的个体在认识自我时有一种习惯性的倾向，就是在与他人相比较或攀比的情况下总是看到自己的缺点和不足，而看不到自身的优势，总是习惯以己之短比他人之长，由此在人际交往中便会自感矮人三分，不敢与人平等交往，进而经常体验到交往的挫折感，长此以往，便导致自卑心理产生。

4．个性特征 心理学的相关研究表明，自卑心理的形成与个体的气质、性格有关。抑郁型气质和内向型性格的人往往对事物具有较强的感受性，且对事物的后果有扩散的倾向，而且多表现为沉默寡言、多愁善感，因此，不容易将消极的情绪体验及时宣泄和排解，遭遇挫折后更倾向于将失败的原因归结为自身的不足，这类个体容易自惭形秽、灰心丧气从而产生自卑心理。

（二）自卑心理的调适

心理学家阿德勒在《自卑与超越》一书中提出：人类的行为源自“自卑感”以及对于“自卑感”的超越，因为，“我们都发现我们自己所处的地位是我们希望加以改进的”。对于大学生存在的自卑心理，如果能够采取积极的态度去发现、承认和弥补，会促进其成长和进步，但如果不注意加以纠正和克服，势必影响大学生的成才。因此，针对大学生的自卑心理，应采取切实有效的措施帮助其加以调适。

1．端正态度，正确认识自卑 日本著名心理学家关计夫指出，只有“智力低下的人不感到自卑，他们在客观上能力差，在主观上并不为之苦恼；因此，全然没有自卑感，也就不会成为一个卓越的人”。由此可见，自卑原本是每个个体正常的心理现象，关键看有了自卑感后怎么办。自卑心理就像一把双刃剑，因为自卑而成就伟大事业的人很多，因为自卑而一事无成的人更多，因此，自卑并不可怕。自卑者往往谦虚谨慎、稳妥细心，认识到这些优点，便可增强个体的自信心，为消除自卑心理奠定基础。因此，大学生要克服自卑，首先就应该端正对待自卑的态度，认真分析产生的原因，并积极寻求有效途径来调节和消除自卑心理。

2．正确评价自己和他人，提升自身素质 自卑源于对自己和他人的错误认识和评价，要克服自卑，首先就要全面、客观、实事求是地评价自己和他人，一分为二地看待自己和他人的优缺点，积极地对待自己的得与失，做到既不夜郎自大，也不盲目自卑；其次，要使自己真正摆脱自卑，关键还在于不断提升自身的综合素质，能力增强了，做事成功的可能性也就高了，个体便能有更多积极的情绪体验，从而自我否定的自卑感也会逐渐消失，反映在人际交往中，便是能够更自信、更积极地与他人交往，从而与周围的人建立良好的人际关系。

3．积极自我暗示，学会心理补偿 对于大学生的自卑心理，一方面要进行积极的自我暗示、自我激励、悦纳自己，坚信自己有克服困难的能力，促使自卑心理的转化。如，可以经常对自己说“我今天很开心，我是一个受欢迎的人，不要怕，我错了别人也不会取笑我的，他们也有失败的时候……”另一方面要善于进行正确的心理补偿，通过自身的努力以某一方面的成就来弥补自身的缺陷，如：以勤补拙，知道自己哪方面不足，便以最大的决心和努力去克服；扬长避短，如果你“其貌不扬”，可以用“满腹经纶”来补偿，如果你“五音不全”，可以用“潇洒文笔”来补偿等，从而自强自信，以消除自卑心理。

4．参与人际交往，进行实践锻炼 心理学家的研究表明，当人独处时，心理活动就会更多转向内部、朝向自我。自卑者喜欢独处，长此以往心理活动的范围、内容就会变得狭窄，加之个人认识的局限，容易使心理活动走向片面，只看到自己的不足而忽略了优点，从而陷入深深的自卑之中而不能自拔。而与他人交往时，人的注意力便会被他人所吸引，心理活动变得开放，与他人的交往还能以他人为镜更客观地认识自己，从而提升自信，获得更多的成功体验。

二、孤独心理及其调适

孤独心理又称闭锁心理，是指个体内心有一种感到与世隔绝、无人与之进行情感或思想交流、孤单寂寞的情绪体验。心理孤独者往往表现为少言寡语、封闭自我、待人冷漠，不愿参与群体活动；做事喜欢独来独往，不愿与他人进行交流、沟通，所以其他人很难了解其内心世界，孤独者也不能很好地理解他人。

大学时期是喜欢结交朋友，又是容易产生与世界隔绝的孤独心理的时期。正如德国青年心理学家斯普兰格（E. Spranger）在他的著作《青年心理》一书中生动地写道："没有谁比青年从他们的孤独小房里，更加用充满憧憬的目光眺望窗外世界的了。没有谁比青年从他们深沉的寂寞中，更加渴望接触和理解外界世界的了。没有谁比青年更加向远方世界大声呼唤的了。"大学生活虽然多姿多彩，但刚入学时，人生地不熟，如果没有人同他们主动交流思想感情，没有人理解体贴他们，便很容易产生孤独心理。大学校园里流行的"踏着铃声进出课堂、宿舍里面不声不响、互联网上倾吐衷肠"的现象真实地折射出大学生孤独、迷茫的心理困惑。

当然，心理上的孤独并不等于一个人独处。心理学家认为，真正的孤独往往产生于那些虽有表面接触，但没有情感和思想交流的人们身上。事实上，不管你是置身于人群，还是独居一室，只要你对周围的一切缺乏了解，和你身外的世界无法沟通，就会产生孤独感。

那么，究竟是什么原因使得部分大学生产生孤独寂寞感呢?

（一）孤独感产生的原因

1．青年期的心理特点　青年期是人生发展的重要阶段，是从不成熟走向成熟的过渡期，他们在生理上成熟、自我意识增强、自我分析水平提高，他们自以为已经成熟了，于是不愿再盲目地依从于成人，而是积极地用自己的眼睛看世界。但社会和成年人却仍旧把他们看作是孩子。因此，青年人委屈地感到自己不被社会和成人所了解，因而常常有莫名其妙的孤独感。同时，残酷的现实又让他们觉得心惊胆战。为了摆脱这种困惑，大多数青年人会积极和同龄人交往，促进彼此间的了解，但也有一部分青年人不屑于与同龄人交往，害怕被骗或受到伤害，从而转向自闭、孤独。

2．内向型性格　内向型性格的个体往往比较以自我为中心，他们对外界事物和周围的人表现得淡漠寡趣、难于合群，且思维方式趋向于抽象、紊乱，行动上经常终日忙忙碌碌，显得紧张而又急迫，他们的内心深处有比较强烈的抗拒感。他们的自尊心很强，担心自己某方面的不足被他人发现而受到别人耻笑，喜欢把自己封闭在一个狭小的内心世界的小天地里，小心地锁上自己内心的秘密，不愿与别人诉说，从而产生孤独感。

3．认知因素　认知因素也是大学生孤独心理形成的重要影响因素，部分大学生往往不能正确、客观地评价和认识自己，有些大学生往往对自我评价过低，这样不仅会产生自卑心理，还容易因缺少朋友而产生孤独感；有些大学生则自我评价过高，从而比较清高、自负，看不起别人，这种类型的人在交往中一般表现为不随和、不合群、不尊重他人，容易引起他人的不满，因此，过高自我评价的人也往往会因为缺少朋友而感到孤独。

（二）孤独心理的调适

消除孤独心理，应该注意做到以下几点：

1．改变封闭状态，主动融入集体　马克思曾说过："只有在集体中，个人才能获得全面发展的机会！一个拒绝把自己融入集体的人，孤独肯定格外垂青他！"孤独、封闭会让你跟周围的人格格不入，就像突然来到一个语言不通的国度，你无法跟周围的人进行必要的交流，也无法融入那种热烈的氛围中，你会不由自主地觉得自己很孤单。如果这种情况在心理上已成为定势，就会害怕与人相处。因此，要打破这种局面，唯有做到“忘我”、主动出击，以开放的心态与人交往，体味朋友的可贵；多参与集体活动，为参与而参与，不必希望要求立即获得回报，要明确参与集体活动的主要价值在于学习社交能力，并寻找机会让别人认识和了解自己。

2．正确认识自己，优化性格特征　克服孤独心理，首先就要能够正确地认识自己，做到辩证地看待自己的优劣面，既要克服只看自身不足的自卑心理，又要克服执着于自己长处的自负、自傲心态，积极参加交往。优化性格是消除孤独心理的关键，当你感到孤独或需要关心时，可以主动接近、关心他人，开放自我，真诚、坦率地把自己交给他人。在人际交往的过程中，多数人会对你以诚相待。要知道，别人也和你一样，也需要得到关心和友谊的温暖。当一个人真正地感到与他人心理相融、为他人所理解和接受时，就容易摆脱这种孤独的误区了。

3．掌握交往技巧，与人和谐共处　掌握一定的人际交往技巧，同时多参加交往活动，在交往中逐渐培养自己的开朗性格，从而有利于克服孤独心理。例如，练习自我表达能力，除了朋友之间的感情表达，还包括个人意见与才能的表达；练习倾听能力，善于倾听他人的意见，并尊重大家一致达成的决定，与他人和谐共处。

三、嫉妒心理及其调适

嫉妒是指个体在交往活动中，因自己在才能、学习、名誉、成就或机会等方面不如他人而产生的不悦、自惭、怨恨等复杂的情感体验，甚至是带有破坏性的行为。

嫉妒心强者往往把他人的进步当作对自己的威胁，把他人的成功当成自己的痛苦。嫉妒心往往使人丧失理智，做出“我不行，也要使你不行”的愚蠢举动。俗话说“铁生锈则坏，人生妒则败”。嫉妒对大学生的学习、生活、人际关系等都会产生消极的影响，是一种常见的人际交往障碍。

（一）嫉妒心理产生的原因

1．客观因素　作为一种社会心理现象，嫉妒存在的主要社会根源在于私有制基础上的平均主义思想，以自我为核心的意识是嫉妒心理产生的温床。嫉妒是人性的弱点之一，人都有嫉妒别人之心，也难免遭人嫉妒，因为每个人都会对一些人、一些事情产生嫉妒心理。短暂的嫉妒心理是正常的，但如果一个人长期处于嫉妒之中无法自拔就会转化为一种心理障碍，从而影响大学生的正常生活和社会交往活动。

2．个性因素　如果一个人生性争强好胜，做任何事情都喜欢争第一、“出风头”，那么一旦遭遇失败就很有可能对比自己强的人产生严重的嫉妒心理。还有一些心地狭隘、极度过敏的人，他们不能容忍别人在大家心目中的好形象，也不能够容忍别人在其他人面前“出尽风头”，这总会挑起他强烈的嫉妒心理，所谓“枪打出头鸟”正是嫉妒心理在人际交往中的愚蠢的体现。

（二）嫉妒心理的调适

1．正视嫉妒的危害　嫉妒作为一种不健康的情感体验和行为，首先会伤害自己，明显地影响与他人的相处，破坏人际关系；其次，会损害他人，给他人的成长道路设置障碍，影响他人的正常进步和发展；再次，损害集体与社会，“自伤”和“他伤”的结果必然是破坏整体利益，造成不必要的摩擦和内耗。大学生如果能够清楚地认识到嫉妒所带来的危害，必然会下定决心在行动上与之决裂。

2．客观地看待自己　一般而言，嫉妒有两种表现形式：一是自己不想进步，也不容许别人的进步，一旦周围的人进步了，就会心生嫉妒；另一种是自己积极要求进步，于是就不服气，嫉妒别人的才能。无论是哪种形式的嫉妒，关键都是要客观地看待自己，既要在有自知之明的前提下，找出自身与他人的差距，从而“钝化”嫉妒的锋芒；还要看到自己的长处，化嫉妒为动力。做到“既要服气，又要不服气”，不服气是为了进步，而服气则是为了更好地向别人学习。明白这一道理，便能在一定程度上驱散嫉妒的困惑。

3．学会“心理位置互换”　俗话说“将心比心”，这在心理学上叫做“心理位置互换”，即当嫉妒的阴影笼罩你的心头时，要设身处地地站在他人的立场上想一想，如果自己处在被嫉妒、被冷落的地位是什么样的感受，从而更能体会“己所不欲，勿施于人”的道理。从而变对他人的嫉恨为自己的奋发图强，变消极的摩擦阻力为积极的竞争动力。

四、猜疑心理及其调适

猜疑是一种由主观推测而产生的不信任的心理。

猜疑心重的人经常进行毫无事实根据和缺乏合理逻辑的判断推理，往往处处神经过敏、事事捕风捉影；整天疑心重重，或是无中生有，情绪上高度敏感不安，闷闷不乐，凡事都往坏处想，总怀疑某人、某事对自己存在威胁而产生巨大的心理压力；人际关系上，常常怀疑他人对自己的名誉、声望存在威胁，把他人的一举一动都与自己相联系并视为自己的障碍，总以为别人在议论自己，瞧不起自己，算计自己，认为人人都不可信，人人都不可交，因此，在与他人相处时不够坦率，隐藏自己，且过分注意自己的得失。

培根曾说过：“猜疑之心犹如蝙蝠，它总是在黄昏中起飞。这种心情是迷陷人的，又是乱人心智的，它能使你陷入迷惘，混淆敌友，从而破坏人的事业。”猜疑是人际关系和谐的蛀虫。事实表明，当一个人猜疑心理过重并形成稳定的心理定势时，就会导致人际关系的紧张，影响同学和朋友间的友谊，甚至还会造成人际关系严重冲突，因此，猜疑心理对正常的人际交往和团结有着极大的危害。

【专栏 7-2】

都是“猜疑”惹的祸

三国时期的曹操生性多疑，在刺杀董卓失败后，逃至与其父结义的吕伯奢家中。当晚，吕伯奢出门买酒准备款待曹操。曹操听到后院有磨刀霍霍的声音，便起疑心，与随行人讲：“吕伯奢非吾至亲，此去可疑，当窃听之”。接着更令他犯疑的是家人的对话：“缚而杀之，何如？”

此时，曹操便冲进去不容分说举刀砍杀，不分男女老幼杀了八口人。惊魂未定的曹操还没来得及喘口气，却转身看到厨房中捆绑着一头正待宰杀的猪，他恍然大悟，原来人家是想宰猪款待他们。之后曹操仓促逃走，不料路上又遇见买酒回来的吕伯奢。吕伯奢疑惑地问：“家中宰杀了猪，我这里又打了好酒，你干吗这么急着离开呢？”曹操又顾忌起吕伯奢知道真相后，告官报复他，又是一刀结果了吕伯奢的性命。末了还恶狠狠加上一句：“宁教我负天下人，休教天下人负我！”

启示：猜疑历来是害人害己的祸根，是卑鄙灵魂的伙伴。一旦陷入猜疑的陷阱，必然处处捕风捉影、神经过敏，丧失对他人的基本信任，对自己也同样心生疑惑，有损人际关系，更影响身心健康。

（一）猜疑心理产生的原因

1．作茧自缚的封闭思维 猜疑者一般总是从某一假想目标开始，最后又回到假想目标，就像作茧自缚一般，走不出自己给自己所画的圆。“疑人偷斧”的寓言就是最典型的例子了：一个人丢失了斧头，他怀疑是邻居的儿子所偷，从这个假想目标出发，观察邻居儿子的言谈举止、神色仪态，无一不是偷斧的样子，思索的结果进一步巩固和强化了原先的假想目标，于是便断定贼非邻子莫属了。现实生活中猜疑心理的产生和发展，几乎都同这种封闭性思路主宰了正常思维密切相关。

2．缺乏信任 俗话说：“长相知，不相疑。”反之，不相知，必定长相疑。看见某些人在背后议论，就猜想是说自己的坏话；恋人因故不能赴约，就怀疑对方可能“变心”。这些都是对他人缺乏信任的缘故，正因为信任不足，“他信”缺乏，才会在心理上对他人产生不放心感，才会把他人的行为总是往坏的方面想。实际上，“他信”的缺乏往往又同“自信”的不足相联系，疑神疑鬼的人，看似猜疑别人，实则是对自己的怀疑，至少是信心不足。反之，自信心越足，越容易信任别人，不易产生猜疑心理，因此，缺乏“自信”和“他信”是猜疑心理产生的重要原因。

3．对交往挫折的自我防卫 有些人在以往的人际交往中由于轻信别人上当受骗，甚至遭人造谣生事、恶语中伤，蒙受过巨大的精神损失和情感挫折，结果便万念俱灰，不再相信任何人，由此便产生强烈的猜疑心理。

（二）猜疑心理的调适

1．优化心理品质，培养自信心 大学生要加强个人道德情操和心理品质的修养，提高精神境界，开阔胸怀。同时，应当看到自己的长处，培养自信心，相信自己能够与他人建立良好的人际关系。当大学生充满信心地进行学习和生活时，便不会随便怀疑别人是否会挑剔、为难自己，从而提高对他人的信任度、排除不良心理的干扰。

2．宽以待人，严以律己 宽人律己是建立良好人际关系的前提条件。猜疑心重的人大多对自己的要求不严，而对别人的要求较高，甚至有些过分。对别人的过高要求，自然会妨碍对对方的信任，反之，如果对别人的要求不那么高，便不会把别人的言行变化看得那么严重，许多无端的猜疑就从根本上失去了产生的条件。另外，如果对自己要求严格，就不会把“自我”看大，去无端猜疑别人是否做了不利于自己的事情。

3．及时沟通，解除疑惑 人与人在交往过程中如果沟通不畅就容易产生误会，而误会得不到及时解除，就会发展为猜疑；猜疑不能及时解除，就可能导致人际关系的恶化。因此，如果可能的话，最好同你“怀疑”的对象推心置腹地及时沟通交谈，以便弄清真相。若是误会，可以及时消除；若是看法不同，通过谈心，达成一致或求同存异；若真的证实了猜疑并非无端，则心平气和地讨论，也有可能使事情解决在冲突之前。

第三节 大学生良好人际关系的形成

英国哲学家培根曾说过：“得不到友谊的人将是终身的孤独者，没有友情的社会则只是一片繁华的沙漠……”人际交往是一种能力，也是一门艺术，大学生要形成良好的人际关系需要掌握一定的人际交往原则和技巧，从而提升自己的人际交往能力。

一、建立良好人际关系的原则

（一）平等尊重的原则

现实社会中，人与人之间只有社会分工和职责范围的差别，而没有高低贵贱之分，不论性别、职位高低、能力大少，还是经济状况的不同，人人享有平等的政治、法律、权利和人格尊严。因此，人与人之间的交往要平等相待、一视同仁，平等是人际关系特别是大学生良好人际关系构建的前提和基础。

美国人本主义心理学家马斯洛曾指出：每个人都有尊重的需要，包括自尊和尊重他人两个方面。自尊就是在各种场合要自尊自爱，维护自己的人格；尊重他人意味着尊重他人的人格、生活习惯、文化和价值观，不伤害他人的自尊。尊重能够引发人的信任、坦诚等情感，缩短交往的心理距离。在人际交往中，只有尊重他人，才能得到他人的尊重；尊重自己的同时也体现了对他人的尊重，这两者是相辅相成的，相互尊重是大学生人际关系建立的感情基础和心理需要。

在人际关系中，交往是平等的，尊重是相互的。古人云："爱人者人恒爱之，敬人者人恒敬之。"因此，大学生在交往中必须以平等的姿态，给他人以尊重，才可能形成人与人之间的良好人际关系。

在人际交往实践中需要注意的平等尊重原则有：一方面，人际交往中要给他人留足面子，特别是在公共场合，一定不要做有损对方颜面的事。俗话说"打人不打脸，揭人不揭短"。如果一个人习惯于通过挑别人的毛病和漏洞来显示自己的聪明，那将是最愚蠢的，必将为此付出高昂的代价；另一方面，人际交往中要容人拥有"自留地"和私人空间，不能放纵自己强烈的控制欲而剥夺他人的自由空间；最后，要注意求同存异，允许不同意见的存在。同学之间常常争论，若是为了探讨问题，那是有益的，但试图通过争论来改变对方，则会适得其反。每个人都或多或少把自己的观点看作是自我的一部分，当你反驳他的观点时，便或轻或重地伤害了他人的自尊，这就是为什么有许多争论到最后会演变为人身攻击。所以，不要总是听到不同意见就与他人争论，应该允许不同意见和观点的存在，不要试图通过争论使人发生改变。

（二）真诚热情的原则

美国心理学家安德森 1968 年所做的一项调查显示，人际交往中，受喜爱程度最高个性品质依次为：真诚、诚实、理解、忠诚、真实、可信，这些品质都直接或间接地与真诚有关。因此，建立同学间良好的人际关系，真诚是必不可少的。"人之相知，贵相知心"，真诚是做人的高贵品质，也是交友成功的基本前提，真诚的心能使交往双方心心相印，彼此肝胆相照，是交往中至关重要的原则。真诚要求在与人交往时要表里如一、言行一致，这样才能给对方一种安全感。现实中，大学生应该要做到尊重朋友、坦诚相见，还要言而有信，从而表达自己的真诚之心。

在人际交往中，热情能给人以温暖，促进相互理解，融化冷漠的心灵。热情是一种积极的情感形态，是对于事物有着积极主动、健康向上的追求。热情的人，在人际交往中，往往不吝啬于称赞、夸奖别人，总是豁达开朗、真实自然。卡耐基曾在《积极的人生》一书中说："一个人成功的因素很多，而居于这些因素之首的就是热情。没有它，不论你有什么能力，都发挥不出来"。因此，待人真诚、热情是沟通情感、促进人际交往的重要心理品质。大学生正处于追求人生与事业发展的关键时刻，学会用一种热情的方式投入到学习、工作、人际交往及生活中去，必将迎来"投之以桃，报之以李"的回报。

（三）理解宽容的原则

每个人都希望他人能认可、喜欢和支持自己，但是由于各自的成长环境、价值观念、个性特征以及认知的差异，人与人经常会出现看法、行为方式的不一致，或因误会、不理解而产生矛盾，这都是在所难免的。大学生要想构建良好的人际关系，必须学会宽容理解他人，做到心胸宽广、容他人一时的过失和不足，不过分计较个人得失，能听取不同意见，主动与人交往。

理解宽容要做到"有容乃大"，能够求同存异，既能容人之长，又能容人之短，还能容人之过。学会换位思考是理解宽容的一种有效方法，遇到分歧和矛盾时，设身处地地站在对方的立场和角度去理解他人的情感、需求和想法，用宽容和大度来消除误会和怨恨，而非“以牙还牙，以眼还眼”。当然，我们提倡的理解宽容并不是要丧失了自己的原则，随波逐流，没有了主见，而应目标明确、原则性强，善于把原则性和灵活性有机地结合起来。

（四）互惠共进的原则

中国自古就有“礼尚往来，来而不往非礼也，往而不来亦非礼”“受人滴水之恩，当以涌泉相报”的说法，同样，在人际交往过程中也需要遵循互惠共进的原则，主要是指自觉自愿地相互付出、相互支持、互惠互助，满足共同的心理需要，实现共同的进步。

心理学家霍曼斯曾指出，人际交往是一个社会交换的过程，是一种准经济交易，个体期待人际交往对自己是有价值的，是一个正的净收益。只有交往的双方都能从中受益，双方等值、公平的关系才是比较稳定、持久和愉快的关系，而不能只想着索取，不愿意奉献。大学生在交往的过程中要做到相互关心、相互爱护、相互帮助，具备“我好，你也好”的双赢心态，这样的交往才能长久，才能交到知心朋友。

（五）诚实守信的原则

“人而无信，不知其可也；无信不交，无信不立”，诚实守信乃是做人之本、做事之本，也是人际交往的重要原则。诚实就是忠诚老实、言行一致、表里如一、实事求是；守信是指恪守信约，履行诺言，说到做到，言而有信。诚实与守信相辅相成，诚实是守信的基础，而守信则是诚实的外在表现，只有内心诚实的人，做人做事才会守信用。“言必信，行必果”“一言既出，驷马难追”“一诺千金”这些流传了千百年的古话都形象地表达了中华民族诚实守信的优良品质。现代社会是一个讲诚信的社会，我们的人际交往同样需要遵循诚信的原则。

当然，诚实守信并不意味着放弃自己的隐私，同时还要尊重他人的隐私。每个人都有维护自己隐私的权利和尊重他人隐私的义务，张扬他人的隐私不是诚实，而是不尊重、侵权的行为。但是在某些情况下，出于善意的目的需要对真实加以掩饰，能够让别人快乐、不受伤害的“善意谎言”也是必要的。

【专栏 7-3】

人际哲学：四句话的一生

一位青年拜访年长的智者。

青年问：我怎样才能成为一个自己愉快、也能使别人快乐的人呢？

智者说：“我送你四句话，第一句是：把自己当成别人。当你感到痛苦、忧伤时或者欣喜若狂时可以保持心态平和；第二句话是：把别人当做自己。能让我们学会怜悯，真正同情别人的不幸，理解别人的需要，在别人需要帮助的时候给予恰当的帮助；第三句话：把别人当成别人。能让我们懂得尊重，在任何情形下尊重每个人的独特性，不侵犯他人的核心领地；第四句话是：把自己当做自己。让我们懂得自爱。”

青年问道：“这四句话有诸多矛盾之处，如何将其统一起来？”

智者说：“很简单，用一生的时间，用心去体会。”

启示：在生活中把自己当成别人，置身事外，我们就不会那么情绪化了；经常换位思考，将心比心，就能真正地理解他人；每个人都是一个独立的个体，有自己独特的个性，我们应该尊重别人，不能以自己的意愿去要求和约束别人；同时，还要相信自己，珍惜自己，喜欢自己，只有自己才是你最有力的依靠。

二、建立良好人际关系的艺术

（一）建立良好的第一印象

人际交往中所形成的第一印象会在他人头脑中形成并占据主导地位。如果在初次见面时给人留下良好的印象，这种印象会在很长一段时间内使得人们对他以后的一系列心理与行为特征向着好的方面进行解释；反之，如果给人留下了不良印象，人们更倾向于从消极方面去理解。因此，初次见面时一定要展示给人一种良好的形象，为以后的交往打下基础。一般而言，在首次交往中最容易引起他人注意的是个人的精神风貌、言谈举止、衣着服饰等，因此，在人际交往中，针对不同的场合、不同的人，应尽量使自己的仪表符合自己的角色身份，给人留下良好的第一印象。

（二）真诚赞美，悦纳他人

不吝啬自己肯定和赞扬的话语，学会真诚地赞美别人。美国心理学家威廉•杰尔士曾说过："人性最深切的需求就是渴望他人的欣赏。"拿破仑也曾说："赞美具有一种不可思议的推动力，对他人的真诚赞美，就像荒漠中的甘泉让人心灵滋润。"任何人的内心深处都渴望被人赞美，而人与人之间的相处，如果懂得适当而真诚地赞美别人，会赢得对方的好感，增进人际交往。

赞美、赏识需要在人际交往中多看他人身上的优点和长处，并且及时、大胆地给予赞美和认可。如：你今天气色真好，这件衣服真适合你……每个人都希望得到他人的赞美和赏识，所以不要吝啬自己的赞美之词，因为赞扬能让人身心愉悦，还能激发自豪感、增强自信，有助于更好地了解自己的优点和长处，认识自身的价值。但赞美要是真诚的、有感而发和恰如其分的，切忌夸大其词、不着边际和虚伪做作，否则将适得其反。

（三）言语沟通的艺术

1．学会交谈　俗话说"一样话，十样说"，一句话能成事儿，一句话也能坏事儿，可见交谈中同样的话可能会由于语气、语调、情境的不同而产生不同的效果，因此，在人际交往中要善用语言，讲究交谈的艺术。

交谈中首先要端正交谈的态度，无论面对什么样的交谈对象，都应该以平等的态度，坦率而诚恳，端庄而不矜持，谦逊而不矫饰；此外还要讲究语言的艺术，能够运用清晰准确、生动、富有感染力的语言表达想法，切忌平淡、含糊；注意交谈中的语气和行为动作；交谈中要注意避免经常打断对方的谈话和滔滔不绝、忽视他人反应的行为；还要避免交谈中的"对人不对事"的争论，以免影响同学之间的感情，破坏人际关系，因此，交谈中要注意"求同存异、异中求融"，讲究交谈的艺术，做到"急事，慢慢地说；大事，清楚地说；小事，幽默地说；没把握的事，谨慎地说；没发生的事，不要胡说；做不到的事，别乱说；伤害人的事，不能说；讨厌的事，对事不对人说；开心的事，看场合说；伤心的事，不要见人就说；别人的事，小心地说；自己的事，听听自己的心怎么说；现在的事，做了再说；未来的事，未来再说"。

2．善于倾听　"上天赐予人以两耳两目，但只有一口，欲使其多闻、多见、少言"，了解他人最好的方式就是倾听，善不善于倾听不仅体现着一个人的道德修养水平，而且关系到能否与他人建立一种和谐的人际关系。

倾听是对他人的尊重，是理解与宽容，是一种修养和美德，更是一种艺术。与人交谈时要专注、积极地倾听他人的谈话，经常进行目光交流，并及时给予适当的反馈，用微笑来表示你很愿意倾听对方的谈话，或者鼓励对方表达自己的观点。倾听还意味着不随意打断别人的谈话，在别人漫无目的地谈话时，礼貌地转换话题或结束话题，交谈中若有疑问，在表达自己的不同看法时，首先要认可当事人的想法，再礼貌地提出自己的看法，从而既表明了自己的观点又避免了冲突，不伤及彼此的感情。

3．适时幽默 美国一位心理学家曾说过："幽默是一种最有趣、最有感染力、最具有普遍意义的传递艺术。"幽默是一种有价值的思维品质，它表现为机智地处理复杂问题的应变能力。幽默来源于对世间事物的洞察，微笑地面对人生中的矛盾或冲突。幽默的语言能够化干戈为玉帛，消除人们的忧郁，营造轻松、融洽的社交氛围，增添人们的欢乐，利于交流。幽默在人际交往中具有不可低估的作用，人与人之间有时会产生一些误会和冲突，这时就需要幽默感来化解。据记载，苏格拉底的妻子是一位性情非常急躁的人，经常当众给这位著名的哲学家以难堪。有一次，苏格拉底在同几位学生讨论某个学术问题时，他的妻子不知何故，忽然叫骂起来，震撼了整个课堂。续而，他的妻子又提起一桶凉水冲着苏格拉底泼了出去，致使苏格拉底全身湿透。当学生们感到十分尴尬而又不知所措的时候，只见苏格拉底诙谐地笑了起来，并且幽默地说："我早知道打雷之后一定要跟着下雨的"。这一忍让的幽默虽话语不多，仅仅是一句话而已，却使妻子的怒气出现了"阴转多云"到"多云转晴"的良性变化。大家听了都欣然大笑起来，更敬佩苏格拉底的文化素质、艺术修养和坦荡胸怀。

4．记住他人的名字 在人际交往过程中，大家都遇到过这样一个问题，当一个面熟的人和你打招呼，你却记不起他的名字，这样会让你感到很尴尬，不利于沟通。换位思考一下，当别人记不起你的名字时，你是不是也会感到有些失落？我们应该注意一个名字里所能包含的奇迹，并且要了解名字是完全属于与我们交往的这个人，无人能够取代。记住对方的名字，并把它叫出来，等于给对方一个很巧妙的赞美。因为一个人的名字，对他而言，是任何语言中最甜蜜、最重要的声音，因此，戴尔·卡耐基曾说过："一种既简单又最重要的获取好感的方法，就是牢记别人的姓名。"

（四）非言语沟通的艺术

1．善用肢体语言 美国心理学家艾伯特·梅拉比安曾经提出过一个非常著名的公式：人类全部的信息表达 =7% 语言 +38% 声音 +55% 肢体语言。也就是说，在面对面的交流中，55% 的信息内容是由非语言线索提供的，比如人的面部表情、姿势、手势、体态、眼神等。由此可见肢体语言在人际沟通中重要的作用，因此，在人际交往中大家不仅要注意自己的肢体语言所传递的信息，还要善于"察言观色"。

作为面部表情的重要代表——微笑，是人与人之间最直接的表达，也是传达感情最直接的方式。微笑，一个简单的动作，却能给人前进的力量、生活的信心和奋发的勇气，因此，微笑的力量是巨大的。大家在人际交往过程中应该多送一份微笑给他人。正如一首西班牙民歌《微笑》里所唱的：" 一个微笑，花费很少，价值却很高；给的人幸福，收的人回报。一个微笑，仅有几秒，就转瞬即逝；留下的回忆，终生美好。没有人富，富到对它不需要；也没有人穷，穷到给不出一个微笑……" 当然，我们所说的微笑是指真诚的、发自内心的微笑。

2．优化个人形象 要优化个人形象，首先，言行举止要讲文明礼貌，说话要注重语言文明，不能说脏话，在人际交往中根据谈话的内容和场合，正确运用非语言沟通的艺术，巧妙地表达自己的思想，有时能起到"此时无声胜有声"的效果；其次，大学生应恰当地修饰自己的容貌和穿着，注意在不同场合下选择样式和色彩符合自己的服装，在自我个性以及端庄正统之间寻求一个合适的平衡。

3．把握好人际距离 我们常用"亲密无间"来形容两个要好的朋友，现实中却经常出现因为走得太近而矛盾不断，最后分道扬镳的例子。实际上，人与人在交往过程中是需要保持一定的空间距离的，因为每个人都需要有一个能够把握的自我空间，当这个私人空间被他人触犯时，人们都会觉得不舒服、不安全。这也就是我们常说的"刺猬法则"：生物学家为了研究刺猬在寒冷冬天的生活习性，把十几只刺猬放到户外的空地上。这些刺猬被冻得浑身发抖，为了取暖，它们只好紧紧地靠在一起，而相互靠拢后，又因为忍受不了彼此身上的长刺，很快就又各自分开了。可天气实在太冷，它们又靠在一起取暖。然而，靠在一起时的刺痛使它们不得不再度分开。挨得太近，身上会被刺痛；离得太远，又冻得难受。就这样反反复复，最后，刺猬们终于找到了一个适中的距离，既不太远，也不太近。

美国人类学家爱德华·霍尔（E. Hall）博士曾将人与人之间的空间距离分为四类：①公众距离（public distance）：3.7 ～ 7.6 米，一般适用于演讲者与听众；②社交距离（social distance）：1.2 ～ 3.7 米，体现出一种礼节性的较正式关系；③个人距离（personal distance）：0.45 ～ 1.2 米，这是人际间隔上稍有分寸感的距离；④亲密距离（intimate distance）：0.45 米到零距离，这是人际交往的最小间隔，通常是亲人、很熟的朋友、情侣或夫妻。亲密距离属于很敏感的领域，人际交往时要特别注意，否则可能会适得其反。

【心理自我训练】

如何提升自信心

（1）积极自我暗示："我行，我能行"。

自卑的学生总认为自己这不行、那也不行，越认为自己不行就越没信心，越没信心就越觉得做什么都没意思，甚至破罐子破摔。

所以，为了克服自卑心理、树立自信心，要不时地进行积极的自我暗示，在心中默念"我行，我能行"。默念时要果断，要重复几次，特别是在早晨起床后和晚上临睡前，这样就会通过自我的积极暗示，逐渐树立信心，逐渐积累心理力量。

【自我心理训练语】

相信自己行，才会我能行；
别人说我行，努力才能行；
今天若不行，明天争取行；
不但自己行，帮助他人行；
相互支持行，合作大家行。

（2）多想开心的事：开心的事就是你做得好，做得成功的事，信心和力量都是它的产物。要多想你最得意、最成功的事，而不要总想着做不好的事情。

（3）面带微笑：人的面部表情与人的内心体验是一致的。笑是快乐的表现。笑能使人产生信心和力量；笑能使人心情舒畅，精神振奋；笑能使人忘记忧愁，摆脱烦恼。学会笑，学会微笑，学会在受挫折时笑得出来，就会提高自信心。当你逐渐养成了经常微笑的习惯，你就会觉得内心充满了信心和力量。

（4）挺胸抬头：遇到挫折而气馁的人，常常垂头是失败的表现，是没有力量的表现，是丧失信心的表现。成功的人，总是昂首挺胸、意气风发。

【自我心理训练语】

人的外貌表现心灵，
我有积极的心态，
因此，要昂首挺胸，敏捷而行。

（5）主动与人交往：见面主动与人打招呼，主动问候别人，按照常规，别人也会回敬地问候你。

（6）欣赏振奋人心的音乐：当听到雄壮激昂的乐曲时，往往因受到激励而热情奔放，斗志昂扬；当听到低沉悲壮的哀乐时，往往有悲痛、怀念之情涌上心头。因此，经常听一听欢乐的音乐，对调整情绪大有好处。

（7）在优势领域继续努力：坚持不懈地在自己已经有所成就，或者显示出较大优势的领域内努力工作，是不断提高自信、走向成功的秘诀之一。

【自我心理训练语】

我已有不少成就，
这就是我的新起点，
只要我努力，
更大的成就，
就在明天！

（8）自主地选择适合自己发展的环境：有的环境能为你提供展示优点的机会，并具有协助你发展的条件，拥有一些与你目标一致，并对你关心、理解、支持的人；但有的环境不但不具备以上因素，反而会压抑你、妨碍你、挫伤你，成为你必须与之抗衡的对象。

（9）主动尝试：对自己从前没有接触过的、能提高自己能力的领域，有着一份好奇心和求知欲。不计较眼前的得失，也不提出过分的要求，鼓励自己大胆尝试，尽力去看、去想、去做。

（10）充实闲暇时光：不但要做好被要求做到的事情，也要在闲暇时间“没事找事”，主动去接近周围的人和事物，寻找各种机会丰富自己。不仅仅看到现在，也积极关注未来，并且把关注转化为行动，让自己的闲暇时间充实一点，尽可能地去做各种有助于自己发展的事情，保证供给自己信心的资源永不枯竭。

【案例分析】

拒绝交往让他尝尽了苦头

王某是一位性格内敛的独生女，从小家庭条件优越，在家有属于自己的房间，从来没有住过集体宿舍。进入异地的大学后与另外5名舍友同住，因为成长环境、个性和生活作息的差异，她总是看不惯舍友的“邋遢”，不喜欢她们的作息制度，更不喜欢这些人高谈阔论的宿舍“卧谈会”，总而言之，她看自己的舍友都不顺眼。由于性格内向，本来就不擅长与人沟通，再加之眼光较高，瞧不上同宿舍舍友，于是她就经常独来独往，与同学的沟通、交往较少，时间一长，发现寝室同学说说笑笑、结伴而行，似乎故意疏远她。回到寝室看到舍友在窃窃私语，便总感觉同学都是在议论自己，对自己品头论足，说自己坏话，一副嘲笑、鄙视的样子。王某于是感到失落，孤独感油然而生，曾想过跟同学换寝室，但未得到批准。为了避免看到别人议论自己而生气，她就很少在寝室待着，只有晚上睡觉时才回去，情绪不好，晚上失眠，食欲下降，精神状态越来越差，身体消瘦。她最近感觉课堂听课效率也越来越差，最后病倒住院。住院期间，寝室同学轮流守护、照顾。看到那些平时让自己反感透顶的同学都忙着照顾自己，送水喂饭，她深受感动，将自己的内心苦闷与孤独都告诉了舍友，才知道原来一切都是自己“想象”出来的，同学们只是觉得她不愿与她们交往，并不知道由此引发了她内心如此大的情绪波动。

人际交往过程中，只有敞开心扉，放下自己的孤芳自赏，主动和同学们融为一体，生活才会多姿多彩；关闭“心门”，封闭自我，人与人之间的心理距离只能越拉越大，人际关系也会越来越僵，其结果就是对自己的生活、学习、人际关系和身心健康成长产生负面影响。

（崔玉玲）

第八章　互联网利用与心理健康

【哲人的忠告】

自我控制是最强者的本能。

——（萧伯纳）

根据中国互联网络信息中心（China Internet Network Information Center，CNNIC）2013年7月17日在京发布的第32次《中国互联网络发展状况统计报告》显示：截至2013年6月底，我国网民规模达到5.91亿，互联网普及率为44.1%。总结过去五年我国网民增长情况，高中和大学及以上学历人群中互联网普及率已达到较高水平，而且学生一直是网民中规模最大的群体，占26.8%。从以上数据可以看出，大学生作为新知识、新科技的学习者，已经融入了滚滚的网络浪潮，成为网络信息社会的弄潮儿。网络以它特有的优势和发展速度正在改变着大学生的生活、学习和思维方式，渗透到了大学日常生活的每一个角落。

第一节　互联网与大学生

一、互联网的发展与特点

（一）互联网的发展

1997年11月，中国互联网络信息中心发布第1次《中国互联网络发展状况统计报告》，截至1997年10月31日，我国上网用户数为62万人，其中大学生用户数约为3.5万人。

2005年7月，中国互联网络信息中心发布第16次《中国互联网络发展状况统计报告》，截至2004年6月30日，我国网民首次突破1亿人，其中大学生网民超过1600万人。

2013年7月17日，中国互联网络信息中心发布第32次《中国互联网络发展状况统计报告》，截至2013年6月底，我国网民规模达到5.91亿，大学生成为规模最大的群体。

（二）互联网的特点

1．快捷性和高效性　互联网24小时全天候“营业”，没有时间限制。不论何时，只要你愿意就可以在网上遨游。不仅如此，你不用走出家门一步，就可以查阅海量的信息，尽知天下事。在网上发表的信息、图像、声音可以立即传到世界各地，几乎是零等待。

2．虚拟性和隐蔽性　美国画家斯坦纳曾经画了一幅画：有两条狗在网络中游走，一只狗得意地对另一只狗说：“在网络中，没人知道你是一条狗。”因为网络的虚拟性，人们可以隐去真实的面貌、年龄、性别、身份、地位等现实特征，也可以忽略现实生活中不尽如人意之处。一个老年男子可以变身成一个青壮年和你交往，一个长相丑陋的人也可以变身成美少女。这种特性既保护了人们的隐私，也带来了一定的安全隐患。

3．开放性和平等性　互联网能跨越地域、时间、文化、政治的限制，使人们能够相互自由交流。任何人都可以自由选择登录的网站、选择交友的对象，享受你的话语权、发表你的观点，还可以随时选择离开。它弱化了因为经济地位的不平等而带来的资源共享不公平的现实。

二、大学生使用网络的心理动因

（一）积极的心理需求

1．强烈的求知欲与好奇求新心理 大学生有强烈的好奇心与求知欲，追求自我实现的人生，对未来有着乐观而美好的期待与向往。大学生在网络环境中，可获得大量对学习、生活有帮助的信息，特别是在大学校园网中，建立了许多教育服务网站，更有着各种各样对大学生教育成长有益的相关信息。网络的这些优势极大地吸引了大学生的好奇心，激发了他们学习和掌握网络知识和应用技能的欲望。

2．自由平等的参与意识与自我实现欲望 网络自由平等的氛围最适合当代社会中对自由和平等呼声最高的大学生群体。在网络的虚拟空间里，种种现实社会的限制都不复存在。在网络的虚拟环境中，大学生可以毫无顾忌地扮演自己喜欢的角色，自由表达和展现自己的思想和情感，张扬现实生活中隐蔽的个性，有利于主体性、创造性的发展。通过从虚拟世界中社会角色的认知体验，反思自我现实中社会角色的职责及义务，进而提高自信心，加强社会责任感，提高心理健康水平。

3．追求开放性和多元性 网络允许各种文化、思想、观念的并存，可以百家争鸣，也为大学生追求开放性和多元性提供了平台。在网络时代，文化的多元性得以充分张扬。

（二）消极的心理需求

1．追求感官刺激的猎奇心理 网络虽然是信息宝库，但是其中鱼龙混杂，不免充斥着一些暴力、黄色信息等信息垃圾。许多大学生上网的目的是猎奇，追求在现实生活中难以了解、通过正当渠道难以获得的事物或信息，并借以获得感官刺激。在这种动机的驱动下，他们往往会出于好奇或冲动的心理去寻找一些暴力或色情信息。

2．逃避现实和自卑心理 在大学生活中，难免会遇到各种各样的学习、感情或人际交往上的挫折和危机。一些大学生心理发展尚不成熟，由于现实人际关系不良或性格孤僻，他们害怕在现实中与他人共处和交流，遇到现实挫折时，往往更愿意到虚幻的网络空间去倾诉自己的苦恼、寻求支持和帮助。互联网成为这部分大学生逃避现实、寻求自我解脱的途径。他们借助网络宣泄情感，因此，很容易沉溺于网络虚拟的世界不能自拔。

3．虚拟的自我实现心理 虚拟的网络可以成为大学生自我实现的一个理想王国。他们在网络上享受到平等、自由、成功的感觉，学习与就业的压力、家长的期望造成的心理压抑与孤独，在网络上都能一扫而光。然而，虚拟的自我实现心理还会导致一些不道德的行为甚至犯罪行为。如为了显示自己的能力，制造网络病毒、盗用他人电脑信息进行诈骗等。

三、互联网对大学生的影响

网络能够提高大学生的学习效率和生活质量、促进人际沟通并提供娱乐休闲、压力释放的渠道，然而因为沉迷于网络的虚幻世界而荒废了学业、影响了人际关系、损害了身体、甚至引发犯罪等报道屡见不鲜。网络到底是天使还是魔鬼，是天堂还是地狱？

（一）积极影响

1．扩大了人际交往圈子，有助于建立良好的人际关系 人际关系与个体心理健康有着密切关系，有助于维护个体的心理健康。网络交往通过全方位、多层次的信息传输为大学生提供了更方便且范围更大的社会交往机会，使大学生的社会性得到空前的延伸和发展，有利于良好人际关系的建立和发展。网络的开放性、大众化、虚拟性、直接性等多种特点使得网络人际交往比较容易突破传统交往方式中存在的年龄、性别、地位、身份、外貌等人际交往影响因素的限制，为人际交往提供便利。通过网络，人们可以直接地交往，而免去了彼此的客套、试探、戒备和情感道义责任。同时，由于网络交往所具有的间接性和虚拟性特点，为性格内向、羞于言谈、社会交往能力较弱的大学生进行人际交往打开了方便之门。

2．增强了主体意识，有利于增强大学生自信心，促进其个性、能力的发展　网络中各电子网站、校园网的个人主页及个人网站等为大学生提供了一个展示自我、发扬个性的角色实践的"虚拟环境"。在这样的环境中，人的主体性、创造性得到充分张扬，个体可以毫无顾忌地扮演自己喜欢的角色，自由地表达和展现自己的思想和情感，张扬其现实生活中隐蔽的个性。通过从虚拟世界中社会角色的认知体验引起对现实世界中社会角色职责及义务的思考，体验内心的冲突，深入对社会和他人的认识，通过自我控制和自我教育，来认识自我的社会角色，提高自信心，从而加强对社会的责任感，使心理健康水平不断得到提升。

3．网络提供了丰富的信息环境，有助于激发大学生的创造性思维　由于网络的内容丰富、信息量大、影响面广、功能齐全、传递方便快捷、意识观念开放、气氛轻松自由等特点，极大地满足了大学生对新生事物的好奇心，使其认识、了解了更多更广阔的新事物、新知识，开阔其认知视野，激发了想象力、求知欲，为他们提供了一个打破传统线性思维束缚的环境，有助于大学生创造性思维的有效培养。

4．网络提供了心理宣泄和寻求专业心理援助的可能，有助于保持个体的心理健康　社会的发展要求大学生具备完善的综合素质，而学业、就业等诸多的压力使得大学生容易产生紧张、恐惧、焦虑、抑郁等负面情绪，使心理健康受到影响。大学生需要通过适度的情绪表达和宣泄来维护自身的心理健康。网络交往的虚拟性、安全性和广泛性恰恰迎合了大学生渴望交往而内心闭锁、渴望获得真情而又怀疑真情的矛盾心理。大学生们可以通过聊天倾诉等方式尽情地宣泄内心压抑的不良情绪，缓解心理压力。这些虚拟的网上交流给大学生提供了一个情感表达和不良情绪宣泄的新途径，在一定程度上起到了很好的心理疏导作用。同时，许多面临心理困惑和发展问题的大学生们更愿意通过互联网上一些专业的心理网站，及时地了解心理健康知识、寻求专业的心理援助和互助。由于这些心理学的专题网站或主页既方便快捷又具有较好的保密性，更容易受到大学生的广泛青睐，确实在一定程度上对大学生保持心理健康起到了积极的促进作用。

（二）消极影响

1．人际交往萎缩，交往能力下降　大学阶段是大学生人际交往能力和人际关系形成的重要时期，由于网络交往和现实交往大不相同，人与人之间面对面交往的机会大为减少，取而代之的是人与电脑的频繁接触，这种虚拟的网络交往有时难以形成真实可信和安全可靠的人际关系。迷恋上网使大学生参加集体活动、社会实践等社交的机会大为减少。热衷于虚拟交往使得部分学生疏远了现实中的人际交往，对现实生活中的人际沟通缺乏耐心，造成了他们的现实人际关系障碍和角色的错位，人际情感的逐渐萎缩和淡化，趋向于社会分隔化和个人孤立化，其孤独感会越来越强，交往能力也随之下降，继而产生对现实人际交往的逃避和恐惧，严重影响了他们的学业和生活，并诱发心理疾病的产生。

2．易产生不良的情绪体验，情感趋于冷漠　大学生的情感体验极为丰富、强烈、敏感，也极为复杂，表现得很不稳定。如果长时间地上网，沉迷于虚拟世界中，就可能极大地妨碍大学生通过亲身的社会实践生活来形成稳定良好的社会情绪体验。随着上网人群的不断扩大，网恋也逐渐成为大学生上网的一个重要内容，网恋导致情感创伤的情况也呈上升趋势。这些情况都容易使大学生们趋向于孤立、自私、冷漠和非社会化，产生焦虑、紧张、抑郁等不良的情绪体验。

3．沉溺网络，导致自我的分裂　随着互联网的广泛使用，大学生对网络的依赖也越来越强。当大学生从虚拟世界获得比现实世界更多的快乐体验时，就可能将更多的时间和精力注入网络交往。每当现实生活受到挫折、困难时，总想在网络中得到回避或安慰。网络掩盖了真实生活，扩大了“现实生活”与“虚拟社会”间的差距，他们渴望在网络上追求虚拟的完美人生，而消极地对待或逃避现实世界，其自我系统中的“真实的我”“现实的我”“网络的我”产生冲突，往往会在网上、网下判若两人，严重的可导致二重或多重性人格问题，分裂自我结构。

4．网络色情的泛滥，易使大学生性心理畸形发展　我国目前性健康教育滞后于现实需要，来自于老师和家长的性知识微乎其微，大学生的性知识主要来源于互联网，而网络中的一些性知识往往科学性较差，有失偏颇，无法保证性教育的科学性。由于网络传播信息方式的全球性、超地域性，网络信息存在着大量色情、暴力信息。电脑网络的双向性又使这些色情内容更易传播，且手法更为隐蔽快速。大学生正处在青年期，性意识高涨，对色情内容具有极大的好奇心，且往往自制力较差，相关的性知识匮乏，面对网上不健康的性信息、性观念，很容易引发他们性心理的畸形发展。

四、大学生网络使用情况

1．信息获取　大学生群体渴望获取新知识，而网络拥有丰富的信息资源，其大容量、普及性、开放性的特点，极大满足了追求新鲜事物学生的需要。因此，获取各种信息是大学生上网的主要目的，也是最常用的网络服务功能。

搜索引擎作为互联网的基础应用，是大学生网民获取信息的重要工具，其使用率自2010年后始终保持在80%左右，使用率在所有应用中稳居第二。此外，网络新闻已成为网民获取新闻的主要渠道之一，使用率一直保持在较高水平，其使用率增长主要得益于以下几个因素：首先，在移动互联网时代，利用碎片化时间阅读新闻成为网民的主要活动之一；其次，随着微博、微信等应用的兴起，网民接触新闻的渠道增多，例如，微博对主要新闻事件的快速传播，形成热点话题，并联动主流新闻媒体进行传播，极大地促进了网民对网络新闻的接触度；最后，各类新闻媒体纷纷发力移动互联网，制作了大量用户体验较好的新闻，极大提高了手机网民对网络新闻的阅读频率。

2．网络购物　我国网民数量的爆发式增长，为电子商务提供了不竭动力。截至2013年6月底，我国网络购物的网民规模达到2.71亿人，网络购物使用率提升至45.9%。与2012年12月底相比，2013年上半年网民数量增长了2889万，半年度增长率为11.9%。

大学生因好奇心理以及网络购物的无限制性，越来越青睐于网络购物这种买卖方式。大学生网购的驱动力来源于几个方面：首先，网络购物不仅方便快捷、可选种类丰富新颖，而且价格往往比一般店面商品的价格更具吸引力。大学生往往愿意尝试网络购物，很大程度上取决于网购商品的低廉价格和网购的便利性。其次，网络上丰富的产品信息，几乎涵盖了各个领域，给消费者提供了更多、更全方位的选择余地。在这种环境下，消费者购物的方便性和乐趣得到了极大的满足。对于大学生群体而言，在注意产品的外观、品质的同时，也注重产品的功能效用，再加上大学生希望他们所购买的产品更具特色、也更符合年轻人的新潮和时尚，这个时候的网购方式已经不单单是一种购买行为，而是已经成为一种生活和享受的方式。再次，网络促销的常态化激发了消费者的购买欲望。网购市场的激烈竞争导致电商之间频繁的价格战。店庆促销、节假日促销、特卖会、1元秒杀等营销手段的使用频率越来越高，极大地刺激了消费者的购买欲望。

3．网络恋情　网络支持的即时通信、微博、个人空间以及社交网站等为网民建立了一张张强大的关系网，方便与自己的亲朋好友、同学同事等进行自我展示或者交流沟通等。伴随网络成为新的恋爱载体，网恋不仅成为“e时代”校园的时髦话题，而且直接冲击传统“面对面”的恋爱方式，对大学生的生活方式、恋爱观念、道德伦理产生了深刻影响。大学生正值青春烂漫岁月，情感丰富且变化多端，互联网成为他们课余宣泄情感的良好场所。但互联网的隐蔽性与虚拟性又可能使大学生降低了对自己情感的约束，导致现实情感的迷失。有些大学生把自己的性格、年龄、爱好包装成完美形象之后进入互联网，与异性聊天、谈情说爱，但并不想建立真正的恋爱关系，只是利用互联网来满足自身的情感和心理体验；而有些大学生则把自己的感情完全倾注于互联网，希望能找到心仪的白马王子或白雪公主。

大学生中普遍存在利用互联网与外界交往的现象，而且由于在时间、技术和个体发展中的情感需要等方面的特殊性，较其他社会群体存在更大的“网恋”可能性。大学生网恋的动因有：①青春期的憧憬。由于网恋速成性的特点，使大学生网恋者在这一过程中能轻易地找到理想中的恋爱对象，而不必付出艰苦的努力和奋斗。通过网恋这种新的恋爱方式，大学生极易找到一份浪漫的爱情。正是这种感觉才使得越来越多的大学生抛弃传统的面对面的恋爱方式而选择网恋，使他们沉迷于网恋中不能自拔。②特有的心理特点。大学生好奇心强，喜欢刺激，对新事物、新知识有强烈的求知欲、求成欲。网恋作为一种新的恋爱方式，与传统的面对面的恋爱方式完全不同。正是由于它方便省事，又具有时代性，比较时髦，才促使大学生对网恋充满了好奇。③从众心理。据有关学者调查，92.1% 的网恋大学生表示周围人有过网恋的经历，仅有极少部分人是在周围人没有网恋经历的情况下选择这种恋爱方式的。看到周围同学在网恋，虽然主观上告诫自己不要盲目从众，但是网恋早已存在于自己的潜意识中，这使得大学生不知不觉地陷入网恋。即使是反对网恋的大学生，在否定别人网恋的同时也感到网恋的可能性。这也是大学生网恋人数不断蔓延扩大并不断升温的原因之一。

4．网络游戏　网络游戏类型多样，借助道具对生活、生产和战斗的模仿，在网络世界中虚拟人们的个体或社会活动，实现游戏者之间的互动，对大学生极具诱惑力。

网络游戏行为的心理影响因素包括：①成就体验。由于网络游戏不同于其他的电子游戏，它既没有确定的程序，也不是个人与计算机的对战，而是网络中不同玩家之间的竞争。大学生可以在游戏中取胜或实现现实中所不能的事，不断挑战自我、突破自我，实现所谓虚拟的自我，更大程度地满足自我实现的需要。②缓解压力，寻求刺激。网络游戏具有自由性、虚拟化、娱乐性、互动性的特点，使游戏者可以在其中发泄情感，还可体验到现实中得不到的快感，尤其是网络游戏的发展更加人性化，更加刺激和有趣，使游戏者可以在虚幻世界中体验着冒险和拼搏的乐趣，在一定程度上缓解了大学生的现实焦虑。③逃避现实。当代大学生多是独生子女，由于受到父母过分溺爱、社会过度关注等不利因素的影响，导致生理与心理发育的不平衡。他们的自我意识非常强，渴求获得社会认同，而又有屡次无法得到满足的迷茫和痛苦，于是网络游戏成为他们平衡自我控制的重要选择，因为网络游戏可以使人逃避现实的烦恼与压力，按自己的意愿重新塑造一个虚拟的自我。④交往与归属。部分大学生由于缺乏社交技巧，不能通过日常交往中的接触来发展人际关系，于是期望在网络游戏中发展自己的人际关系，而网络游戏的私密性确实可以提供一个较为广阔的天地。客观地说，通过网络游戏与网友进行观念上的沟通和情感上的交流，获得安慰和支持，可以在一定程度上缓解社交压力，得到网友的认同感。但网络世界的关系本身是虚幻的，个体不可能通过这样的交流学会现实生活中人际交往的技巧，也不可能发展在现实中与他人的关系，这必然又导致其在现实生活中的人际关系遭受挫折，从而更加依赖网络世界的人际交往。

【专栏 8-1】

2012.12—2013.6 中国网民对各类网络应用的使用率（CNNIC）

	2013年6月		2012年12月		
应用	网民规模（万）	使用率	网民规模（万）	使用率	半年增长率
即时通信	49 706	84.2%	46 775	82.9%	6.3%
搜索引擎	47 038	79.6%	45 110	80.0%	4.3%
网络新闻	46 092	78.0%	39 232	73.0%	17.5%
网络音乐	45 614	77.2%	43 586	77.3%	4.7%
博客/个人空间	40 138	68.0%	37 299	66.1%	7.6%
网络视频	38 861	65.8%	37 183	65.9%	4.5%
网络游戏	34 533	58.5%	33 569	59.5%	2.9%
微博	33 077	56.0%	30 861	54.7%	7.2%
社交网站	28 800	48.8%	27 505	48.8%	4.7%
网络购物	27 091	45.9%	24 202	42.9%	11.9%
网络文学	24 837	42.1%	23 344	41.4%	6.4%
电子邮件	24 665	41.8%	25 080	44.5%	–1.7%
网上支付	24 438	41.4%	22 065	39.1%	10.8%
网上银行	24 084	40.8%	22 148	39.3%	8.7%
论坛/BBS	14 098	23.9%	14 925	26.5%	–5.5%
旅行预订	13 256	22.4%	11 167	19.8%	18.7%
团购	10 091	17.1%	8 327	14.8%	21.2%
网络炒股	3 256	5.5%	3 423	6.1%	–4.9%

资料来源：中国互联网络信息中心（CNNIC）第32次《中国互联网络发展状况统计报告》

第二节 网络成瘾及矫正

一、网络成瘾概述

北京军区总医院制订的“网络成瘾临床诊断标准”中是这样定义网络成瘾的：“网络成瘾是指个体反复过度使用网络导致的一种精神行为障碍，表现为对网络的再度使用产生强烈欲望，停止或减少网络使用时出现戒断反应，同时可伴有精神及躯体症状。”

网络成瘾的诊断标准为：

1．症状标准 长期反复使用网络，使用网络的目的不是为了学习和工作或不利于自己的学习和工作，符合如下症状：

（1）对网络的使用有强烈的渴望或冲动感。

（2）减少或停止上网时会出现周身不适、烦躁、易激惹、注意力不集中、睡眠障碍等戒断反应；上述戒断反应可通过使用其他类似的电子媒介（如电视、掌上游戏机等）来缓解。

（3）下述 5 条内至少符合 1 条：

①为达到满足感而不断增加使用网络的时间和投入的程度；

②使用网络的开始、结束及持续时间难以控制，经多次努力后均未成功；

③固执地使用网络而不顾其明显的危害性后果，即使知道网络使用的危害仍难以停止；

④因使用网络而减少或放弃了其他兴趣、娱乐或社交活动；

⑤将使用网络作为一种逃避问题或缓解不良情绪的途径。

2．严重程度标准　日常生活和社会功能受损（如社交、学习或工作能力方面）。

3．病程标准　平均每日连续使用网络时间达到或超过6小时，且符合症状标准已达到或超过3个月。

北方交通大学周倩教授则将网络上瘾定义为：由重复的使用网络所导致的一种慢性或周期性的着迷状态，并带来难以抗拒的再度使用欲望，同时产生想要增加使用时间的张力与忍耐、克制、退缩等现象，对于上网带来的快感一直有生理及心理依赖。

需要强调的是，网络成瘾的重点并不在于花费多少时间在网上，而是个人是否沉迷于网络世界无法自拔，且对现实生活产生不良的影响，其主要特征有：对网络有一种心理上的依赖感，不断增加上网时间；从上网行为中获得愉快和满足，下网后感觉不快；在个人现实生活中花很少的时间参与社会活动及与他人的交往；以上网来逃避现实生活中的烦恼与情绪问题；倾向于否认过度上网给自己的学习、工作、生活造成的损害。

网络成瘾的类型可以分为以下三种：

（1）网络游戏成瘾：成瘾者把大量的时间、精力和钱财花在游戏中，并从游戏中获得成就感、发泄攻击欲。游戏设置中的打怪、升级、PK等设置都对大学生有着强大的吸引力，导致大学生越来越迷恋网络游戏。如果在游戏设置中过度纵容和鼓励恶意PK，会使得青年人漠视游戏中的生命，逐渐形成任意欺凌弱小来获得快感的价值观，也会因为游戏里的仇恨而相互谩骂。以“攻击、战斗、竞争”为主要成分的网络游戏，火爆刺激的内容让长期飙车、砍杀、爆破、枪战的大学生们模糊了道德认知，容易引发严重的社会问题。

（2）网络色情成瘾：成瘾者难以控制对成人网站的访问，浏览色情网站、下载色情图片，以获得性的满足。甚至还进行网上色情交易，搞网上色情活动，参加成人幻想角色扮演聊天室，以自己所设想的身份与别人或梦中情人进行聊天、调情和性交易活动。尤其是现在可以同时进行视频聊天，边聊天边看裸体表演、色情表演应有尽有。平时不好意思说的话、不好意思做的事情、动作，在这里可以尽情地说、尽情地做。

（3）网络关系成瘾：成瘾者迷恋在线人际关系，沉迷于通过聊天室、讨论组、论坛等方式结识在线朋友。网上的朋友对于他很快变得重要起来，但是却往往以牺牲现实生活、家庭和朋友为代价。他们在现实中的人际关系游离冷淡，却沉溺于网络中的感情世界。有的大学生喜欢交友，却又不好意思主动联系，网上交友、玩游戏从私密性、保护性、开放性方面，都适合他们的需求。

二、网络成瘾的危害

1．学业荒废　事实上就大学生的网络成瘾者而言，网络对他们最直接的影响是学习成绩的下降。因为在网络上沉迷的时间过久，体力和精力都有很大的消耗，所以网络成瘾者常常在上课时注意力不集中、学习效率低，最后出现厌学、逃课，甚至因此而大量挂科留级。调查中发现，95%的网络成瘾者学习成绩处在班级或年级的中下水平，90%的网络成瘾者承认网络使用对他们的学习成绩有影响。当然，80%的网络成瘾者在使用网络之前其学习成绩就处在班级的下游，这也可以推断，可能是由于网络成瘾者平时对学习没有信心，学习成绩较差，更容易受到网络的影响或迷恋于网络。

2．身体损害　从生理角度来看，过长时间上网玩游戏可能患上“网络或游戏成瘾症”，即“游戏脑”，属于“冲动控制障碍”，轻者精神依赖，不上网就焦虑、烦躁、坐立不安、注意力不能集中，严重者与毒品成瘾相似，完全被游戏和网络控制，难以摆脱，整个人变得不可理喻，没有自尊。由于大脑神经中枢持续处于高度兴奋状态，常常有自主神经紊乱，内分泌失衡，可使免疫功能降低，引发心血管疾病、胃肠神经官能症、紧张性头痛、焦虑症、抑郁症等，甚至在玩网络游戏时，也有诱发癫痫发作、脑卒中、在网吧倒地猝死的报道。长期敲击键盘对手指、手腕和上肢不利，可造成腕关节局部肿痛，活动受限，甚至手指末端坏死，称为“键盘手”，医学上称之为“腕管综合征”。

3．心理与个性问题　上网时在虚拟的环境中无限畅游，时间过得很快，神经高度紧张、兴奋或放松，一旦离开网络，便会出现急躁、压抑和敏感的情绪状态。有网瘾的大学生变得易激惹，对亲朋好友感情淡漠。如不遂其愿，就大发雷霆，顶撞辅导员和父母；或对他人漠不关心，与人交流减少，出现自我封闭、缄默。另外，虚拟的网络空间和“人机对话”的交流方式长期下去会导致“现实”与“虚拟”自我的冲突和混淆，造成角色混乱，易将网络中的规则带到现实生活中。特别是当成瘾者在现实生活中与人交往受挫时，易转向虚拟的网络寻求慰藉，消极逃避现实，甚至自杀。

三、网络成瘾的原因

1．网络自身的特点

（1）网络的自由性和随意性：网络上地位平等，每一位独立的个体表达自己的机会都是平等的。网络上不受空间距离的限制，实际的地理空间距离不再成为人们沟通的障碍。网络上时间被延伸与压缩，相对现实生活中面对面的交流方式来说，在网络上可以用更长的时间去考虑如何回应他人。网络上可同时建立多种关系，不论你的志趣爱好、职业类型、学识水平是什么，在网上总能找到许多你感兴趣的志同道合者，可以同时在不同的群体中和其他网民建立多种关系。

（2）网络的快捷性和便利性：书信联络需要写信—贴邮票—寄出—等回信—再写回信一系列过程，比较复杂，而且花费时间比较多；通过电话联络，虽然交谈直接，不用面对面，但是总免不了有说不出口的话，而且费用较高；唯有网络，通过文字和符号联系，免去了面对面交流的紧张和尴尬，又可实现即时互动。

（3）网络的匿名性和虚拟性：人们在网络里可以隐藏自己的真实身份，扮演他们理想中的或者与生活中的与自我相似、甚至相反的形象。想跟谁聊就跟谁聊，想说什么就说什么，与现实交往相比顾虑更少。

2．大学生的个人因素　通过网络，可以满足大学生的心理需要。如青年人性冲动与需求、归属感的需要、交往的需要、获取成就感的需要等。

此外，大学生心理发展的特点决定了他们对网络成瘾的易感性。

大学生创造性强，接受新鲜事物速度快。大学生对一些先锋、新奇的事物充满了好奇心，互联网作为一个全新的概念，对大学生具有很强的吸引力。

大学生寻求归属感与亲密关系。在大学时期，人们一般会尝试和异性建立比较亲密的关系，渴望找到志同道合的人，或者加入到某一个群体中，以此找到一种归属感。而在网络上，有由各种志趣爱好、家庭背景、学识水平的人组成的不计其数的虚拟团体和社区，不断吸引着大学生的加入。

大学生处于半独立状态。大学生渴望获得独立，希望不受老师和父母的管束，做自己喜欢做的事情，网络正好提供了一个比较理想的属于自己的独立空间。

大学生需要消除挫折感。大学生要承受来自学校、家庭、朋友的压力，他们渴望能有一个可以倾诉、发泄挫折感的地方。具有匿名性特点的互联网络正是他们倾诉的极佳场所。

3．网络成瘾者的人格因素　研究表明，网络成瘾者往往具有某些特殊的人格特征。上网成瘾的易感人群是大学生，是因为如今的大学生多为独生子女，长期生活在一个相对封闭的温室，生活能力、自我控制能力、沟通和社交能力低下，心理脆弱，很容易被网络游戏俘虏。

4．家庭、学校和社会因素对网络成瘾的影响　心理学专家们认为，导致这一切并非网络的原罪，表象之下有各种各样的问题。

孩子网络成瘾与家庭教育模式密切相关。不良父母管教方式、不良同胞及亲子互动、家庭功能障碍等，带给大学生生活压力，也给了网络迷惑大学生的机会。此外，家长未尽责监督大学生电脑使用情形，家庭的忽视为大学生铺设了一条网络成瘾的道路。

学校是一个高度重视学业成就的地方，学习成绩成为大学生自我价值感的基本来源，致使学业不佳的学生得不到肯定，有其他问题者（如异性关系等问题）得不到适当的帮助。这些大学生只得从网络上来满足需要或逃避问题。

大学校园周围网吧林立，校园内随处可以上网，为大学生提供了从网络满足需求的隐秘场所。许多大学生群聚网吧，彼此交换心得、提供信息，满足人际需要。

四、网络成瘾的矫正

网络成瘾已成为部分大学生不容忽视的心理疾病，严重者不仅影响学习和生活，更影响身心健康。可从三个方面对网络成瘾者进行心理治疗。

（一）认知疗法

1．认知重建　改变网瘾者坚定而又顽固的信念，如“游戏真棒”“上网真好玩”“再没有比上网更刺激的事了”，找到除上网之外能带来内心愉悦感的健康行为。

2．自我提醒　将上网的好处和坏处分别列在一张对称的纸上，按程度轻重排好顺序，每天做思想斗争 10 ~ 20 次，每次 3 ~ 5 分钟，尤其是在网瘾发作时；也可以将好处和坏处分别贴在显眼的地方，如电脑上、卧室里、门上，每天多次默念或大声对自己念上网的坏处，战胜自己关于上网不合理的观念。

3．自我辩论　想象自己上网成瘾后的种种极端后果，如成绩下降、被大家看不起、被别人羞辱、对不起自己的父母、亲人等，在网瘾发作时让“理想自我”与“现实自我”进行辩论，让内心的道德感、责任感与罪恶感、失败感斗争，从感情上战胜自己，痛下戒除网瘾之决心，增强自己的戒网动机。

4．自我暗示　当又有了想上网的念头时反复自我暗示，如“不行，现在应该学习，等周末再说”“我一定能行”“我一定能戒除”。每当抵制住了诱惑，认真学习，度过了充实的一天后，就进行自我鼓励，如“今天我又赢得了一次胜利，继续坚持，加油”。这样不断强化，形成良性刺激，加强自己的意志，使上网的欲望得到抑制。

（二）行为治疗

1．强化法　自我奖励、自我惩罚，即视当天的进展情况而给自己一些小小的奖励或惩罚，但应注意其使用的内容最好与上网无关。奖励和惩罚既可以由成瘾者自己执行，也可以请老师、同学、家长协助执行。如，当目标执行无误，就奖励自己吃一样喜欢的零食或买一件喜欢的东西，否则长跑 1000 米或做清洁等作为惩罚。

2．行为契约法　成瘾者与家长共同商定戒网的行为契约，成瘾者签订契约并成为契约的遵守者，家长则担任契约的执行者，从而规范成瘾者的上网行为，培养其自我约束能力。

3．厌恶疗法　想象自己长时间上网后成绩下降、被大家看不起、被别人羞辱或委靡不振的样子，让其厌恶自己的过度上网行为，从而激励自己找回自我，增强自我效能感，但注意不要泛化到厌恶整个自我。

4．放松训练 为应对戒断过程中出现的紧张、焦虑、不安、愤怒等不良情绪，采用肌肉放松法、深呼吸放松法以稳定情绪，振作精神。

（三）辅助治疗

1．转移注意法 在其他活动中寻找快乐，如欣赏一曲优美抒情的音乐，去运动场跑步、打球，读一些轻松愉快、有趣味的书刊，或与朋友逛街、散步、看电影、郊游等。对于一些因过度上网而产生孤独、忧郁等情绪的学生，应鼓励他们多参加体育锻炼，有助于不良情绪的释放。

2．社会支持法 社会成员尤其是父母应更多地关心成瘾者，理解他们，帮助他们，为他们戒网营造一个舒适、安全的人际环境，让他们感受到现实生活中的人际温暖，满足他们人际交往和情感沟通的心理需求，从而改变去网络中寻求心理需求的满足的方式。

第三节 健康上网行为的培养

一、什么是健康上网

目前政府和社会都提倡健康上网，在这一片的呼声中，我们首先要认识到：什么才是健康上网？《全国青少年网络文明公约》这样写道："要善于网上学习，不浏览不良信息；要诚实友好交流，不污辱欺诈他人；要增强自我保护意识，不随意约会网友；要维护网络安全，不破坏网络秩序；要有益身心健康、不沉溺虚拟时空。"根据《全国青少年网络文明公约》，可以把大学生健康上网归纳为以下几点：

1．遵守国家法律法规 这是最基本的一个条件，遵守法律是每个公民最基本的义务。虽然我们还是学生，但如果违反国家的法律规定，同样会受到法律的追究。具体来说我们应该做到：不浏览或散播有关色情、暴力、恐怖、分裂、颠覆国家、煽动民族分裂等的信息，不制作或散布计算机病毒，不利用网络做出危害国家、群众、他人的行为。

2．要增强自我保护意识 安全上网是健康上网的最重要一环，具体来讲，应当慎重结交网友，不随便约会网友见面，即使约会也要有他人的陪同，对于网友或网上的传言要加以分析，不要盲目相信。在受到网友的骚扰、威胁、恐吓时，要及时与其断交，必要时可以告诉家长和老师或循法律途径解决。

3．诚实友好、尊重他人 这是道德上的要求。诚实友好一向是中华民族所鼓励的传统美德，在网上也不例外。我们在网上与他人交流时，应当使用友好的语言，不使用粗言秽语。但对于诚实这一方面则要有所区分，诚实不代表把自己所有的真实资料向他人透露，怎样在彼此尊重隐私的前提下，有限度地向他人提供真实的个人资料，这是一个值得研究的问题。

4．合理分配时间、善用网络资源 这是健康上网最高层次的要求。在网络上虽然有用之不完的资源，但也要合理分配好上网、学习、生活的时间，不要只顾在网上流连，应当把上网作为一种学习方式和娱乐方式而不是消磨时间的方法。同时也要明确上网的目的，正确处理好与学习、生活的关系，做到真正的健康上网。

具体来看，大学生健康上网体现在如下七个方面：

（1）抵制不良：不登录黄色、暴力等网站，限制浏览不良网页及信息等。

（2）不可沉迷：尤其是不沉迷于游戏、不依赖、不成瘾等。

（3）不扰常规：不影响正常的学习和生活，不带来消极影响，或最起码不要有害。

(4) 控制时间：对上网的时间有一个限制。

(5) 放松身心：愉快身心、释放压力、调节自己。

(6) 辅助学习：利用互联网主要为促进学习、拓展知识等。

(7) 长远获益：从长期来看有积极影响，给学习、生活和身心带来积极的影响，有益发展。

二、培养健康上网行为

1. 树立远大的理想　大学时光弥足珍贵，在这短短的几年中，每一位大学生都应该树立远大的理想。有了远大的理想，才会有奋斗的目标和实际的行动。

2. 制订校园学习生活规划　详细地制订出每日学习和生活的项目和时间的记录。通过一周的记录，对比自己在学习、生活和上网所花费的时间。在接下来的一周中，逐步增加学习和其他活动的时间，减少上网的时间和次数。

3. 让图书馆成为给养心灵的场所　课余时间让自己徜徉在图书的海洋，看名人传记，领略名人的魅力和风采，为自己树立人生的榜样和楷模；读报刊时事，引发自己对现实社会现象的思考，培养自己思考、分析和解决问题的能力；查阅资料，充实自己的专业知识，为未来的打拼蓄积能量。

4. 积极参加学校的各类集体活动　可以分散自己对网络的专注，同时也可以获得身心的愉悦。在活动中，通过各种感官去感受事物，也可从接触各种人与事中获得知识，开阔视野，增强思考能力，提高实践技能。

5. 学会合理利用网络　需要肯定的是，网络作为行之有效的信息、资讯收集工具和实用的沟通、娱乐工具，既方便了现代人的生活，更推动了社会和科技的进步。作为大学生，要冷静面对网络，多搜集对学习有帮助的资料，理性运用和熟练掌握网络技术，为未来就业培养扎实的电脑操作能力。

6. 如不能自助，积极求助　当深陷网络无法自拔时，网络成瘾综合征等心理障碍就会对身心健康产生危害与威胁。当我们自己不能走出心理误区的时候，就应该积极求助于他人，包括老师、家长、医生、朋友、同学等。通过找同学朋友倾诉、向心理咨询师咨询、请心理医生治疗等手段，释放网络心理压力，缓解痛苦心理，形成健康向上的心理状态。通过对网络心理健康的理解和心理咨询，同学们还必须最终完成从“他助”向“自助”的过渡。当面对各种信息泛滥的互联网时能够理性对待，摒弃网瘾，积极调适心理，提高自我心理素质，最终锻炼出从容面对网络的健康心态。

【心理行为训练】

中国现代学者和思想家胡适曾给大学生推荐过一个防身药方的三味药，并为这三味胡家铺子的陈药正式定名为问题丹、兴趣散、信心汤。在这里我们再加两味即目标丸、朋友膏一起送给大学生网民们。

1. 目标丸。迷恋网络主要源于空虚，而空虚则主要源于空闲。经常制订切实可行的目标是治疗空虚的一味良药。

2. 兴趣散。寻找一定的兴趣，形成一定的爱好是治疗空虚、让网虫走出网络阴影的又一良方。

3. 问题丹。时时寻一两个值得研究的问题是养成兴趣爱好、打发空虚无聊的有效途径。

4. 信心汤。树立坚定的信心是大学生网虫们走出网络泥潭的关键。

5. 朋友膏。交几个知心的朋友，建立良好的人际关系是避免迷恋网络不能自拔的好方法。

请同学们结合切身实际，谈一谈如何运用这“五味药”做到健康上网？

【案例分析】

案例回放：小萌经常上网聊天，有一天她在网上遇到一个叫“蓝河”的网友，两人谈得很投机。渐渐地，发现“蓝河”对她格外关注：他会在网上特意等着她，如果一天没上网，第二天就会问她：这两天怎么样？没感冒吧！小萌觉得这个人既风趣又细心，禁不住对他发生了兴趣。于是有了下面的网上对话：

小萌：“你为什么叫‘蓝河’，是蓝色的大河吗？”

蓝河：“我喜欢大河的宽广，更喜欢蓝色的深邃，因此叫‘蓝河’。”

小萌：“你是♀还是♂？”

蓝河：“你猜呢？”

小萌：“听名字好像是个男的，但也说不定，这年头女扮男装的多得是。”

蓝河：“聪明的 girl，狡猾的 girl！”

蓝河：“想见见我吗？我很想见你。明天下午 5 点，肯德基门口，你会看见蓝色的大河！”

小萌对这个蓝河真的很有好感，但尽管说话随便，她做起事来还是挺谨慎的。常常听说某某被网友骗了，但她确实很想见见这个“蓝河”，心里有点好奇、有点期盼……

问题：小萌应该跟网友见面吗？为什么？假如是你，你会怎么做？

案例分析：当你对一切都很好奇、对一切都充满好感的时候，也是最容易“上当受骗”的时候。因为你年轻和单纯，对一切都充满了善意的期盼，对网上骗子来说就更容易得手……应该记住，一个人如果真的希望和你做好朋友，他更应该默默地支持你、鼓励你，为你加油、为你喝彩，并且绝不会因你善意的拒绝而生气……

“三不一要一忠告”。“三不”，即不轻易泄露个人的资料（不要说出自己的真实姓名和地址、电话号码、学校名称、密友、个人照片等信息）；不轻易约见网友；不轻信网上朋友的信息资料，因为一些别有用心者上网前往往用假信息资料巧妙地把自己伪装起来。“一要”，即要提高警惕、小心防范。“一忠告”，即匿名交友网上多，切莫单独去赴约，网上人品难区分，小心谨慎没有错。

限制上网时间并请人监督。如果你是在家上网，把你的电脑放到家中的公共区中，让家人来监督你。给闹钟定时，让铃声来提醒你。如果你是在网吧，就少交钱，给自己规定时间。

（张　辉）

第九章　恋爱与性心理健康

【哲人的忠告】

在恋爱中我们需要完成两项重要的心理任务：一是更了解自己。除自我认知概念外，让两性恋爱中的自己更完整清晰地呈现出来。二是培养我们爱人的能力。从自小习惯被爱开始学会爱人。

——张怡筠

在人类发展的历史长河中，人们追求幸福爱情的脚步从来没有停止过。当童年的天真烂漫和少年的无忧无虑随着岁月的流逝变成了光阴的故事时，青春的脚步已悄然而至，无疑青春期是人生中最善最美的时期，也是爱情萌发和收获的时期。心理学家认为，男女之间的爱慕之情是身体发育到一定阶段，男女之间在相互交往的基础上萌发出来的。大学阶段是人的一生智慧与才华发展得最快的黄金季节，恋爱与性心理健康与否将直接关系到成才目标的顺利实现。

第一节　大学生的爱情与婚恋观

从理论上讲，恋爱是一种情感活动，是指男女情侣间依恋、爱慕的情感及行为表现，是择偶培养爱情的过程。爱情是一定历史条件下人类社会生活现象；是基于客观物质基础的共同生活理想；是双方内心形成的最真挚相互倾慕，渴望结成终身伴侣，并愿为对方做出牺牲的热烈情感；是性爱、友谊、理解、义务等因素交织的高尚精神生活。

一、大学生恋爱意识发展的阶段

（一）第一印象

人们正确认识事物总是经过由表及里、由浅入深的过程，认识人也是如此，即先获得其外部的、直观的印象，然后逐渐涉入其内心世界，这是认识发展的客观规律。在这里，最初的好感对认识的深入发展起着一定的导向和动力作用。恋爱中的第一印象主要是指男女双方所呈现出来的外表体态、装扮、言行等，即一个人所体现的总体气质和风度。每个人的风度各异，有的光彩俊秀、潇洒大方，有的严谨端庄、朴实自然。因而给人的第一印象也就互不相同。

当最初令人心动的异性在茫茫人海中与你相遇的时候，你会把整个缥缈美丽的梦幻化作令人目眩的五彩光环，敬献给心中的情侣。正是这样，人类感情中最辉煌的爱情猛然萌发了，这就是一见钟情。一见钟情并不是获得真挚爱情的最好方式。第一印象总是一般化的、不深刻的、不全面的。正如黄金并非总是露在地面，碧玉也常常是开采到深层才能获得一样。事实上，大学生进入恋爱阶段，更多的是在第一印象很好的情况下，双方经过较长时间的积极接触而逐步了解，才产生爱情，这是一个循序渐进的过程，因此，第一印象在恋爱过程中很重要，会使男女双方获得好感，产生进一步交往的愿望，从而为爱情的发展铺平道路。

（二）初恋

初恋是最美妙的，这不仅表现在内部的心理活动中，也反应在外部的情绪上，矛盾重重，似是而非。朦胧期是初恋过程的必然环节，是双方由泛化好感进入好感而又心照不宣的阶段。

男女青年的关系处于何种状态才能说爱情已经发生了，这是一个难于把握而又确实重要的问题。爱情的发生只能通过自身的感受和体会来判断。值得注意的是，在这个过程中大学生要把爱情与同情、好感、友谊、尊重等区别开来；要把异性对自己的热情帮助和鼓励同对自己的爱恋区别开来。

初恋需要含蓄，过分外露对爱情不利，但丝毫不动声色也会窒息爱情。理智地审查一下双方感情产生的基础，精心培育呵护，才能体味到朦胧的爱情所特有的“含有苦味”的甘甜。如果此时贸然揭开这层面纱，反而会拔苗助长。但是，如果一味地维持这种朦胧状态，又会使对方内心不踏实，时间长了会怀疑对方是否对自己有意。当你理智地感受到双方真挚和纯洁的爱慕时，应当非常自信地把勇气和智慧有机地结合起来，以适当的时机、最恰当的方式表达自己的心声。这样，爱情便会推动两颗相印的心进入热恋期。

（三）热恋

要找出从初恋到热恋的分水岭是不容易的，当两个人心理高度相容，能够在深刻的相互接触中彻底表达自己的思想感情时，可以说已步入热恋期。恋爱双方的情感经过朦胧期的有意抑制，此时完全沉浸在奔放情感的满足与欢乐之中，较少去考虑除了感情之外的其他因素。处于此阶段的恋人对对方的评价是最高的，他们目光炽热、山盟海誓、憧憬未来，心中也只有对方。

热恋是恋爱的收获季节，它是感情与理智的结合，是双方共同提高的过程。车尔尼雪夫斯基曾经说过：“爱情的意义在于帮助对方提高的同时也提高自己”。热恋期双方的感情相当热烈，相当深厚，彼此间双方心理和感情交流的隔阂已较少，都有强烈的责任感，因而能够帮助对方获得更大的提高。爱情之所以鲜艳，在于她使双方都有一种崇高的责任感，对恋人积极帮助、相互鼓励，使双方都变得更加完美。

双方深入的理解是热恋期最重要的心理内容和特征。热恋情人之间深入地了解及双方思想感情的愉快交流，是爱情达到高级境界的体现。相互理解的爱情是最深刻的爱，是最沁人心脾的爱，因而也是真正的爱。建立在相互信任基础上的爱情是巨大力量的源泉。这种爱情最高尚无私，无论双方是否在一起，相互理解与信任的爱情都会给双方以奋发向上的无穷力量，都会慰藉和温暖两颗赤诚的心。当恋人间的心理水平达到这样的程度时，双方就可以以对方为终身伴侣，共同走过漫长的人生道路。

二、大学生恋爱的动因

（一）生理发育成熟

大学生在校的年龄大概在 18 ～ 24 岁，这个年龄段的青年性生理发育已经完全成熟，性意识增强，渴望与异性交朋友，恋爱欲望强烈，积极构思配偶的理想模式并尝试付诸实践。当遇到接近理想的异性时，便会寻找各种机会进行试探和追求。生理发育的完善带来了大学生心理上的变化，他们开始产生性意识，萌发出探索异性的强烈愿望，向往爱情，并试图尽快实践爱情理想。

（二）情感需要

大学生经过十年寒窗、奋力拼搏才进入大学校园。中学阶段由于升学压力而被暂时压抑的丰富的青春期情感此时得以爆发，自我形象逐渐清晰，渴望情感的需要随之而来。而恋爱则是其情感满足的一种重要方式。

（三）从众心理

在大学，同学们年龄相同，在一起学习、生活、娱乐的机会增多，交际面扩大，心灵碰撞的机会也就增多。有的同学看见别人恋爱，时常有人约会，自己也就心理不平衡，羡慕不已。

在与他人接触之中，碰见理想中人更好，如若不是理想中人，能过得去也就凑合着谈，以满足自己的心理需要。

（四）心理空虚

在中学时代，学生为了考大学而努力学习，一旦考入大学，就没有了中学时学习的压力和动力，如果再没有及时树立新的奋斗目标，心中就容易产生失落感。在这种状态下，大学生常常感到空虚。而这个时期又是大学生第一次远离父母，身居异乡，进入人生的“第二次断乳期”，在生活上、学习上、人际交往上出现了诸多的不适应，害怕孤独，渴望温暖。在这种情况下，男女大学生就很容易结成暂时的依赖关系。

（五）环境因素

进入大学后，环境条件发生了巨大变化，父母也不再严厉地禁锢他们的思想与行为，大学也不像中学那样，对学生的情感进行简单的限制，而是采取一种虽不提倡，但也不禁止的态度。加上社会文明的不断进步，某些传统的伦理道德观念已受到强烈的冲击，青年学生处在新思想、新观念的前沿，把爱情看作正当的权利和要求。电影、电视等传播媒介中有关爱情的内容也对大学生的情感变化起了推波助澜的作用。

三、大学生恋爱的心理特征

（一）恋爱的特殊性

大学生的恋爱一般只谈爱慕之情，交流对学习、人生的看法，很少讨论结婚、建立家庭等具体问题，这也是大学生经济上不独立决定的。恋爱本身是择偶的过程，恋爱、婚姻、家庭是一个整体。而大学生谈恋爱往往只带有浪漫色彩，这给某些行为不轨的人以可乘之机，也有一些人以找异性朋友来弥补自己的精神空虚。遇到这种情况，大学生就可能遭到严重的精神创伤，影响学习与健康。由于双方的恋爱基础不扎实，遇到就业不在同一地方等实际问题，便会动摇分手，造成痛苦的结局。

（二）恋爱的公开性

大学生对自己的择偶标准公开化。调查显示，为数不少的男同学择偶标准是：漂亮、贤妻良母型、温柔顺从、有魅力。更多女同学的择偶标准是：学历高于自己，才华出众，有男子汉风度。可见，大学生择偶较注重外在因素。他们表达自己的感情直率大胆，恋人们或携手漫步校园，或相拥一同自习，去食堂吃饭也出双入对、形影不离。大学生大多经历简单，思想单纯，容易从文艺作品中构思未来的生活、理想与爱情，忽视了现实生活中影响爱情的诸多因素。

（三）自由恋爱

大学生的生活，有人说是青春的诗行。在校园的各个角落，燃烧的是青春的火焰，飘荡的是青春的气息。在这里没有父母的监督，没有世俗的戒律，青年男女平时学习在一起，可以自由畅谈，自愿交往，自在发展情趣爱好。他们一块儿探讨学习，互帮互助，一同交流思想，消除心理的屏障。这是大学生常见的活动形式。加之老乡们的互相关怀，男女生相互帮忙，给爱情的产生创造了肥沃的土壤，想爱谁就向谁发出丘比特之箭，想怎样爱就怎样去表达爱。

（四）动机单纯

大学生的恋爱是为了追求和实现美好的爱情而恋爱。在他们眼里，爱情纯洁如白玉，透明似水晶。他们一心只想恋爱，而没有考虑将来的结婚，没有自觉地意识到应选择一个终身伴侣。但爱情毕竟不是闲着没事儿才去玩一把的游戏。缺乏对未来生活的考虑，不清楚爱的归宿，使很多大学生的恋爱从一开始就蒙上了一层阴影；似懂非懂的爱，缺乏深度的理解，往往以喜剧开始，以悲剧告终；自由恋爱的结果，最终不一定是走上婚姻的殿堂。

（五）理想浪漫

涉足爱河的大学生往往会把对方想象得很完美。恋人眼里出西施，情人的优点在他们心中锦上添花，恋人的缺点在他们眼中视而不见。恋人集中了所有优良品质，是理想形象的现代化。有的学生整天沉浸在美好的幻想中，想象着与心爱的人手牵手共同创造幸福美好的生活，感觉到自己是世界上最幸福的人。爱的狂热融化了两颗年轻的心，使人感到如痴如醉、似幻似真。所有这些，使大学生的恋爱显得扑朔迷离，极富有神奇浪漫的色彩。

（六）感情强烈

大学生知识渊博、感情丰富、精力旺盛，年轻的心更是多愁善感、热情冲动，因此，恋爱中的大学生不仅寻求爱情中春花秋月式的罗曼蒂克，而且也追求感情上狂风暴雨般的轰轰烈烈。如同决堤的洪水，感情的爆发冲荡着两颗期望紧紧靠拢在一起的心。双方似乎从这喷发出来的感情的火焰中看到了希望，感受到了世界的美好。感情之强烈，达到了狂热的地步，他们如胶似漆、情意绵绵。

四、大学生恋爱心理的调适

（一）恋爱中的心理问题

1．单恋　单恋是单相思的一种，通常是指一方对另一方的、以一厢情愿的倾慕与热爱为特点的畸形恋爱，是青少年“爱情错觉”的产物。有的大学生一旦爱上某个人，不管对方是否同意就苦苦追求，完全不顾他人的感受和反应，甚至可以丧失自尊、不顾人格去表达自己的爱，干扰对方的生活和学习，有的还会走向极端做出伤害他人的蠢事。单恋是一种具有臆想性的恋爱情结和幼稚的行为方式，会令人沉浸在幻想的情爱中无法自拔，如果不及时纠正，可能严重影响人的直觉和理性判断，甚至形成精神错乱。

2．暗恋　暗恋是单相思的又一种表现形式，常见于性格内向又好幻想的大学生中。具体表现为不表露内心体验，被恋对方根本就不知情，甚至对方还不认识自己，而自己执着地恋着对方。暗恋者往往对所恋对象朝思暮想，遇见时又紧张回避，形成痛苦、压抑、焦虑、失望等不良情绪，严重影响生活和学习。

3．消愁解闷心理　大学生结束了中学生活，进入大学，第一次离开父母的呵护，生活在陌生的环境，顿感孤独。加之学习压力又大大减轻，一下子放松了自己，空闲时间多起来，心里不免惆怅万分。随着与异性接触机会的增多，不由自主地就希望寻求异性朋友来抚慰惆怅的心灵，消愁解闷，寻求寄托。

4．争面子心理　很多同学因为身边谈恋爱的较多，深感一种莫名的压力，觉得没谈恋爱，没有朋友约会，周围的同学肯定会认为自己没有魅力，感觉自己没有面子。为了证明自己，便匆匆去赶车，大有与人一争高低之气势。伴随而来的是责任感减少，轻率行为增加，不断更换恋爱对象，“每周一情哥”“半月一靓妹”，有的甚至脚踏两条船，自我放纵，害人害己。

5．“过把瘾”心理　有的学生谈恋爱往往不注重结果，只注重恋爱的过程。大有“过把瘾”就可以死去的“豪迈”，这种体验过程的观念在大学生中流行。以这种心态进行的恋爱，其结果定是有情人虽多，但终成眷属者少。它让恋爱者失去了以相随相伴为目标的爱情的结果，而让人体验到了过程的空虚。

6．情令智昏心理　大学生情感丰富、血气方刚，有的一发现自己的心仪之人，就会盲目坠入情网，不能自拔，失去自我，甚至不惜牺牲个人学业，投恋人所好以维系自己的爱情，这是肤浅的爱情。还有的大学生心理比较敏感脆弱，爱情之藤经不住风吹草动，稍有波折，感情世界就掀起狂风巨浪，自残心灵，有的甚至转成病态。

（二）恋爱中的行为问题

1．亲昵过度　马克思说过："真正的爱情是表现在恋人对他们的偶像采取含蓄、谦恭甚至羞涩的态度，而绝不是表现在随意流露热情和过早的亲昵。"处于恋爱中的大学生，由于性生理和心理本能的作用，做出一些手拉手、拥抱、亲吻的亲昵举动是爱的一种表达方式。但是，表达感情一定要注意场合，恋人间的亲昵行为一定要注意分寸，持之有度，要保持大学生良好的精神风貌。

2．三角恋爱　三角恋爱是指一个人同时与两个异性发展恋爱关系。三角恋爱时有发生。所谓"普遍发展、重点培养"是极不道德的恋爱行为，是对纯洁、专一的爱情的亵渎。大学生在恋爱中必须防止三角恋爱的发生。如果得知对方在搞三角恋爱时，要冷静分析，帮助对方改正错误或果断地中止与对方的恋爱关系，切勿优柔寡断、痛苦烦恼而影响学习。

3．婚前性行为　热恋中的大学生往往会被爱的激情产生一种难以抑制的性冲动，使情感突破理智的防线，容易发生性行为，因而对婚前性行为问题应予足够的重视。婚前性行为一旦发生，会给当事人双方造成压力和身心痛苦，尤其对未婚先孕的女性来说，问题更为严重，会影响其今后正常婚姻生活和家庭幸福，因此，谈恋爱的大学生们要在道德上有责任感，在心理上把握住婚前婚后的界限，在言行上要防止挑逗和过分的亲昵。

（三）大学生恋爱心理调适

1．正确对待爱情　爱情是人类高尚的精神体验，是一种独特的心灵历程，是男女双方心灵的互动。爱情是上苍给予人类神圣的礼物，不可以滥用。它不是存在银行里的钱，想取就取。固然爱情在人生路上占有重要地位，但它既不是最重要的，也不是生活的全部内容。正确对待爱情，要求人们把事业放在首位，把爱情放在从属地位；事业高于爱情，爱情服从事业。大学生更应珍惜宝贵的学习时光，刻苦学习，早日成才，而不要过早地把时间和精力消磨在爱情生活之中，影响学习，荒废学业。

2．举止文明　在恋爱过程中，双方在感情的表达上要举止文明，行为庄重。爱情绝不仅仅是个人的私人情感，不仅仅是个人的私事，它必然要牵涉到他人，牵涉到社会。有的同学在教室里谈恋爱，打情骂俏，窃窃私语，丝毫不顾忌别人的学习；有的旁若无人地在主干道上拥抱、接吻，引人注目。这些行为损害到社会的公序良俗，必然会受到人们的谴责。

3．培养爱的能力　爱的能力指和他人建立亲密关系的能力，它对人的一生发展有着重要的意义。爱是美丽的，爱需要能力，大学生应培养爱的能力，让爱散发出它应有的光辉。一个人心中有了爱，应敢于善于向被爱的人表白，这是施爱的能力。当被别人所爱时，应能对爱作出判断，接受或是谢绝，这也是一种爱的能力。爱情来不得半点儿勉强和将就，对不希望来到的爱情，要运用一种充满关切、尊重和机智的方法来谢绝，这是对他人的爱护，也是对自己的爱护。在爱的旅途中，要发展爱的能力，培养无私的品格和奉献的精神，爱就是给予。

4．树立正确的恋爱观　提倡当代大学生树立科学的恋爱观。一是提倡志同道合的爱情。在恋人的选择上最重要的条件应该是志同道合，思想品德、事业理想和生活情趣大体一致。二是摆正爱情和事业的关系。爱情是人生的重要部分，但不是人生的全部，它应该服从于事业，促进事业的发展。三是责任意识。

5．正确面对爱情挫折　失恋带给你的是情感的悲伤，是心灵的刺痛，不管是你抛弃别人还是别人嫌弃你，在你情令智昏的时刻，请听劝告，失恋绝不是件什么大不了的事情，作为新时代的你，要拿得起放得下。况且恋爱只是你人生中的一小部分而已，不必为之伤心过度。应该利用空余时间，做一些更有价值的事。

第二节 大学生性心理的发展

人类的心理活动奥妙无穷，恋爱心理来源于性，性心理是人心理活动中重要的组成部分。性心理学的研究先驱弗洛伊德认为性活动从幼儿时就开始了。进入青春期，在激素的作用下，随着生理的成熟，出现了性征、性欲、性活动等有关的生理变化和心理活动，也包括男女的交往和婚恋等问题。

一、大学生性意识的发展

在性心理成熟过程中，青少年逐步意识到两性差别和两性之间的关系，以及对待两性的态度和行为规范。这就是通常所说的性意识。

（一）性的疏远期（12 ~ 14 岁）

少男少女的青春期开始了，他（她）们发现自己的生理发生变化，比如身高、体重陡增，骨骼增长比肌肉增长快，四肢增长比躯干增长快，人称“豆芽”；而神经系统的调节则明显滞后，特别是第二性征出现，性成熟开始，由此则产生明显的性不安、羞涩甚至对自身的反感。他（她）们对两性间的接触持敌视态度，认为男女间的接触、亲近、恋爱是耻辱，因而讥笑、辱骂亲近的双方，以示自己的清白。

【专栏 9-1】

性幻想与性梦

性幻想是指在某种特定因素诱导下，自编、自导、自演与性行为的内容有关的心理活动过程。如幻想与在日常生活中不能满足的异性一起约会、接吻、拥抱、性交等性活动。这是青春期常见的一种自慰行为，是一种正常的普遍的心理反应。当大学生与异性交往强烈的渴求不能实现时，性幻想就有可能发生。性幻想又叫性的白日梦。这种白日梦可以导致生理上的性兴奋，偶尔也会出现性高潮，在一定程度上可以缓解人们的性需求。国外有关研究发现，到青春期从来不做性幻想的，在调查的男性中只占 1%，女性只占 2%；另有学者调查发现，70% 的男女大学生都曾有过性幻想。但是，性幻想不能过头，如果成天沉溺其中，甚至把幻想当成现实，那就会成为病态，就会有碍青年的健康成长。

性梦是指在睡眠状态中所做的以性内容为主的梦。性梦的内容十分广泛，包括当众裸阴、乱伦以及其他种种清醒时在精神和肉体两方面都做不出来的性行为。发生原因是青春期开始前后，人体内的性激素迅速增加，大脑中调节性活动的神经中枢日渐成熟，性梦就是伴随着此时性心理活动的增多而产生的。处于青春期的男女做性梦是很正常的，人们通过梦的方式部分达到自己白天被社会规范限制的性冲动的满足，从而缓解性紧张。根据崔以泰等人的调查显示：有 85% 的男生和 51% 的女生做过性梦。有些同学在自己脑子里出现一些与性相关的想法、念头时，会带来很大的自责和焦虑，但事实上无须这样，研究表明，这是正常的生理、心理现象，大部分同学都有过类似的经历，只不过大家都无法说出口罢了。

（二）性的接近期（15 ~ 17 岁）

随着年龄的增长，他们对性别本身感到兴趣和好奇，产生了相互探究心理，这样就由疏远转向接近。他们愿意在一起学习、劳动、谈心，表现出一种自然的亲和力。由于老师和家长的监督和劝阻，他们的交往不敢公开，因此，不会产生真正的爱情。

（三）性的爱慕期（18 ~ 20岁）

男、女青年开始憧憬爱情，在心中想象和描绘着自己心上人的身材、相貌、才能、性格等，在生活中一旦遇到，就约会、写求爱信，穷追不舍，尤其是男青年表现得更主动、积极、大胆、热烈。这个阶段男女的性爱理想主义、浪漫主义色彩浓厚，现实性不足，往往只开爱情之花，不结婚姻之果。

（四）性的成熟期（20 ~ 25岁）

20岁以后是性的成熟期，表现为他们渴求性欲和精神的融合，对性问题也有了较深刻、全面、稳定的认识，性控制能力增强，因此，在恋爱时一般不会违背社会道德和法律，只有极少数大学生不顾道德、法律，任凭性欲冲动，犯下错误或罪行。

以上四个时期只是粗略划分，是性意识发展、变化的大致历程。一般而言，青少年的性心理大致总要走完这四步。

二、大学生性心理的特征

（一）本能性和朦胧性

大学生的性心理尤其是低年级的大学生的性心理，缺乏深刻的社会内容，基本上还是一种生理急剧变化带来的本能作用，但这种萌动披着一层朦胧的轻纱。不少学生不了解性的常识，对性有较浓厚的神秘感。所以那种对异性的兴趣、好感和爱慕主要还是来自于异性的性感吸引。然而正是在此基础上，在朦胧纷乱的心理变化中，性意识逐渐强烈和成熟起来。

（二）强烈性和文饰性

青年期很明显的特征是闭锁性和强烈的被理解需求，这就是导致了其心理外显方式的文饰性。在对待性问题上也是如此。大学生十分重视自己在异性心目中的印象、评价，但表面上又表现得拘谨、羞涩、冷漠；心里对某一异性很感兴趣，表面上却有意无意表现地无动于衷、不屑一顾，或做出回避的样子；表面上十分讨厌某种亲昵的动作，但实际上很希望体验。

（三）动荡性和压抑性

青年期是人一生中性能量最旺盛的时期，但由于不少大学生的心理还不成熟，尚未形成稳固的、正确的性道德观和恋爱观，自控能力较弱，性心理易受不良影响而动荡不安。现实生活中丰富的性信息，易使大学生的性意识受到错误强化而沉湎于谈情说爱之中，甚至发生性过失、性犯罪。与此相反，另一些人由于性的能量得不到合理的疏导、升华而导致过分的压抑，少数人还可能以扭曲的、不良的行为，甚至表现出变态的行为。

（四）抑制与放纵并存

大学生健全的性心理结构尚未确立，对各种性现象、性行为的认知评价体系还不完善，大学生性心理发展处于多种矛盾作用之中。部分大学生无法处理这种矛盾，甚至对性持无所谓或放纵的态度，对自己的性心理发展和未来生活造成不良影响；还有一些人对性冲动过多抑制，致使性能量得不到合理的疏导、升华；甚至少数人还可能以扭曲的方式表现出来，如“厕所文化”“课桌文化”、偷窥、恋物等。

第三节　大学生性心理健康

一、性心理健康的涵义与标准

（一）性心理的内涵

在青春期，由于性功能的迅速发展与成熟，引起了男女青年心理上的重大变化。主体对有关性问题反应比较敏感，体验比较深刻，并且有意识地控制一些与性有关的行为等。性心理指的就是主体对这些有关性问题的反应。主要包括：

1．性感知 性功能的成熟使主体对性刺激的反应特别敏感，来自异性的刺激，如俊美的容貌、温馨的肌香等，都有可能引起主体的性冲动。主体对这些由视、听及嗅觉所引起的性冲动的反应和由于外部因素刺激外生殖器官所引起的性快感被称为性感知。性感知是性心理的基本过程。

2．性思维 随着性感知的不断积累，主体就会自觉不自觉地思考一些有关性的问题，从而对这些问题有所认识。如在思维过程中把过去所得到的一些自我性感知与现实中的异性对象联系起来，因而对两性的关系和意义有所了解；又如青年想象异性对象，考虑如何追求异性对象等。主体对有关性问题的思考就叫性思维。性思维是性心理的核心心理过程。

3．性情绪与情感 在性感知和性思维以及日常与异性的接触中，主体逐渐地认识了两性的差别及关系，对异性开始抱有一定的态度，如对异性的好感、思慕、爱情和性嫉妒等。主体对异性所持有的这些态度和与异性对象接触中所得到的这种态度的体验，就叫性情绪与情感。

4．性意志 性意志是指主体自我意识调节性行为的能力。性意志强的人善于控制自己的性行为，把它约束在正常的、合法的范围内；相反，性意志薄弱的人，易受性冲动左右，以致触犯性道德和法律。

（二）性心理健康的标准

1．正常的性需要和性欲望 成熟的个体有正常的性需要和性欲望，性需要和性欲望是能够获得性爱和性生活的前提条件。一个人如果没有性欲望就不会有性爱和和谐的性生活，性心理就无从谈起。但性需要和性欲望并非都是正常的，有的人性需要和性欲望很强烈，但不同于常人，如恋物癖、同性恋等。正常的性需要和性欲望的标志是性需要和性欲望的对象是指向成熟的异性而不是同性或以物品为替代物。

2．正确认识自我 能够正视自己性心理的发育、性心理的变化，会自觉地融入社会这个大背景下并认识自我，能客观地评价自己和他人，并乐于承担相应的性别角色。不仇视自己的性别，能以坦然的心理接受自己，能理解性别是父母给的，不企求改变，而注重在社会变化的过程中优化自己的性别心理。

3．符合性心理发展年龄特征 人在不同年龄发展阶段，其心理特点与性行为特征是不同的。一个正常发展的人，心理特点与行为特征必定符合年龄发展阶段。在性的成熟过程中，性心理特点与性行为以及性心理发展的年龄特征要求是相符合的。性行为与其心理发展不协调，或严重偏离同龄人的特征，性心理就是不健康的。

4．和谐的人际关系 随着性生理与性心理的发育和成熟，个体自然而正常的性要求就是与异性交往，并能保持良好的关系。性心理健康的个体能够在日常学习生活中，与异性进行自然的、符合社会规范要求的交往。在彼此的交往过程中，保持独立而完整的人格，有自知之明，做到互相尊重、互相信任、得体大方。

5．符合社会道德规范 具有一定的性知识和性道德修养，能自觉地去分辨性文化中的精华与糟粕，淫秽与纯洁，庸俗与高雅，谬误与真理，自觉抵制腐朽没落性文化的侵蚀，并以自己文明的性行为、性形象去增进社会风尚的文明。

二、大学生性心理的困扰

（一）性认识偏差

据调查，部分青少年对性持有不正确认识，有的视为下流、肮脏、见不得人、难以启齿、无所适从，对性冲动感到羞愧、自责、苦恼和困惑，产生厌恶和恐惧心理等。这种心理如不进行及时的调适，将会造成性心理障碍，表现出性压力和性敏感病态，导致心理疾病。

（二）性焦虑

一般认为，青年男女性心理的矛盾、冲突和各种性适应不良等都可以引起性焦虑。这种性焦虑主要是指对自己形体的焦虑、对自己性角色的焦虑以及对自己性功能的焦虑。一个人随着生理功能的成熟，到青春期往往会对自己的形体过分关注。男青年都希望自己长得魁梧高大，女青年都希望自己长得苗条漂亮。有的甚至产生“自我渺小感”，自我讨厌，自我嫌恶。性焦虑对男女青年学生的性心理发展影响很大，而且常常影响到他们的日常生活以及整个的精神状态。

（三）性淫乱

这是一种不能正确处理生理的性需要与个人成长及社会位置之间的关系，使性本能需要失去理智约束的一种性变态心理，如恋物癖、异装癖、窥阴癖、性乱交、性犯罪。性淫乱对社会危害很大，而且性淫乱者自身也会经常感到害怕、焦虑。当然，持这种变态心理者在大学中极少。大学生的性心理问题常常带有隐蔽性，加之社会的忽视与个体的掩饰常不易发现，导致发展为性心理障碍和疾病，造成不良后果。

（四）性恐惧

“最初的月经和最初的射精，会让一些少男少女极度地惊慌，并且切实体验到自己身体内部发生的变化。他们有的会不安地觉得自己得了什么怪病。”男女青少年这种第一次性生理所引起的性心理反应，对他们以后性生理健康与性心理发展将产生深远的影响。不少学生没有从家庭和教师那里及时获得必要的性知识，因此，有的对性生理现象毫无准备，有的则接受一些错误观念。这就会带来忧虑，影响身心健康。

【专栏 9-2】

性自慰

性自慰，在我国一直叫手淫，是指用手或工具刺激生殖器而获得性快感、获得性满足的行为。我国学者 1994 年对北京高校 1026 名大学生调查表明：男生中有手淫行为的占 89.7%，女生中有手淫行为的占 49.4%。21 世纪初，上海一所大学对 693 名大学生性心理和性行为的调查显示，有 85.9% 的大学生有手淫行为。其中，男大学生手淫者占被调查人数的 90.5%，女大学生占被调查人数的 66.3%。可见，手淫在青年男女中为普遍的现象。手淫是一种性冲动的发泄方式，一种性的补偿行为。但大学生中有许多人对手淫持有不正确的认识。调查发现很多大学生认为手淫有伤身体，会导致性功能障碍；有的大学生认为手淫难为情、下流，甚至有罪恶感。受“手淫有害”观念的影响，又由于它的普遍性，手淫成了困扰大学生的主要性心理问题之一。我国曾发生过多起大学生因陷入手淫癖不能自拔，精神负担过重而自杀的事件。事实上，适度手淫并不带来害处。美国著名性医学权威玛斯特斯和约翰逊博士根据实验，证实了手淫与标准的性交对身体的影响完全一致。

一般说来，适度手淫不影响性功能，也不影响未来的生育功能。手淫的危害不在于手淫本身，而在于对手淫的担忧、恐惧、羞愧和罪恶感。但是，手淫无罪无害，并不意味着手淫必须，更不是说手淫可无度。纵欲伤身，过度手淫对身体也会造成一些不良影响。如对生殖器的过度刺激可能会习惯性地形成局部的感觉麻痹，使少数人性唤起难度增大。此外，有的大学生手淫时不注意卫生、方法，还容易导致性器官感染或受损，给未来正常的性生活埋下隐患。

三、培养健康的性心理

（一）正确认识，理智控制性欲

性欲是人正常的需要，是在性激素的作用和外界刺激下产生的，并不是不纯洁、不道德或可耻的行为。对于青年学生来说，已不是能不能、该不该有性的欲望或冲动，而是如何科学地认识并自觉地调节和升华这种欲望，以人性的尊严对待自己的冲动，以人的社会性来规范和调节已有的欲望。性冲动可以用内心压抑的方法予以排解；也可用积极的、建设性的、能为社会接受的方式来取代，通过学习、工作、娱乐等途径使性能量得到释放，减弱、抑制性冲动，使之得到正常宣泄和代偿升华。

（二）抵制有害刺激的影响

一些色情书刊、影视、录像等对青年性欲冲动是一种极为不良的刺激，不仅影响正常的学习和工作，而且容易诱使青少年走上犯罪道路的歧途，因此，青年学生应该严格要求自己，抵制各种不良影像书刊的影响，确保自己健康的精神生活。

（三）培养强烈的事业心

青年期是人生的黄金期。这一时期，他们不仅身体器官的构造与功能迅速成熟发育、渐趋成熟，而且可以通过精心培养、科学锻炼和良好影响及自我努力变得更完美。青年学生应树雄心立大志，这种强大动力对于疏导、调节青年自身的性冲动有巨大的积极作用。胸无大志、生活无聊者，很容易安逸思淫欲，寻求性的刺激。

（四）坚持异性间的文明交往

人要学习、工作和生活，就不可避免地要与异性交往。男女之间交往要树立正确的交往动机，坚持自然、大方、文明的交往方式，把握情感的分寸，讲究仪表谈吐，努力把自己塑造成具有文明行为和高尚风度的人。

（五）科学疏导性心理

青春期性心理需要科学的方法进行疏导，而不是压抑和放纵。扩大异性交往，适当满足性心理的需求。要保持适当距离，注意交往分寸、场合，尊重对方，保护自己。多做体育运动，多参加集体活动，以宣泄过剩的能量。严格区分友谊与爱情，果断勇敢地拒绝与制止性骚扰，必要时寻求社会支持。

（六）积极寻求帮助

心理咨询老师对每一位大学生都敞开温暖的怀抱。性不是羞于启齿的问题，在找不到自己能够解决的科学方法时，心理咨询是最佳的选择。事实上，在高校心理咨询中，有相当一部分是性心理咨询，而且，这类问题的咨询一般会得到圆满解决。

【心理自我训练】

心灵按摩术——EFT（情绪释放技术）

EFT是“emotional freedom technique”的简称，目前尚无较统一的中译名称，是美国心理学者盖瑞（G. Craig）根据罗杰（RJ. Callahan）的思维场疗法（thought field therapy）发展出来的一种情绪释放技术，可迅速有效地释放负面情绪和心理创伤或阴影。

这种技术的主要观点为，所有的负面情绪都是由于体内的能量系统受到侵扰所引起的。依照EFT训练手册的说法，EFT由四部分构成：

（1）配置（the setup）：这部分就像打保龄球时，先将球道末端的球瓶先摆好，然后才开始将球滚出去一样。这是进行释放动作前的准备动作，目的是调准情绪和解除反动机制。

（2）序列（the sequence）：这部分就是实际用手指头拍打穴位部分。

（3）整个程序（the Gamut procedure）：这是另外加进去的几个神经语言程序学（neuro-linguistic programming，NLP）动作，用来促进左右脑间的统合以加强释放效能。

（4）序列（the sequence）：做完 NLP 动作后再做一次拍打的步骤。

详细步骤请参阅陈志恒的文章，以及盖瑞的教学影片和应用范例影片。

【案例分析】

案例回放： 自从上了大三以后，我就觉得我变了，我变得很敏感，别人的语言、语气、眼神、动作都会引起我的不舒服。我变得很固执，经常为小事伤感，经常为寂寞伤心，不能体验轻松快乐。我变得很暴躁，虽然我也想学得温柔一点儿。

我对学业心烦。看见一本本厚厚的书就心烦，做起一道道难解的题便心烦，看到别人在学习也心烦。上课、上自习总是一会儿瞧这个人一眼，一会儿瞧那个人一眼，自己也不知道是怎么回事。

我对别人心烦。和那些跟我要好的女孩子在一起学习，觉得不自在；跟她们一起走路，也觉得不舒服；别人看我，我也感到不自在、不舒服。

上大一时没有这种现象，到大二就有了，到大三就成了现在这个样子。我谈了一个男朋友，他早我一年毕业了。大一、大二时，他总是陪我上晚自习，周末陪我玩儿，当时很开心，学习成绩也好，现在他陪我的机会减少了，所以心情总不好，总想他能够天天陪我。有时他答应回来看我，又失约了，我的情绪便又特别低落，甚至想哭，我想到旷野上呐喊几声。每每看到班里的其他同学一对一对地在一起，我好羡慕，好嫉妒。

案例分析：“不能体验轻松快乐”，这种抑郁情绪是恋爱激活的幽怨心理造成的；对学业心烦和“对别人心烦”，这种浮躁的心态是被恋爱激活的排他心理造成的；“我和那些跟我要好的女孩子在一起学习，觉得不自在，跟她们在一起走路，也觉得不舒服；别人看我，我也感到不自在、不舒服”，这种伤感的人际关系也是恋爱的副产品。弗洛伊德说，“青春期的女孩和男孩，常常和同性结成感伤的伴侣，恋爱的女孩很少能与别人分享自己的观念和情绪，总觉得与别人格格不入，只能谈论与恋爱有关的事情”。精神的贫困使得她们无视这个世界的富足，恋爱中的女孩总会造成人际关系的紧张和成绩滑坡的紧张，这些紧张反过来会强化性爱需要的紧张，种种紧张不能释放，从而觉得什么都“不舒服”；种种紧张日积月累地堆积起来，从而觉得什么都“不自在”，所以“上大一时没有这种现象，到大二时就有了，到大三时就成了现在这个样子。”

性爱给人带来的是一种奇特的、诱人的紧张感，心灵深处有一种敏锐的快乐感，只有和男朋友幽会才会满足这种需要，带来平静，所以你总希望和男朋友会面，“总想他能够天天陪我，有时他答应回来看我，又失约了，我的情绪便特别低落，甚至想哭，想到原野上呐喊几声。”问题是，相爱的对象和恋爱的刺激既能平息又能引起那种需要，所以弗洛伊德说：“因为性爱生活受到扰乱而导致其病态的心理症患者，他们表现出来的征兆与那些因为吗啡或其他的东西成瘾的人中毒或突然戒掉发生的情景有着极其相似之处。”要解除性爱诱惑，克服病态心理并不容易。

一旦恋爱关系出现，自己便和自己遭遇。你将面对你平时用理性掩饰的、压抑的、从没有向世界显示的那些情欲，它完全不顾大脑的反对，一股脑地表现出来。你的心理能量便消耗在自己与自己相遇的遭遇之中。因此，美国政府大量拨款强化在校生的爱情“克制”教育，鼓励青年人把恋爱和性行为推迟到完成学业以后。

对恋爱实施自我克制，这要从三个方面着手。第一是自我认定：恋爱与学业哪一个为先？第二是自我设计：未来与现在哪一个为重？第三是自我克制。

（孟 勇）

第十章　医学生职业生涯规划

【哲人的忠告】

我们生命的过程，就是做自己，成为自己的过程。

——罗杰斯

一个人从踏入大学校门的第一天起，就意味着职业教育的开始，预示着终有一天他将面临职业的选择，所以，每个大学生在校期间都要对职业生涯规划、就业心理与调适、求职技巧等知识有所了解，入学之初就要树立一个科学的职业理想，自觉规划和设计好自我成长发展的轨迹，建立积极的心态，为今后谋取理想的工作岗位提前做好充分的准备。

第一节　职业生涯规划概述

其实我们每个人都有成功的可能，只是要在适合的时间，把自己放在适合的位置，做适合的事情。这就是为什么现在我们强调大学生进行职业规划的重要性所在。

一、职业生涯规划的含义

（一）职业的概念

提到职业生涯规划，就不得不提到职业这一概念。职业是指：参与社会分工，用专业的技能和知识创造物质或精神财富，获取合理的报酬，丰富社会物质或精神生活的一项工作，是人们在社会中所从事的作为谋生手段的工作。《中华人民共和国职业分类大典》中把我国职业划分为由大到小、由粗到细的四个层次：大类（8个）、中类（66个）、小类（413个）、细类（1838个）。

（二）生涯的概念

在西方，"career"（生涯）一词来源于罗马字 via carraria 及拉丁文字 carrus，两者均指古代的战车。在古希腊，career 有"疯狂精神"的意思，后延伸为"生涯"一词，暗含如同在马场上驰骋竞技，需要冒险、克服困难的精神。

"生涯"在中国人的概念中，它往往与"生计""志业""命运"等词相通，例如:《庄子·养生主》言:"吾生也有涯，而知也无涯。"原谓生命有边际、限度，后指生命、人生。元朝高文秀的《襄阳会》第一折:"叠盖层层彻碧霞，织席编履作生涯。"此处"生涯"指"生计"之意。

由此看来，我们现将生涯定义为从事某种活动或职业的生活。

（三）职业生涯规划的概念

职业生涯规划理论最早起源于美国，1903年美国有"职业指导之父"之称的心理学家帕森斯提出了"职业指导"概念，并于1909年出版了《选择职业》一书，首次提出了"职业咨询"的概念，提出了人职匹配理论与三步范式法。从此，职业指导开始系统化。

1．职业生涯规划的定义　职业生涯规划（career planning）简称生涯规划，又叫职业生涯设计，是指个人发展与周围组织发展相结合，对决定一个人职业生涯的主客观因素进行分析、总结和测定，确定一个人的事业奋斗目标，并选择实现这一事业目标的职业，编制相应的工作、教育和培训的行动计划，对每一步骤的时间、顺序和方向做出合理的安排。

一个人的职业生涯是一个漫长的过程，是一个人一生连续从事和负担的职业、职务、职位发展的历程。不论职位高低，不论成功与否，每个工作着的人都有自己的职业生涯。有的人也许一生只从事一种职业，有的人也许一生会从事多种职业，但每个人都希望找到一个相对稳定、适合自己的职业。如何选择和科学规划自己的职业生涯，对更好地从事自己的职业，实现确立的人生目标非常重要。

2．职业生涯规划的主要特征

（1）方向性：它是一个人生活中各种事态的连续演进方向。至于这个方向是沿着哪个路径前进，不同的理论有不同的解释，可能是自我实现的意义或价值，可能是追求自身的某种需求，也可能是追求某些兴趣或能力，不同的个体会有不同的方向。

（2）时间性：生涯的发展是一个人一生当中连续不断的过程，它是纵贯人的一生的发展历程的。

（3）空间性：生涯是以事业的角色为主轴，也包括了其他与工作有关的角色。

按照舒波的生涯发展理论，他认为在个人的发展历程中，随着年龄的增长而扮演不同的角色，提出了生涯彩虹图及生涯发展的环节的模式（详见后“三、职业生涯规划内容”）。这些角色不完全是职业角色，但又与职业活动有直接或间接的关系，将角色概念与生涯发展的阶段相联系，由各阶段所扮演的各种角色来理解其生涯发展的状况。例如：大学生的主要生涯角色经验是学生，相关的角色经验可能包括女儿或儿子、姐姐或妹妹、哥哥或弟弟等。

（4）独特性：正如世界上没有两片完全相同的树叶一样，也没有两个完全相同的人，因此，每个人的职业生涯发展是独一无二的。

（5）主动性：人是职业生涯的主动塑造者。在人的职业生涯发展中都会因个人的发展而变化，例如：家庭环境、社会环境、政策法规、突发事件等因素都会影响到个人的职业生涯的发展。

3．职业生涯规划的目标分类　职业生涯规划目标的设定对一个人的职业生涯发展起到关键的作用，目标设定合理，能够发挥自己的长处，会加快个人的发展，有助于实现自己的人生梦想；若目标设定不合理，则会阻碍个人的发展，并可能偏离自己的人生方向。

职业生涯规划的目标期限一般划分为近期目标、中期目标和长期目标。

近期目标，是指五年以内的短期规划，主要是确定近期需要完成的任务。

中期目标一般为五至十年，在近期目标的基础上设计中期目标。

长期目标的规划时间是十年至二十年以上，主要设定长远目标。

总体来说，目标的设定要遵循以下原则：①可行性：个人发展要与组织发展相结合，客观地认识周围的环境，正确地评价自己，以科学事实为依据，制订可行性目标。②适时性：规划各项计划时，何时实施、何时完成，都应有时间和顺序上的妥善安排，这样不但方便以后对目标实施效果的检查，还可以增加未来行动的动力，有助于将来的目标的实施。③适应性：决定一个人职业生涯不但主观因素影响很重要，客观因素也担当了重要的角色，因此，规划未来的职业生涯目标时应有弹性，对主客观因素进行分析、总结和测定，想到多种可变因素，以增加其适应性。④连续性：确定一个人的事业奋斗目标，对提高个人的生活质量起着重要的作用，生涯规划应该贯穿整个人生，并不仅仅只是职业方面的，人生每个发展阶段应能持续连贯，因此，制订的目标应该具有连续性，能够对自己的人生进行统筹规划，形成可持续发展的良性局面。

二、职业生涯规划的目的和意义

职业生涯是人一生中最重要的历程，特别在大学阶段是个体职业发展的历程，追求自我实现的重要人生阶段，对人生价值起着决定性作用。因此，大学生进行职业生涯规划有着重要的意义和价值。

（一）认识自我，促进自我实现

“古之欲明明德于天下者，先治其国；欲治其国者，先齐其家；欲齐其家者，先修其身；欲修其身者，先正其心；欲正其心者，先诚其意；欲诚其意者，先致其知。致知在格物”。从《大学》这段话里我们可以看到要想“修身、齐家、治国、平天下”必先“格物致知”，只有先认清自己，为自己做好职业生涯规划，才能沿着这一套清晰完整的实践路线发展自我的事业，实现自我的人生价值。认识自我不但能帮助我们认识自己与外界环境的关系，也能更好地认识自己和统一自我。这种认识是个体通过观察、分析外部活动及社会比较等途径获得的，是一个多维度、多层次的心理系统。认识自我的途径主要包括以下三种：

1．自我观察　在生活中，没有谁比我们更加熟悉我们自己，因此，认识自我首先要从自我观察开始，我们要经常反省自我，留心观察自我。自我观察主要包括：自身外表，如外貌、体质、气质等方面的观察；对自己在所生活的集体中的位置和作用及社会适应能力等自我价值的观察；对自己精神世界的关注，包括对自己的性格、兴趣、爱好、特长等方面的观察。

2．通过他人了解自己　“不识庐山真面目，只缘身在此山中。”通过他人对我们的评价，可以从不同的方面了解我们自己，可以发现陌生的自我，这对提高自我、全面认识自己有很大的帮助。

3．通过专业测评了解自我　可以通过可靠的量表测量来评估我们的职业倾向、能力倾向和职业价值观，例如：我们可以通过艾森克人格测验或迈尔斯类型指标（Myers Briggs type indicator，MBTI）职业人格评估工具来辅助我们了解自己的人格。

（二）明确的职业发展目标与职业理想，合理的职业定位

在了解自我的基础上，科学地对自我进行职业生涯规划，发现自身的职业兴趣与爱好，探索职业世界，看看自己到底喜欢什么样的职业，适合什么样的职业。然后，采取切实可行的步骤和措施，确定和探索职业定位，实现自己的职业目标与理想，提升成功的机会。进行了职业生涯决策训练与一些社会实践之后，你肯定会发现自己的职业兴趣，这时你就要通过查找相关职业的资料、浏览相关单位的网站了解职业信息，进一步探索和发现你是否真的热爱并且有能力胜任相关的职业。如果答案是肯定的，就可以进行下一步的专业与技能准备，如果还不能确定的话，你就需要进一步探索你的职业兴趣。

（三）职业生涯规划可以提升应对竞争的能力

在当今的社会变革中，到处充满着激烈的竞争，如何提升自己的竞争能力变得尤为重要，只有自己的能力提升，才能游刃有余地以不变应万变。职业生涯规划能够使学生学会如何运用科学的方法增强自己的职业竞争力。一方面，能够帮助你更好地认识自我，学会独立地、科学地进行职业生涯决策，提高自己的选择能力和辨认能力，关注自己真正的内在需要，发扬优点，改正缺点，提升自我，从而提高社会竞争力。另一方面，通过职业探索，可以帮助你认识职业世界，把握职业世界的相关信息，发现自己真正的职业兴趣，更好地进行职业的择业和机会的评估，以确立自己的“目标职业”与个人发展方向。最后，通过对职业的探索、自我的认识、个人条件的评估、职业的选择之后，自己的人际交往能力、对职业世界的认识能力必定会有很大提高，然后发展你的职业专长，不断积累胜任该职业的能力，通过专业学习、培训、社会实践等，积累特定职业的专业知识，这样才能做到心中有数，不打无准备之仗。

三、职业生涯规划内容

（一）职业生涯规划的基本理论

1．霍兰德择业类型理论 霍兰德（JH. Holland）是美国霍普金斯大学心理学教授，美国著名的职业指导专家，他于 1959 年提出了具有广泛社会影响的人业互择理论，并于 1973 年提出了著名的六角形理论。这一理论首先根据劳动者的心理素质和择业倾向，将美国社会中的职业归纳成六大类型：社会型（social）、企业型（enterprising）、现实型（realistic）、常规型（conventional）、研究型（investigative）、艺术型（artistic）。他认为，绝大多数人都可以被归于六种类型中的一种，人的职业满意度、职业稳定性与职业成就，取决于个人的人格与工作环境之间的适配性，人的行为由人格与周围环境的交互作用所决定的，人在追求某类工作环境时，这种环境能施展个人的技术与能力，能展示个人的态度与价值，能胜任问题的解决和角色的扮演。

霍兰德认为，大多数人的职业兴趣都并非只有一种类型（比如，一个人的性向中很可能是同时包含着社会型、研究型两种）。霍兰德认为，这些性向越相似，相容性越强，内部一致性就越高，则一个人在选择职业时所面临的内在冲突和犹豫就会越少。为了帮助解释这一现象，霍兰德将这六大类型的第一个字母按照固定的顺序排成了一个正六三角形（图 10-1）。霍兰德所划分的六大类型并非是并列的，彼此有着明晰的边界。

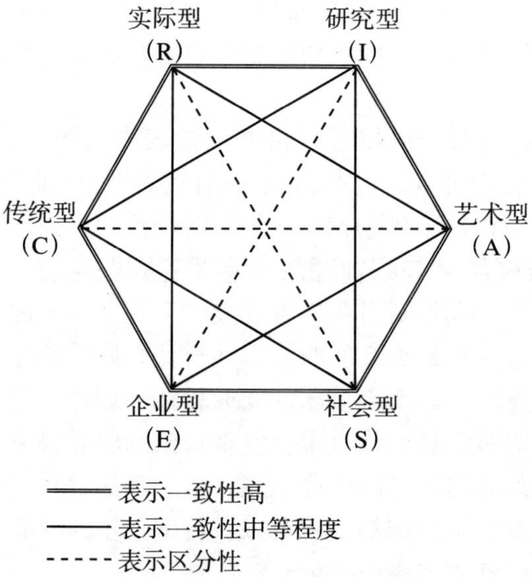

图10-1 霍兰德的六角模型（资料来源：Holland，JL. Making vocational choices:A theory of vocational personalities and work environments. 3rd ed. Odessa，FL：Psychological Assessment Resources，1997）

从图中可以看出：每一种类型与其他类型之间存在不同程度的三种关系：

（1）相邻关系：如 RI、IR、IA、AI、AS、SA、SE、ES、EC、CE、RC 及 CR，在六角形上位置相邻，距离越近表示心理上相似的程度越高，属于这种关系的两种类型的个体之间共同点越多。例如：某个学生得分最高的前两个兴趣是社会型（S）与艺术型（A），这两个类型在位置上是相邻的，因此，内在类型的一致性很高。

（2）相隔关系：如 RA、RE、IC、IS、AR、AE、SI、SC、EA、ER、CI 及 CS，属于这种关系的两种类型个体之间共同点较相邻关系的少。

（3）相对关系：如 RS、IE、AC、SR、EI 及 CA 是相对关系，即在六边形上处于对角位置的类型，相对关系的人格类型的共同点较少，因此，很少有人处于对相对关系的两种职业环境都很感兴趣的情况。

霍兰德的职业选择理论实质在于追求劳动者与职业的相互适应，因此，在霍兰德的理论中，个人类型与环境特征的适配性是极为重要的。个人与工作配合得当，如I型的人在I型的工作环境，其适配性就高，反之I型的人选择了E型的工作环境，其适配程度最低。

2．舒波的生涯发展理论　20世纪50年代，舒波Super系统地提出了有关生涯发展的观点，让生涯发展的概念取代了职业辅导的模式，开启了职业生涯规划的崭新局面。

（1）舒波早期的自我概念理论：舒波通过多年对生涯发展进行了全面的研究，于1990年发表了14项命题假设，这14项命题假设基本涵盖了他有关生涯发展理论的主要理念，如自我概念、生涯发展阶段、生涯角色等理论。其中生涯发展理论的核心是“自我概念”。舒波认为职业选择的历程即是自我概念实践的历程。他认为“自我概念”就是自我分化、角色扮演、探索和接受考验的过程，是一个有结构的、多维度的自我发展系统。

（2）舒波的生涯发展阶段理论：舒波将生涯发展阶段划分为成长、探索、建立、维持与衰退五个主要的人生发展阶段，这五个阶段反映了各个阶段的生涯发展的任务。

第一阶段：成长阶段（0～14岁）。该阶段儿童在他人的认同过程中，逐渐开始发展自我概念，开始以各种不同的方式来表达自己的需要，对现实世界不断地尝试，修饰自己的角色。这个阶段发展的任务是：一是发展自我图像；二是发展对工作世界的正确态度，并开始了解工作的意义。

第二个阶段：探索阶段（15～24岁）。该阶段的青少年通过在学校、社团等活动中的体验，逐渐对自我能力及角色、职业进行探索，考虑可能的职业领域和工作层次。这个阶段发展的主要任务是：使职业偏好逐渐具体化、特定化并实现职业偏好，生涯目标初步确定并试验其成为长期职业生活的可能性。

第三个阶段：建立阶段（25～44岁）。经过上一阶段的尝试，不合适者会谋求变迁或作其他探索，逐步建立稳固的地位，初步确定在整个事业生涯中属于自己的“位子”，大部分人在这个阶段处于事业创造力的巅峰阶段，业绩优良。这个阶段发展的任务是选择自己胜任的职位，学习与他人建立关系，统整、稳固并求上进。

第四个阶段：维持阶段（45～65岁）。在职场上崭露头角，全力稳固现有的成就与地位，个体仍希望继续维持属于他的工作“位子”，面对新的人员的挑战，全力应战。这一阶段发展的主要任务是接受自身条件的限制，专注于本职，维持既有成就与地位。

第五个阶段：衰退阶段（65岁以上）。由于个体身体生理及心理功能日渐衰退，工作效率降低，不得不面对现实，从工作积极参与到逐渐隐退。这一阶段往往注重发展新的角色，例如：有的人退休后找到兼职工作，来寻求不同方式以替代和满足自身的需求。主要任务是减少工作时数，适应工作角色的转变，发展非职业性质的角色，做以前想做却没有时间做的事情。

（3）舒波的生涯彩虹图理论：生命/生涯彩虹图是舒波描绘的一个多重角色生涯发展综合图形（图10-2）。舒波将这个生活广度、生活空间的生涯发展图形命名为“一生生涯的彩虹图（life-career rainbow）”。

这个生涯发展观，除了原有的发展阶段理论之外，较为特殊的是舒波加入了角色理论。在一生生涯的彩虹图中，横向层面代表的是横跨一生的生活广度。彩虹的外层显示人生主要的发展阶段和估算的大致年龄：成长期（0～14岁，约相当于儿童期）、探索期（15～24岁，约相当于青春期）、建立期（25～44岁，约相当于成人前期）、维持期（45～65岁，约相当于中年期）以及衰退期（65岁以上，约相当于老年期）。在这五个主要的人生发展阶段内，各个阶段还有若干小的阶段，舒波特别强调各个时期年龄划分有相当大的弹性。应依据个体的生理、心理和发展的不同的情况而定。

在一生生涯的彩虹图中，图中的纵向层面代表的是纵贯上下的生活空间，是由一组职位和人物的角色所组成。舒波认为人在一生当中不同的阶段所扮演的角色是不同的，其中必须扮演

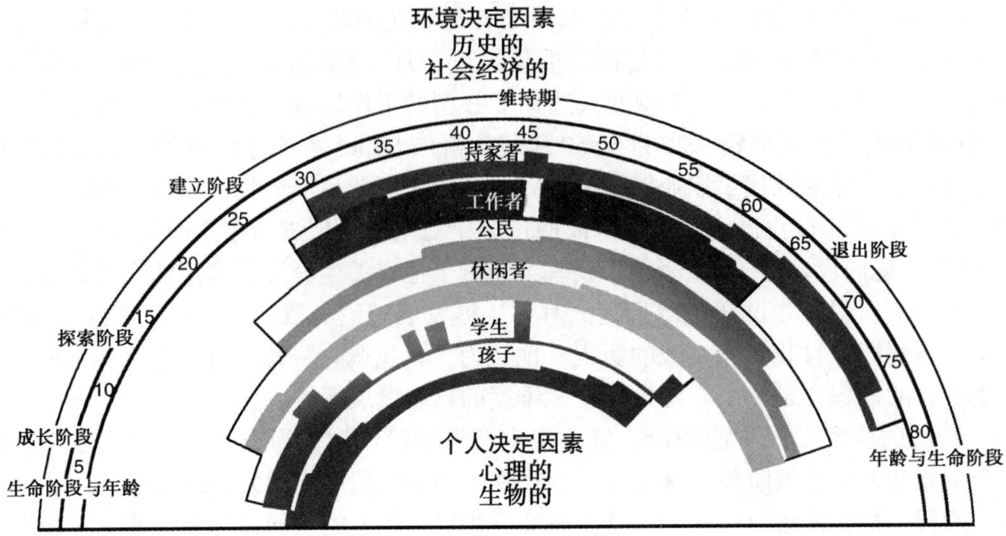

图 10-2 生涯彩虹图

的角色主要有九种，依序是：儿童、学生、休闲者、公民、工作者、夫妻、家长、父母和退休者。角色之间是相互关联的，某一个角色上的成功，可能带动其他角色的成功，反之，某一个角色的失败，也可能导致其他角色的失败。舒波同时还指出，某一角色付出的比例太大，也有可能导致其他角色的失败。在舒波的彩虹图中，他还引出了一个“显著角色”的概念，例如：成长阶段最显著的角色是儿童；探索阶段的显著角色是学生；建立阶段的是家长和工作者。在维持阶段中，我们可以看到 45 岁左右，彩虹图中的工作者的角色突然中断，又恢复了学生角色，同时公民与休闲的角色逐渐增加，这正如现在我们所说的“中年危机”时期，暗示这时我们应该再学习、再调适，处理好职业与家庭生活中所面临的困境，使得未来显著的角色能得到充分的发挥。通过舒波彩虹图中的显著角色的概念，我们可以看出一生中，一个人各种不同角色在各个不同时期的重要程度，以及对个体不同的发展阶段所具有的特殊意义。

（二）职业生涯规划的基本步骤

职业生涯规划的基本步骤概括起来，主要有以下六个方面：

1．自我评估　俗话说“知己知彼，百战不殆”，正确评价自己，进行自我剖析很重要。自我评价是职业生涯规划的第一步，也是职业生涯规划的重要的步骤，一个有效的职业生涯设计必须是在正确全面认识自己的基础上进行的。应充分了解自己的兴趣、特长、性格、技能等，只有这样才能避免设计中的盲目性，并合理地进行职业生涯的规划。

2．职业环境的评价　职业环境的评价也是职业生涯机会的评估，一个人的职业生涯除了受自我主观因素的影响外，客观环境对一个人的职业生涯也会产生重要的影响，例如：家庭环境、教育环境等都会对个人产生很大的影响，因此，在进行职业生涯规划时，还要充分认识与了解周围的环境，分析环境条件的特点、发展变化情况，看看周围的环境会对自己产生什么样的影响，结合本专业、本行业的地位、形势以及发展趋势，评估环境因素对自己职业生涯发展可能产生的影响。

3．职业定位　职业定位是职业生涯规划的首要环节，它决定着个人职业生涯的方向，也决定着职业生涯规划的成败。职业定位就是明确自己要从事一个什么样的职业，自己的职业目标要与自己的主、客观条件达到最佳的匹配。进行职业定位时先要弄清自己想要干什么、能干什么，自己的兴趣、才能、学识适合干什么。依据客观现实，考虑个人与社会、单位的关系，选择条件更合适、更符合自己特长、能胜任、有发展前途的职业，找到人岗匹配的匹配点，也叫职位切入点。同时还要注意扬长避短，把自身的优势整合在一起，作为职场上打拼的核心竞争力。

4．职业生涯目标　明确职业生涯目标是大学生职业生涯发展的关键，目标通常有短期目标、中期目标、长期目标和人生目标之分，有了目标才会有追求事业成功和个人发展的方向与动力。“凡事预则立，不预则废”，在大学期间合理规划自己的职业生涯目标，特别是短期和中期的目标，为自己提出奋斗的方向，这样才不会虚度大学的时光，过一个充实的大学生活，为以后谋求工作和职业的发展打下良好的基础。

5．职业生涯策略的制订与实施　就是要制订实现职业生涯目标的行动方案，要有具体的行为措施来保证。没有行动，职业目标只能是一种梦想。要制订周详的行动方案，更要注意去落实这一行动方案。

6．评估与反馈　影响职业生涯规划的因素很多，实施计划也并不是一成不变的，我们要审时度势，及时调整，要根据情况的变化及时调整我们的实施方案，这样才能使职业生涯规划行之有效，达到理想的结果。

美国的成功学大师安东尼·罗宾斯曾经提出过一个成功的万能公式：成功＝了解自我＋明确目标＋详细计划＋马上行动＋检查修正＋坚持到底。从这个公式我们可以看出，我们在进行职业生涯规划时以上六个步骤，任何一个都是重要的。我们要先了解自我，选择一个最适合我们发展的工作，确定我们的目标，进行职业生涯规划，最后付诸行动，并且经常地对自己的目标和计划进行检查修正，调整方案，最后坚持到底，就能获得职业生涯的成功。

第二节　医学生求职方法与技巧

在现实中常常看到，有的同学自身条件并不太好，却找了一份不错的工作，而有的同学自身很优秀，却没有找到理想的工作，其中择业方法不妥和就业技巧欠缺是导致就业效果不同的重要原因。

一、医学生就业的现状

由于医学专业的限定，大部分学生毕业之后，就业的岗位几乎都是与医疗相关的行业，就业灵活性相对其他的专业要差些。

（一）总体就业人数上升，就业形势严峻

据有关资料显示，从2003年第一批扩招的医学专业大学生毕业至今，全国医学类的毕业生已超过110万人。依据卫生部2010年数据统计，全国普通高校毕业生规模将达630余万人，而医学毕业生有119万。由于中国的医学院校数量偏多，部分综合类大学还设有医学部，所以尽管国家在逐步减少临床医学专业的招生人数，但其数量的大幅度减少尚需时日；大城市医疗机构人员趋于饱和，但县乡医疗卫生机构尚有较大需求。

（二）人才市场对医学毕业生的需求状况不同

首先，我国的人才市场对医学毕业生的学历的需求状况不相同。学历越高越好就业；另外，院校不同，就业情况也有区别，重点院校的毕业生相对于一般院校更易就业；就业率还因专业不同而异，传统的临床医学专业就业相对较难，而护理、麻醉、影像等专业就业率较高；不同城市对于医学毕业生的需求也有很大的区别，像北京、上海、广州、深圳等这样的大型城市相对需求较少，中小城市和县城相对需求较大。

（三）对品德和能力的要求越来越高

各医疗机构不但对毕业生的学历有要求，同时对毕业生的品德和能力也提出了更加具体和更高的要求。

（四）就业渠道呈现出多样化特点

医学毕业生主要有以下几种择业途径：一是进入医疗卫生及其相关机构，从事医疗行业、药品的研发和生产或医疗设备的采购和销售等；二是考研继续深造；三是参加公务员考试；四是出国继续攻读学位。

二、求职的方法和技巧

（一）常见求职渠道及其特点

1．学校的就业指导机构　学校的毕业生就业指导中心是高校专门负责毕业生就业工作的常设机构，是学校连接社会的窗口和桥梁，为学生就业和用人单位招聘毕业生提供专门指导和服务。学校就业指导中心会及时向毕业生发布有关当前就业形势、就业政策的信息，吸引有关单位来校招聘毕业生，为毕业生提供政策、用人单位情况、就业心理以及择业方法与技巧指导，还会邀请优秀毕业生代表、专家学者联合举办系列就业讲座，为学生开展专业职业倾向测试和个性化职业生涯规划设计等服务。很多大学生通过学校的招聘信息完成择业过程，其优势主要表现为：

（1）具有较强的针对性：学校多数招聘信息主要针对本校的应届毕业生，学校在发布用人单位信息前会根据用人单位的性质、需求信息等向本校不同的专业发布用人招聘信息，而用人单位向学校发出需求信息时，也是在掌握了学校的专业设置、生源情况、教学质量等信息基础上进行招聘的。所以，学校的招聘信息对于在校毕业生来说针对性强。

（2）具有较高的可靠性：学校有专门的就业指导机构负责对就业信息的审核，保证了信息的可靠性。而且为了对广大毕业生负责，学校办理毕业生签约手续齐全，避免了大量的人事纠纷。

（3）成功概率较大：很多高校与用人单位保持了长期的工作联系，有些招聘单位本身就是学校的就业基地，因此成功率较高。

但是学校就业渠道也有很多的不便之处，如灵活性较差、信息覆盖面窄。

2．人才招聘会　人才招聘会对于高校毕业生来说，主要有以下两种形式：

（1）校园招聘会：是高校校内组织的招聘洽谈会，邀请外来单位进行招聘，通过审查外来单位的资质，组织现场招聘活动，招聘对象主要是本校的应届毕业生。这也是应届毕业生最为常见的一种求职方式。由于校园招聘会往往是在校园中举行的，对于高校毕业生来说比较方便，其次，校园招聘会直接针对高校毕业生，专业性和针对性较强。另外，来的用人单位都是经过学校审查过的单位，相对其他求职方式来说，安全性较高，面试成功的可能性也相对较大。

（2）人才市场招聘会：是由人力资源服务机构为用人单位和人才之间双向选择提供交流洽谈场所和相关服务的中介活动。多数人才市场招聘会都是收费的，面对的招聘对象较复杂，对人才的要求水平相差较大。

3．各种新闻传播媒体、互联网　随着中国传媒业的发展、计算机网络的普遍应用，媒体、互联网招聘的方式现在已逐渐成为大学毕业生求职的首选方式。广播、电视、报刊、杂志等新闻媒体上一般都会刊登一些招聘就业信息，这些信息将会给毕业生提供一些机会。互联网本身不受时间、地域限制，也不受服务周期和发行渠道限制，它具有时效性强、成本低、针对性强等优点，被越来越多的求职者和招聘单位青睐。在美国，上网找工作已经成为家常便饭，反而很少还有人再采用翻报纸、看期刊等手段来寻觅就业机会。据调查，在我国，北京人上网求职的比例全国最高，其次是上海，再次是深圳和广州。

4．利用社会关系和以实习带动就业　在寻找就业信息的时候，毕业生也可以通过周围的亲戚、朋友、老师这些社会关系网获得求职信息。根据中华英才网的调查显示，有41.61%的大学生认为，通过家庭社会关系找工作是最有效的求职途径。但是，要注意不要对他人形成依赖心理，完全把自己工作的事情寄托给别人，而自己不努力争取。

（二）合理地选择就业信息

1．了解就业相关政策 就业政策是根据各个不同时期的政治、国民经济发展战略和人才培养方案制订的，大学毕业生只能在国家就业方针、政策和原则所规定的范围内选择职业。择业前，我们要事先了解国家就业方针、政策和相关的就业法律法规。同时，一些地方的用人政策和相关的法规我们也要及时了解，特别是那些想要在这些地方择业的学生，更要进行详细的学习，这样择业时才能不盲目，做到有的放矢。

2．了解用人单位的信息 在大学生选择单位时，对用人单位情况的详细了解，对自己以后的职业发展会有很大的帮助。对于用人单位来说，毕业生应该了解用人单位的准确全称、性质、隶属关系、所需人才的具体要求、福利待遇（包括工资、福利、奖金、住房等）、发展前景、地理环境、联系方式等，这些都是毕业生求职前需要了解的方面，这样才能做到对用人单位有一个比较客观的评价，从而判断是否是自己理想的、适合自己的单位。

3．学会选择适合自己的就业信息 当我们追求自己的职业理想时，最重要的是不能忽略了实际问题。“三百六十行，行行出状元”，每一个人都有适合自己的工作，也有不适合自己的工作，我们要清楚要自己想干什么，自己能够干些什么，对自己做出一个全面的认识和正确的自我评价，了解自己的兴趣爱好、气质、性格特征、能力等，将自己的职业理想和实际相结合。一个工作只要你喜欢，而且这个工作又特别适合你，能最大限度地发挥你的长处，那么这就是个好工作。

择业的成败很大程度上取决于如何进行选择正确的就业信息。收集到适合自己的就业信息后，应结合自己的实际情况进行筛选，善于识别信息的准确性、有效性和可行性。由于就业信息有很强的时效性，所以，当确定某一就业信息较适合自己时，就要尽早决断，并向用人单位及时反馈信息，以免错失良机。

4．增强自己辨认虚假“招聘信息”的能力 虚假招聘信息的主要特征有：①招聘不招人。应聘时需要交纳一定的报名费或者培训费。这类招聘广告往往以非常优厚的待遇作诱饵，坐收招聘之利，致使一些人受骗上当。②“急招、急聘”的弦外之音。某些公司常附加“急聘”“大量求聘”等字眼，目的是借助广告大量吸纳新人，目的是掩饰裁员危机。有时在财务状况上故弄玄虚，以避开债权人的追逐压力，在录用后的短期内再淘汰不合适的员工。③高薪招聘背后的陷阱。有的公司以招聘的名义，开出一个颇高的薪酬，招聘面试时，给应聘者提供一张“考卷”，要求应聘者完成一项工艺方案设计或某研究项目的技术性工作后再考虑是否录用。在应聘者努力完成后，招聘也就不了了之了，这种以高薪引诱无偿地占有他人的劳动成果，只是为了骗取他人劳动成果的常见手段。④警惕误入传销组织。这些招聘信息往往有令人向往的优厚待遇和工作条件，无须交保证金和培训费。这些广告都比较“专业”，很容易以假乱真，很会利用人们求职心切、渴望能得到挣钱机会的心理，骗取应聘人的信任。

三、面试的技巧

（一）面试前做好充分准备

1．接听面试通知电话 很多面试并不是从当天面试开始的，而是从接听电话的那一刻就已经开始了，因此，当我们接到通知面试电话的时候，并不要一脸的惊讶和迷茫，更不要漫不经心。在电话中，你应该用热情、礼貌的语言和对方交流，声音不一定要大，但一定要清楚，万一没听清，千万别客气，赶紧问。在电话里，一定要记下对方通知的面试的时间、地点、需要你携带的资料、医院的地址、到医院哪个部门面试等，最好还要记下对方的联系方式。当然现在也有很多面试是通过网络邮件发送的，当你接收到邮件时，一定要及时回复，并留下你的电话，以防万一有变动，可以第一时间通知到你本人。

2．了解用人单位　在面试前，应该对用人单位的基本情况和用人需求情况做一个详细的了解，这样可以帮自己熟悉一下用人单位的背景、氛围、环境等，做到知己知彼，从而有效地消除面试的焦虑和紧张，也可以更好地帮助自己如何融入那个医院中。另外，为了防止面试那一天发生意外，应提前做好准备，熟悉医院的地点，最好是亲自去看看医院的地址。

3．准备问题　面试时虽然有可能提出各种问题，但是总体来说，还是有规律可循的，一般情况下面试中常见的问题具体包括个人情况介绍、应聘动机、专业情况、工作能力、人际关系、工作态度及其他方面。下面列举一些常见的面试问题，可供准备面试时参考：

一是自我介绍或关于个人情况的一些问题，例如：谈谈你自己；你的家庭情况怎样；你有什么特长和爱好；你的优缺点等。当考官提问你的缺点时，遇到这样的问题时，很多应聘者都会感到很棘手，不知道如何作答。在回答这个问题上，我们要明白考官问这个问题，并不是想要知道你的真正的缺点在哪里，而是想看一下你是如何评价自我，对自己是不是有一个真正的了解，是在测试一个人的成熟度、对自己的判断和学习改进能力。所以在这个问题上，不要说自己没有缺点，但是也不要把自己的缺点扩大化，特别是不宜说出严重影响所应聘职位的缺点。

二是你的应聘动机是什么。这些问题的主要测试点是你对工作考虑的因素有哪些、你为什么选择这个单位。对这个问题，面试官主要试图从中了解你求职的动机、愿望以及对此项工作的态度。应聘者可以从行业、单位和岗位这三个角度来回答，而且要相信这项工作很适合你，自己一定能做好。

三是关于专业的问题。关于这类问题主要是从你的专业与工作的关系角度提问的，所以可以有意识地准备一下，说明你的专业会对未来的工作有什么样的帮助。

四是关于工作能力、态度的问题。这个问题的主要目的也是了解应聘者的工作能力和计划性、条理性、工作中的价值观。回答此类问题时，应该对于应聘的职位有足够的了解，最好不要直接说出自己开展工作的具体办法；首先听取领导的指示和要求，对领导的意图和有关情况进行了解和熟悉后，再表明自己的观点和态度。

五是关于人际关系的问题。主要是考察你的合作、与人相处的能力，这也是现在一些用人单位，特别是经常与人交往的单位非常看重的一项个人能力。同学们在碰到此类问题时，大可不必慌张，提前准备一下，查阅一下与人交往或相处的书籍或者资料，掌握一些技巧，也可把自己的一些成功经验作为案例和大家分享一下，但要注意不要太长地占用大家的时间。

（二）面试中的技巧

1．面试着装　力求简洁大方，无论你穿什么，都必须充分体现自己的自信。一般来说，所穿的服装不一定要穿名牌，但要保证服装整齐干净，服装的颜色应协调一致，切忌穿太紧、太透和太露的衣服。男生最好着西装，女生最好穿套装。着装的好与坏非常能左右人的自信心。只有着装与周围人相融合，才会感到融洽放松，自信心自然也会提升。要化妆恰当，将头发梳整齐，皮鞋要擦亮，穿着要得体，牛仔裤也不要污点斑斑。男同学要刮干净胡子，注意头皮屑；女同学不要浓妆艳抹，不要用太浓烈的香水。

2．面试中的礼仪　细节决定成败，面试中基本的礼节是必不可少的，它也是一个人素质的反映、人格的体现，任何一项不文明的举止都可能会影响到个人的形象，导致面试的失败，因此，面试时应注意以下几个方面：

（1）面部表情：面试成功与否与表情关系很大。应试者在面试过程中，应自然、轻松、镇定，给人以平和、清爽的感觉。刚入面试室时，要向主考人员微笑致意，并说“你们好”之类的招呼语，这样不但可以缓解紧张的气氛，也可以创造和谐的氛围。面试时要保持始终面带笑容、谦恭和气，表现出自然、热情、大方、乐观的精神状态；不要直盯对方，也不要以眼瞟人，眼光宜落在主考人的鼻子上为佳，这样既保持了接触又避免了不礼貌的直盯。特别是对方提问时，自己不要左顾右盼、漫不经心，否则主考人会误认为你缺乏诚心和兴趣。

（2）面试时的举止：面试时我们的举止要大方、稳重、优雅，体现出修养和风度。在陌生的主考人面前，坐、立、行等动作姿势正确雅观、成熟庄重，不仅可以反映出青年人特有的气质，而且能给人以有教养、有知识、有礼貌的印象，从而获得别人的喜爱。具体说来，以下几点值得注意：①行走的姿态：走姿的基本要求应是从容、平稳，应走出直线。走动时应当身体直立，昂首挺胸、收腹、眼直视、两臂自然下垂摆动，腿要直。两臂在身体两侧自然摆动，摆动幅度不要过大。身体重心应稍向前，头朝正前方，眼睛平视，面带微笑，上身正直不动，两肩相平不摇，两臂摆动自然，两腿直而不僵，步度适中均匀，两脚距离为45 ~ 50 厘米，双腿前后成一直线，脚步轻稳。②站立的姿态：面试站立时，我们应该身形正直，头、颈、身躯和双腿应与地面垂直，两肩相平，两眼平视正前方，嘴自然闭合，两臂和手在身体两侧自然下垂：双腿直立，双脚对齐，脚尖分开的距离以不超过一脚为宜，如果叉得太开，特别是女性是很不雅观的。另外，还要注意双手不应插在裤袋里或交叉在胸前。③正确的坐姿："站如松，坐如钟 "，坐姿要端正。在没有听到考官说"请坐"之前，我们绝对不可以坐下，等考官说"请坐"时才可坐下，坐下时还不要忘了说声"谢谢"。坐椅子时最好坐满三分之二，不要完全坐满椅子，也不要只坐椅子的一角。上身要挺直，不要弓着腰，要让自己显得精神抖擞，也不要将自己的腰板挺得很直，应该很自然地将腰伸直，并拢双膝，把手自然地放在上面，保持轻松自如的姿势。坐在主考人员指定的座位上，不要挪动已经安排好的椅子的位置，头要正，目光平视；双腿要自然并拢，不宜把腿分得很开，女性尤应注意。两臂贴身自然下垂，两手随意放在自己腿上，两脚自然着地。切忌跷二郎腿或腿不停抖动，两臂不要交叉在胸前，不能把手放在邻座椅背上，这样容易给别人一种轻浮傲慢、有失庄重的印象。背后有依靠时，也不能随意地把头向后仰靠，显得很懒散的样子。

（3）肢体语言：①眼神的交流：面试时你的目光要真诚地注视对方，表示对他的话感兴趣，不可东张西望、心不在焉，不要不停地看手表，要注意和考官的目光接触。但是，也不要一直目光呆滞地盯着别人看，这样会让他感到很不舒服。如果主考人有几位，还要注意同时也要兼顾其他主考人员，经常用目光扫视一下其他人，以示尊重和平等。②面试中的手势：为了吸引听者的注意力，使言谈显得有声有色和增强感染力，在说话中可以适当加进一些手势，但动作不要过大，"手势宜少不宜多"。多余的手势会给人留下装腔作势、缺乏涵养的感觉。③避免一些不必要的小动作：在面试时一些多余的身体小动作往往令主考人分心，甚至令其反感。例如：玩弄衣带、发辫、笔、纸等分散注意力的物品，玩手指、抠指甲、挠头皮、抠鼻孔、跷起二郎腿乱抖，说话时用手掩着口，摇摆小腿等，这些都是很不懂礼貌的肢体动作，会引起考官的反感，使自己陷于被动，因此，我们要在平时养成良好的习惯，不时检点自己的一言一行，善于察言观色，善于利用无声胜有声的形体语言。

3．面试时注意的问题

（1）到达的时间：建议提前 30 分钟到达面试的地点，给自己充足的时间，以免发生意外，可以利用这段时间平静一下心情，舒缓一下呼吸，整理一下仪容，这样可以保证你有一个很好的状态进入面试环节。注意绝对不要迟到，这是面试的大忌。

（2）进入面试的房间：进入房间的时候，不要太紧张，可以在门口稍微停留 1 ~ 2 秒钟，先看清房间里的人，和面试官做一个目光上的接触，礼貌地微笑一下，打声招呼，就可以走到座位前落座。在就座的时候要注意一下，一般情况下是坐在面试官的对面，让他能很容易看到你的地方。

（3）自我介绍：自我介绍是面试中非常关键的一步。大多数面试考官会要求应聘者做一个自我介绍，一方面以此了解应聘者的个人信息，另一方面考察应聘者的语言表达、应变和心理承受、逻辑思维等能力。自我介绍的时间一般为 3 ～ 5 分钟。千万不要小视这个自我介绍，在如此短的时间内，应聘者也可以趁此机会主动向面试官推荐自己，展示自己的才华和能力。这既是打动面试考官的敲门砖，也是推销自己的极好机会。

（4）回答问题：勿以自我为中心，要谦虚，语气要平和，语言表达要简明、扼要，也不要过于拘泥，对面试官提出的问题要积极响应，问题不要提的太多，最好不要单刀直入地询问关于薪资的问题，可委婉地提问，如你可以问一些例如医院的文化、职业发展这类的问题，这些都是比较安全的问题。

（5）面试结束：要首先感谢主考官及医院给自己这样的机会，然后把椅子放回原处，再次表示感谢，随手关门。

4．面试后的跟进　主要是在录取结果未出来前这段时间可以跟进，但是一定要注意方式、方法，否则可能适得其反。其主要的作用就是加深面试官的印象，表明你对该单位的态度。至于跟进的效果有多少很难定论，要看双方的运气。

四、大学生就业焦虑及其应对

（一）大学生就业焦虑的表现

大学生在择业过程中，由于各自家庭环境、社会背景、个人经历、专业基础的差异，个人的就业期望值也不尽相同，都会或多或少地出现焦虑。总体来说，大学生的就业焦虑主要表现为以下几个方面：

1．求职择业过程中普遍出现烦躁不安心理　心理上过度地焦躁、沮丧、不安，自己又不能在一定时间内化解这些情绪。例如：有的同学因自己是女生而怕单位对其有歧视不录用，整日烦躁不安；有的因自己学习成绩不佳，担心没有用人单位看上而烦恼；有的因自己向往高职位、高待遇的单位，但参加竞争的人越多，录用条件越严格，担心自己能力低而紧张不安等。

2．大学生的就业恐惧心理　还有一些同学担心就业时被用人单位拒之门外，毕业后找不到工作，而呈现过度的紧张和焦虑，致使出现失眠、心烦，一参加面试或笔试时，就感到胆战心惊，有的甚至手脚发抖，无法进行竞聘，这些都是心理焦虑的表现，长此以往，不但会对自己的就业造成影响，还会对身心造成很大的伤害。

（二）大学生就业焦虑心理的调适

1．自我肯定，树立自信　常言道：“天生我材必有用”。要学会正确地看待自己的弱点和不足，相信自己的实力，相信自己能干一番事业，可以适当地降低自己的目标，从自己的行为中获得满足和动力。当陷入焦虑状态时，可以反复地告诉自己，“没有问题”“我可以对付”“我一定行”，多给自己这样的积极暗示，会使你逐渐冷静下来。

2．学会自我放松　当焦虑来临之时，用放松技术对抗它。

（1）闭上眼睛，舒服地坐着，慢慢地把注意力集中在呼吸上。

（2）深深吸进一口气，吸满，下沉，把腹部膨胀起来。

（3）憋住气，保持一会儿（大约 10 秒）。注意感受在此期间的宁静与祥和，把这段期间想象成生活中你放开过去、迈向未来。

（4）慢慢把气吐出来，要慢慢地均匀呼出来。每吐一口气，同时想象“放开”，把干扰你的杂念和心理压力吐出去。

(5) 重复做一次，深深吸进一口气，保持一会儿（大约10秒），然后慢慢把气呼出来。这样连续做几遍，心跳就会变慢，呼吸就会变匀，心情也会逐渐平静下来，长期坚持下去，会有效地减缓你的焦虑情绪。

3．适度宣泄　适度宣泄法指当遇到各种矛盾冲突，引起不良情绪时，应尽早进行调整或适度宣泄，使压抑的心境得到缓解和改善。宣泄的办法有很多种，例如：可以通过打球、爬山、游泳等活动量较大的运动消除压抑心理，缓解心情；也可以通过向你的亲朋好友、师长倾诉你的忧愁、苦闷，使不良情绪得到疏导。同时还要注意宣泄的方法要适合自己的身份、无破坏性、适度，使用时也应注意场合，选择适合自己的一种合理方式，来减轻自己的压力。

【心理自我训练】

我的生涯度假计划

假设你正坐在开往国外的飞机上，在途中，突然乘务员向飞机上的人宣布由于飞机故障，需要紧急降落到一个岛上。这里一共有六个岛屿，每一个岛屿都有不同的特色，这个岛屿由你来选择，而且你还需要在你选择的岛上呆上至少1年的时间，它们分别是：

A岛——美丽浪漫岛：这个岛上到处是美术馆、音乐厅，弥漫着浓厚的艺术文化气息。居民们保留着传统的舞蹈、音乐与绘画，许多文艺界人士都喜欢来到这里，进行沙龙派对，寻找灵感。

C岛——现代井然岛：岛上处处耸立着现代建筑，标志着这是一个进步的、都市形态的岛屿。岛上的户政管理、物业管理及金融管理都十分完善。岛民们个性冷静保守，办事井井有条。

E岛——显赫富庶岛：岛上的居民热情豪爽，善于企业经营和贸易。岛上的经济高度发达，处处是高级饭店、俱乐部、高尔夫球场。岛上往来者多是企业家、经理人、政治家、律师等，这些商界名流与上等阶层人士在岛上享受着高品质的生活。

I岛——深思冥想岛：这个岛平畴沃野，人少僻静，适合夜观星象。岛上有很多天文馆、科技博物馆、科学图书馆。岛上居民喜好沉思、钻研学问、探究真知，喜欢和来自各地的哲学家、科学家讨论学术问题，交流思想。

R岛——自然原始岛：岛上保留有热带的原始植物，自然生态保持得很好，也有相当规模的动物园、植物园、水族馆。岛上居民以手工见长，自己种植花果蔬菜、修缮房屋、打造器物、制作工具。

S岛——温暖友善岛：岛上居民性情温和、十分友善、乐于助人，社区均自成一个密切互动的服务网络，人们多互助合作、重视教育、弦歌不辍，处处充满着人文关怀气息。

了解了六座岛屿后，你觉得哪个岛屿是你最想去的？若再让你选择两个你可以去的岛，你会选择哪个？你会在岛上停留多长时间？

我想去的是:________岛__________年

其次是:________岛__________年

再其次是:________岛__________年

本活动主要是在霍兰德职业兴趣理论上设计的，测试目的是通过选择岛屿，发现自己所喜欢和不喜欢的职业内容，探索自己的职业兴趣，帮助自己思考职业方向。请根据自己的选择结果到表10-1中判断自己更适合做哪种工作。

表10-1 性格与职业匹配

类型	喜欢的活动	重视	职业环境要求	典型职业
实用型（realistic，R）	用手、工具、机器制造或修理东西。愿意从事实物性的工作、体力活动，喜欢户外活动或操作机器，而不喜欢在办公室工作	具体实际的事物，诚实，有常识	使用手工或机械技能对物体、工具、机器、动物等进行操作，与“事物”工作的能力比与“人”打交道的能力更为重要	园艺师、木匠、汽车修理工、工程师、军官、兽医、足球教练员
研究型（investigative，I）	喜欢探索和理解事物，喜欢学习研究那些需要分析、思考的抽象问题，喜欢阅读和讨论有关科学性的论题，喜欢独立工作，对未知问题的挑战充满兴趣	知识、学习，成就，独立	分析研究问题、运用复杂和抽象的思考创造性地解决问题的能力，谨慎缜密，能运用智慧独立地工作，有一定的写作能力	实验室工作人员、生物学家、化学家、心理学家、工程设计师、大学教授
艺术型（artistic，A）	喜欢自我表达，喜欢文学、音乐、艺术和表演等具有创造性、变化性的工作，重视作品的原创性和创意	有创意的想法，自我表达，自由，美	创造力，对情感的表现能力，以非传统的方式来表现自己；相当自由、开放	作家、编辑、音乐家、摄影师、厨师、漫画家、导演、室内装潢设计师
社会型（social，S）	喜欢与人合作，热情关心他人的幸福，愿意帮助别人成长或解决困难，为他人提供服务	服务社会与他人，公正，理解，平等，理想	人际交往能力，教导、医治、帮助他人等方面的技能，对他人表现出精神上的关爱，愿意担负社会责任	教师、社会工作者、牧师、心理咨询师、护士
企业型（enterprising，E）	喜欢领导和支配别人，通过领导、劝说他人或推销自己的观念、产品而达到个人或组织的目标，希望成就一番事业	经济和社会地位上的成功，忠诚，冒险精神，责任	说服他人或支配他人的能力，敢于承担风险，目标导向	律师，政治运动领袖、营销商、市场部经理、电视制片人、保险代理
事物型（conventional，C）	喜欢固定的、有秩序的工作或活动，希望确切地知道工作的要求和标准，愿意在一个大的机构中处于从属地位，对文字、数据和事物进行细致有序的系统处理以达到特定的标准	准确、有条理、节俭、盈利	文书技巧，组织能力，听取并遵从指示的能力，能够按时完成工作并达到严格的标准，有组织有计划	文字编辑、会计师、银行家、簿记员、办事员、税务员和计算机操作员

【案例分析】

案例回放：张丽（化名），女，22岁，临床医学专业大四学生，家里还有一个弟弟，父母都是农民。来访时张丽面容憔悴，愁眉不展，自述这一段时间一直在犹豫，明年毕业，是现在准备深造考研？还是就业？她的父母希望她毕业后参加工作，家里也托人给她在乡镇上找了一个不错的工作，虽然是文秘工作，但也是政府的机关单位的正式编制，也可以缓解一下家里的经济状况。而她本人英语较好，所以想考研继续深造，这样她可以继续所学的专业，毕业后也能从事本专业工作。但一考虑到现在的就业形势很严峻，家里能托关系找到这个工作也不容易，家里的经济条件也并不是很好。自己的弟弟今年刚上大学，使家里的经济状况更加拮据，参加工作可以缓解家里的经济困难。但若参加工作，就必须放弃五年来废寝忘食学下来的医学专业，因此感到非常矛盾痛苦，不知道如何是好，所以前来求助。

案例分析：这是一个职业生涯决策问题，考研还是就业？

辅导员老师进行了以下指导：

1. 了解到张丽同学这一段时间一直被这个问题困扰，处于焦虑状态，先缓解她焦虑的心理，树立自信，让她相信，这个问题是可以解决的，相信自己会有一个明确的选择。

2. 帮助张丽明确自己的兴趣、特长、性格、能力、价值观等，明确自己的能力优势和劣势。可以采用职业测量来辅助进行自我认知，例如：张丽的霍兰德职业兴趣测验表中“职业兴趣”明显呈现I型——研究型，其次是R型——实用型，在霍兰德职业兴趣测验表中对应的职业分别是实验室工作人员、生物学家、化学家、心理学家、工程设计师、大学教授，其次是园艺师、木匠、汽车修理工、工程师、军官、兽医、足球教练员。

3. 进一步探索她的职业兴趣、职业技能和职业价值观，例如：我们采用非正式评估——职业分类卡，帮助张丽找出了擅长的职业技能，并通过对她价值观的测评，找出她生命中最看重的是什么。对感兴趣的职业进行全方位的分析，最后选出自己既喜欢又适合自己的职业。

4. 引导她探索职业世界，分析她周围的职业环境，启发她对于自己未来的思考，澄清对她职业生活中最重要的和她最想要的，促成职业方向的决策。我们可以采用职业平衡单法把考研和就业的利弊进行罗列，从而选出一个清晰、明了、更为直观的判断，为制订出一个适宜她的职业生涯规划做准备。

（赵　阳）

第十一章　心理压力管理与挫折应对

【哲人的忠告】

面对压力真正快乐的人，会在自己觉得有意义的生活方式里，享受它的点点滴滴。

——哈佛公开课讲义

压力是现代社会人们最普遍的情绪上的体验。所谓人生不如意十之八九，谁的人生都不可能总是一帆风顺，坎坷挫折时有发生。面对种种不如意，人们常常会焦虑不安，内心体验到巨大的压力。压力存在于社会生活的各个方面，人人都经历过，尤其是大学时期，面对生活与学习环境的改变、参加重要的考试、第一次上台演讲、第一次求职面试、亲人患病或死亡等。承受压力是生活中不可避免的，但是过度的压力总是与紧张、焦虑、挫折联系在一起，久而久之会破坏人的身心平衡，造成情绪困扰，损害身心健康。

第一节　大学生心理压力分析

一、大学生压力产生的理论分析

（一）反应理论——生理医学的压力观

反应理论认为，压力是人或动物有机体对环境刺激的一种生物学反应现象，是有机体的许多不同需求而引起，并且具有非特异性。该理论提出应激的“一般适应综合征”（general adaptation syndrome，GAS）模型，包括警戒反应、抗拒和衰竭三个阶段。提出用生理参数（肌肉紧张度、皮肤电等）作为应激反应的客观指标，比心理变量或其他的躯体状况在应激的评估和测量上更具有信度和效度。GAS 理论的提出促进了从生理系统的变化来揭示压力与心理健康的关系。

GAS 模型把人看作是对不良环境做被动反映的生命体。在强调生理指标的同时，忽视了人心理和行为的反作用。

（二）压力刺激理论——生物物理学的压力观

该理论模型把压力定义为能够引起个体产生紧张反应的外部环境刺激，如择业、失恋、天灾、贫困等。其关注的核心在于何种环境能够使人产生紧张反应。该模型的主要贡献在于：通过推动压力源（生活事件）的定量化研究，促进了人们对社会心理刺激和疾病关系的认识。在该模型基础上开展的一系列研究对于揭示生活事件和躯体疾病及精神病症状的关系，具有重要的现实意义。该模型将活生生的人物理化了，忽视了人的主观能动性和心理行为的复杂性。

（三）认知 - 现象学 - 交互作用——心理学的压力观

压力的认知 - 现象学 - 交互作用（congnitive phenomenological transactional，CPT）模型的核心点是，“压力既不是环境刺激，不是人的性格，也不是一个反应，而是需求以及理性地应对这些需求之间的联系”。该理论模型包含如下三个基本要点：

1．认知的观点　认为认知是决定压力反应的主要中介和直接动因，换言之，压力感能否产生，以什么形式出现，均取决于个体对其与环境间关系的评估。

2．现象学的观点　强调与压力有关的时间、地点、事件、环境以及人物的具体性。

3．相互作用的观点　包含两大要点：一是在压力过程中，存在许多中介因素，压力源与中介因素的交互作用将直接或间接地影响个体最后的反应方式和结果。二是压力产生与个体与环境间的特定关系，若个体认为自己无力对付环境需求则会产生压力体验。

该模型包含了四个要素：压力源、中介变量、生理、心理的反应结果。拉扎罗斯（Lazarus）和劳尼尔（Launier）认为：任何一个事件，只要是环境或内在要求超出了个体的适应性资源，压力就会产生。

与刺激模型理论和GAS模型相比，CPT具有下述特点：①更注重中间过程的研究，尤其强调了个体心理和行为的作用，对于全面理解压力具有重要意义；②克服了前两种理论中对人的机械生物化的看法，不再将人看作是只受压力情景摆布的消极有机体，而是认可和强调了人的主观能动性的重要作用 。

二、大学生心理压力产生的因素

（一）内在因素

1．社交困难造成心理压力　现代大学生的交际困难主要表现为不会独立生活，不知道如何与人沟通，不懂交往的技巧与原则。有的同学有自闭倾向，不愿与人交往；有的同学为交际而交际，不惜牺牲原则随波逐流。

2．对网络产生过于强烈的依赖性　有些大学生一方面因交际困难而在网络的虚拟世界里寻找心理满足，另一方面也被网络本身的精彩深深吸引。所以，有些大学生对网络的依赖性越来越强，有的甚至染上了网瘾，每天花大量时间泡在网上，沉湎于虚拟世界，自我封闭，与现实生活产生隔阂，不愿与人面对面交往。

3．角色转换与适应障碍　大学新生都有一个角色转换与适应的过程，每年刚入学的大学生往往会出现各种各样的心理问题，心理学上将这一时期称之为“大学新生心理失衡期”。导致新生心理失衡的原因：首先，是现实中的大学与他们心目中的大学不一致，由此产生心理落差；其次，是新生对新的环境、新的人际关系、新的教学和学习方式不适应，由此产生困惑而造成心理失调；再次，新生作为大学中普通的一员，与其以前在中学里作为佼佼者的感觉大相径庭，这也是导致心理问题的诱因之一。

4．情感困惑和危机　当前，大学生对情感方面的问题能否正确认识与处理，已直接影响到大学生的心理健康。影响因素主要有以下几点：首先是性困惑问题，在性意识与自我道德规范的冲突中产生心理矛盾；其次是因恋爱所造成的情感危机，这是诱发大学生心理障碍、致使有的人因此而走向极端，甚至造成悲剧的原因所在。

5．独生子女教育不当的后遗症　独生子女群体已成为当前大学生的主体。对独生子女的教育不当而造成的后遗症是导致大学生心理问题频发的一大诱因。在某些独生子女身上存在的任性、自私、不善交际等问题，这些问题多源于独生子女从小就备受家人的溺爱，缺乏集体合作精神。在溺爱环境中长大的孩子常会养成许多不良习性，而这些习性则成为诱发心理问题的原因，使人产生不良倾向或行为。

6．家庭及外界环境的不利影响　家庭及外界环境的不利影响也会成为诱发大学生心理问题的因素，比如不当的家教方式、单亲家庭环境及学校环境的负面影响、消费上的浪费攀比、对贫困生的歧视、学习节奏过于紧张等。

（二）外在因素

1．社会的压力　随着大学生人数的增多及就业岗位相对减少，毕业后出路将是大学生大学期间一直考虑的问题，他们从入校到毕业前都有一种潜在的危机感。社会上激烈的职业竞争，使学生产生了较大的心理压力，尤其是一些社会需求小、本人技能平平、无社会背景、家境一般的学生则压力更大。

2．家庭的压力 由于父母的期望值过高或父母工作变动造成压力，有些学生对父母工作变动带来的家庭经济危机整日忧心忡忡。但大学生的压力更多的来自成人感受，大学生希望自己能早日帮助家庭分担困难，但又力不从心。另外，许多家长对孩子的关爱无微不至，希望子女早日成材，而家长的期望与孩子的实际情况则有一定差距，于是一种学生怕自己成绩不符合家长的要求，会受责备而产生压力；另一种学生则怕因此辜负了父母的一片苦心，这些学生的心理压力则更大。

3．来自学校的压力 首先，大学生心目中的大学与现实大学有较大差距，无论学校的硬件或软件，现实中的大学和他们所想的不一样，产生心理落差。从高中到大学，课程设置有很大区别，专业性相对突出，专业课占有重要的地位，致使许多学生无法适应这一变化，觉得学习负担加重，感到了压力。

4．学习的压力 大学生的学习压力相当一部分来自于对所学专业不感兴趣，这使他们长期处于冲突与痛苦之中。课程负担过重、学习方法有问题、精神长期过度紧张也会带来压力。另外还有参加各类证书考试及考研所带来的应试压力等。如果精神长期处于高度紧张的状态下，可能诱发心理障碍。

5．竞争带来的压力 大学生要面临各种各样的竞争，包括学习竞争、各种社会工作所要求的能力高低的竞争、班干部竞选、学生会和团干部等各种繁多的竞争，会使每一位同学感到压力就在身边。

学校、家庭、社会的压力毕竟是外来因素，不同的人面对同样的压力，所感受程度不同，这与个体个性有关。如同样的环境，有人能适应，有人则格格不入。有人能合作，有人则独来独往。个性决定了人的心理承受能力，决定了一个人待人接物的方式，好胜心强、期望值过高的人或自卑感严重的人所受的心理压力更大一些。

第二节 心理压力的危害及其调节

一、心理压力对大学生的影响

不同的人对于压力的观点不同。有些人会希望有压力，认为有压力才会有动力，才会有进步，生活才会更精彩；而有些人则认为压力意味着挫折，让人烦恼。日常生活中，每个人都会在不同程度上感受到压力的存在。压力与生活同在，没有人可以“免疫”。如果完全没有压力，个体身心就会处于一种松散和不紧张状态，个人的潜能就无法发挥。很多人都有这样的体验，当压力特别大的时候，就会特别容易生病，情绪特别容易激怒，此时心理压力会对个体带来许多负面影响。可见，完全没有心理压力和心理压力过大都不利于个体的身心发展。相反，适度的心理压力可以使人的情绪处于兴奋状态，活跃思维，提高反应速度，能够起到积极的作用。进化论观点认为，有限的资源导致竞争，而竞争就必然有压力，发展最快的地区，人们的压力也最大。调查发现心理压力是造成心身疾病的主要原因之一，是影响人们心理健康最主要的因素。大量的研究表明，心理压力的消极作用大于积极作用，主要表现为出现一系列心理的、生理的和行为的应激症状，主要负面反应为：

1．生理反应 可表现为新陈代谢活动发生紊乱、呼吸急促、心跳加快、消化液分泌减少、头晕头痛、食欲减退、腹痛腹泻、疲惫不堪，致使个体逐渐患上慢性疾病甚至诱发潜在的心身疾病，比如胃溃疡、癌症。像感冒这样的常见病也会偏爱精神紧张、心情沮丧的人。据调查，心理压力大的人精神上负担较重，或悲观孤僻，或忧郁沮丧，或逃避现实，他们的感冒发病率是正常人的 3 ～ 5 倍。疾病反过来又会导致消极的行为表现和心理方面的种种不适。

2．心理反应　具体表现为情绪不稳定、对周围环境不满意、疲劳无力感、不安、易激怒、反应过敏。可能会因为心理压力承受能力差而导致产生神经质似的心理障碍，严重者甚至会出现情感淡漠、幻觉、妄想、自杀意念等病态心理表现。

3．行为反应　表现为消极怠工、工作效率下降、逃避责任、频繁跳槽；生活习惯改变；常与他人发生冲突，人际关系恶化；不良嗜好增多，嗜烟、酗酒、药物滥用；更有甚者表现为自杀、杀人等破坏性病态行为。

生理、心理、行为方面的压力症状不是独立存在的，而是相互联系、相互影响的。当事情一件接一件到来时，而个体又没有能力及时解决，长此以往就会感觉到没有办法集中精神、疲劳乏力、睡眠不好、烦躁不安，工作和学习效率下降。持续的心理压力更可能让个体常感到浑身不适，经常感冒以及无名低热，使个体的躯体功能减弱、生理健康指数下降。

从上述三种负面反应可以总结出：心理压力涉及我们的日常生活，影响我们的内在状态和内心体验，破坏我们的健康水平和生活质量，也威胁到我们生命的自我意识和自我保护，因此，当感受到心理压力时，要及时地寻找到造成压力的影响因素，要找出原因对症下药，这样才能快速有效地消除心理压力、保持和维护身心健康状态。

二、缓解压力的对策

心理压力是每个大学生都会遭遇到的，适度的压力能使人的情绪处于兴奋而产生动力，使个性潜力良好发挥；但压力过大，问题解决不了则会形成障碍，如果不及时疏导则会酿成疾病，甚至导致严重后果。那么大学生应如何减轻过大的心理压力呢？除了找心理医生咨询、疏导和治疗外，大学生自身也应积极地进行自我减压，可以从以下几个方面入手。

（一）面对现实、合理规划

对自己的优势和不足有客观评价，真诚地接纳自我，给自己以良好的人生定位，扬长避短。对自己所上的大学和未来的工作要培养“既来之，则安之”“干一行，爱一行”的意识。对社会以及他人的期望值不能太高，凡事量力而行，立足现实。在求学期间，要常问自己“来大学干什么”“我应该在大学学什么”“今后要成为怎样的人”等，要及早进行人生规划，以不断地适应新的环境。从心理学的角度看，一个人有了明确的人生规划，会使心理指向集中于一处，无形中会转移注意力，削弱心理压力的不利影响。有了明确目标，就有了内在驱动力，容易使人变得积极向上，从而更有利于克服各种心理压力。

（二）学会学习

大学教学体制、学习方法与中学有着明显的不同，自学能力的高低成为影响学业成绩的最重要因素。对于大学生而言，要根据自己的学习能力，合理确定自己的学习目标。制订好学习计划，提高注意力，强化时间观念，循序渐进，充分利用图书馆，这些努力将为自己赢得良好成绩奠定基础。当然，学习计划必须有足够的弹性，要预留出参加社团活动、体育运动、社会实践、读书以及休息娱乐的时间。实践表明，有规律、有节奏的生活对保养身心、消除疾病大有益处。此外，大学生应学会记笔记，“好脑子不如烂笔头”这句话对于大学生提纲挈领地掌握繁杂的大学知识有莫大的好处。

（三）积极参加社团与社会实践活动

通过参加社团与社会实践活动转移注意力，学会自我宣泄。通过参加学校的集体活动和社会活动培养人际交往、社会协作精神，获得自信心，增加自身人格、道德、成才与发展的心理教育经验。琴棋书画、唱歌跳舞、摄影等活动不仅能丰富大学生的业余生活，陶冶情操，还可以使脑力劳动与体力劳动相互协调，有利于培养健康的认知与交往模式，使之体验到美与进步。孙思邈在《备急千金要方》中曾指出：“弹琴瑟，调心神，和性情，节嗜欲。”可见音乐等美育教育具有调节情绪的功能。另外，健康的校园活动也可以转移学生的注意力。如抑郁时，可积极进行户外活动如打打球、散散步、找知心朋友谈谈心等。此外，应学会自我宣泄，对一些经常产生的不满、愤怒与痛苦应积极加以宣泄释放，如进行快跑、爬山等较激烈的体育运动，或找知己加以倾诉等，以减轻心理压力，不断优化自身的心理品质，以乐观、坚强的积极态度去面对所遇到的困境，使自身的心态保持平衡。

（四）正确对待情感问题

应树立健康的恋爱观，精心呵护爱情成长，不可游戏感情。面对恋爱中产生的压力，应学会理智地应对。特别是失恋者应及时地树立起自信心，重新规划未来的生活，调整自己的爱情诉求，结合自身的条件，合理地定位自己的爱情目标，走出失恋的心理阴影。

（五）良好的自我暗示及自我激励

在紧张与压力面前，要学会放松。放松神经和肌肉，轻松地对自己微笑一下，在内心构想美好的画面，给自己一个良好的自我暗示。例如在遭遇人际关系压力时，你可以想“我为人是正直的，想法是真诚的，是不怕别人说三道四的”；在学习产生压力时，你可以想“没什么大不了的，下一次我会努力做得更好”或是“我已经尽心了，没有什么可以埋怨的”；在就业遇到挫折时，要适当地调整自己的就业期望，要做好从基层做起的心理准备，另一方面可以想“最起码，我的耐挫能力又得到了提升，这也是我的进步”等。诸如此类的暗示将给心理一个良好的缓冲，减轻心理压力。相反，当取得成绩时，一方面要自己告诫自己保持平常心，另一方面可以通过小小的物质满足来奖励自己，激励自己更上一层楼。

（六）积极的阅读

大学生通过广泛阅读各类书籍，不断汲取知识，提高自身人文素质，是减轻自己心理压力最好的“良药”。中国传统文化蕴含着对生命意义的思考，如古人曾说过，“读书可以使人免得失之患”。积极的阅读是提高自身修养最好的途径。有了丰富的知识，受到较高层次的教育，人的修养会进一步得到提高，对问题的看法、事情的处理方式等各个方面都会有全方位的思考和把握。长期的读书还可以完善一个人的性格。正如培根所说：“读诗使人聪慧，读史使人明智，伦理学使人有修养，逻辑修辞使人善辩，数学使人缜密，总之知识可以塑造一个人的性格”。良好的性格可以培养一个人的幽默感，让人更好地保持心态的平衡，遇到问题时，能够始终以乐观、坚强、自信的态度应付周围的一切。从心理学角度来说，一个人以一种自信、坚强、乐观的精神面貌面对生活，有助于及时调整心态，走出心理困境。

（七）学会交流

大学生需要朋友，但不能完全依赖朋友，不能对朋友有过高的期望值，应保持合适的距离，才能自悦与悦人，才便于真正的交流。有句俗话说，“当你快乐时与朋友分享，快乐就变成两个；当你痛苦时与朋友交流，痛苦就变成半个。”由此可以看出与朋友交流的重要性。心理学研究表明，在友情支持下可产生的良好情绪，能够增强人体免疫系统的功能。大学生通过朋友之间的聊天或交流，可以调整自己的精神、情感状态，使不良的情绪得以纠正，压力得以宣泄，便于自身找到情感的平衡点，培养积极的生活态度和承受挫折的能力。

第三节 大学生常见挫折及其应对

一、挫折产生的原因

（一）客观原因

由客观原因引起的挫折，叫做环境起因的挫折，即外因。环境因素可以分为以下两种：

1．自然环境因素　自然界中的一切事物都按照自己的固有规律发展变化着，因此，作为每一个在自然环境中生存发展的人，必然会遇到自然因素引起的种种挫折。俗话说："天有不测风云，人有旦夕祸福"。例如，自然灾害（地震、洪水）以及由于自然因素影响而引起的疾病、事故等，这些都是人们无法克服的客观因素。

2．社会环境因素　大学生生活在社会之中，社会的政治、经济、道德甚至风俗习惯等，都可能是引起挫折的因素。例如，由于各地风俗习惯不同造成的人际关系紧张；因家庭贫困而难以完成学业；大学生对就读的大学不满意。如一位大学生这样写道："高中毕业了，我以高出录取分数线的成绩考入XX大学，看到别的不如我的同学去了比我更好的学校，我感到委屈与愤懑。"这些都可能成为挫折的原因。社会环境造成的挫折对于人行为产生的影响，远比自然环境因素造成的影响要大。

（二）挫折产生的主观因素

挫折的产生相当大的部分是由于大学生自身的能力与认识等方面的缺陷引起的，属于主观因素的范畴。

1．生理因素　指个体的身材、外貌等生理方面的原因。由于这样的限制，使自己追求的目标不能达到而造成挫折。

2．心理因素　由于个体心理方面的原因而引起挫折的情况更为复杂。例如，需要的冲突、动机的矛盾、能力和期望之间的差距、人际关系障碍、学习上的不适应、生活上的创伤都是造成挫折的原因。

二、挫折的表现形式

（一）积极的行为反应

一般而言，挫折使人表现出痛苦、焦虑、沮丧、愤怒等情绪状态。应对挫折积极的行为反应，可以使心理挫折得到一定缓冲，有助于不良情绪得到缓解，恢复心理平衡，维护自身的身心健康。

1．认同　这是个体在遭遇挫折时自觉地效仿他人的优良品质和获得成功的经验和方法，使自己的思想、目标和行为更加适应环境、社会的要求，从而在主观上增强获得成功的信念和勇气。大学生在学习、生活中常常把一些历史名人、科学家，或者某些明星甚至自己身边的同学，作为自己认同的对象。尤其是那些与自己家境条件、经济状况、社会经历相似或者相近的名人，更是他们认同的对象。大学生从认同对象的人生经历、奋斗或成功过程中获得信心、力量和战胜挫折的勇气。

2．升华　升华指个体因种种原因无法达到原定目标，或者个体的动机和行为不为社会所认可，于是将其转变为符合社会需要的动机，表现出富有建设性、有利于自身发展的较高层次的境界和行为。升华能使原有的动机冲突得到合理宣泄，消除焦虑情绪，弥补因挫折而丧失的自尊和自信，保持心理平衡，减轻挫折造成的痛苦。

3．补偿　在生活中由于主、客观条件的限制，使个人的某一个目标无法实现时，行为主体会以新的目标代替原有目标，从而以现实取得的成功体验去弥补原有失败的痛苦，这就是人们受挫的补偿行为反应，"失之东隅，收之桑榆"。

补偿行为有积极和消极之分。如果补偿选择的新目标符合社会规范和人的发展需要，这时的补偿行为是积极的；如果补偿选择的新目标不符合社会规范或者有害于身心，只是为了获得暂时的心理平衡和心理满足，则无益于心理健康发展，有时还会导致自暴自弃，甚至堕落犯罪，危害他人与社会。例如，某些大学生在学习上遇到困难和挫折时，就以学习以外的活动来补偿，提出：人生本是happy，何必整日study，找个漂亮的lady，天天都去happy。遇到挫折时，应该采取积极的补偿行为，通过其他的途径达到目标。东方不亮西方亮，相信条条大路通罗马。只要目标明确，行动正确，一定会实现自己的理想。

4．幽默 当处境困难或尴尬时，心理比较成熟的大学生，会以幽默来化险为夷，在无伤大雅的情景下巧妙地处理问题，摆脱困境，维护自己的心理平衡。我们在生活和学习中，时常幽默一下，不仅可以缓解紧张情绪，还有利于解除人际关系的僵局，促进人际交往，也有利于自己的身心健康。林肯是美国历届总统中最富幽默感的人之一，被人誉为一代幽默大师。有一次在演讲时，有人递给他一张纸条，上面只写了两个字“笨蛋”。他举着这张纸条镇静地说：“本总统收到过许多匿名信，全都是只有正文，不见署名，而刚才那位先生正好相反，他只署上了自己的名字，而忘了写内容。”

德国空军将领乌戴特将军患有谢顶之疾。在一次宴会上，一位年轻的士兵不慎将酒泼洒到了将军头上，顿时全场鸦雀无声。士兵惊骇而立，不知所措。倒是这位将军打破了僵局，他拍着士兵的肩膀说：“兄弟，你以为这种治疗会有作用吗？”全场顿时爆发出笑声。人们心中紧绷的弦松弛下来，而将军的大度和幽默博得了人们的尊敬与爱戴。

（二）消极的行为反应

消极的行为反应在一定时期、一定程度上可能暂时缓解受挫者的紧张心理和消极情绪，但这种行为反应缺乏积极的意义，其后果一方面对大学生自身身心发展不利，另一方面还可能危害他人和社会。所以要避免受挫后采取消极的行为反应。

1．攻击 人们在受挫以后，在非理智情况下把愤怒或者某些消极情绪指向造成其受挫的对象——人或者事物，表现为对他人讥讽、谩骂、殴打甚至伤害，以及损坏物品等行为，这是一种破坏性的行为。例如 1991 年 11 月 1 日，中国留学生卢刚在美国艾奥瓦大学学习期间，由于未获得该大学 1000 美元的论文奖，在开枪打死与该论文奖评比有关的 6 人后，开枪自杀。大学里发生的一些打架斗殴、损坏公物等现象，一般都和大学生受挫后的攻击行为有关。攻击行为往往发生在那些缺乏生活经验、比较简单、鲁莽、冲动的学生身上。通过攻击行为虽然可以暂时发泄心中的愤懑与不快，但并不能消除原有的挫折感，还会引起新的挫折，同时危害他人与社会。

2．倒退 倒退行为指受挫者在受到挫折后，表现出与自己的年龄不相称的诸如幼稚等反常行为，一般称为“装小”。当人们受到挫折以后，如果以成熟的成人的行为方式面对挫折，就会产生心理上的焦虑、不安，于是，受挫者放弃已经习得的、成熟的、成人的正常行为方式，而恢复使用早期幼儿幼稚的方式加以应付，从而减轻内心的心理压力。如遇到困难时，像孩子般的号啕大哭，因不愿承认错误而耍赖或喋喋不休，做事没主见，盲目相信他人等。因为大学生在心理上尚未完全成熟，在遇到困难或不开心时，偶尔哭闹一下，显得正常且容易被他人接受。但如果经常使用，或借此来博得他人的同情和关注，以避免面对现实，则是一种不健康的心态。

3．固执 一些大学生受到挫折后，往往不分析失败的原因，反而盲目地重复导致其受挫的无效行为，这就是固执的行为反应。认准了准确的道路奋力前行，不达成目标不松懈，是执着；一意孤行，沿着错误的方向不撞南墙不回头，是固执。

4．反向 一般来说，个人的行为方向和他的动机方向是一致的，即动机发动行为促使行为向满足动机的方向前进。但是，有些大学生受挫后，采取一种与原意相反的态度或行为，其目的在于避免或减轻自尊心受损。这种把自己一些不符合社会规范、不被允许的愿望和行为，以一种相反的态度和行为表现出来，以掩盖自己的本意，避免或减轻心理的压力的行为反应，称为反向。例如，自卑者有时会表现的反常自负；有的大学生对某异性非常倾慕，但由于害怕遭到拒绝而装出一副不屑一顾的样子。长期运用反向行为会从根本上扭曲自我意识，使动机与行为脱节，造成心理失常。

5．压抑　压抑指个体把自己意识不能接受的观念、欲望、冲动、情感和痛苦经验压抑到潜意识中，使之不能进入意识而被遗忘，从而避免痛苦。压抑是行为主体的一种“主动遗忘”，那些被压抑的东西并没有消失，它在日常生活中往往不知不觉影响人们的日常心理和行为，并且一旦出现相近的场景，被压抑的东西就会冒出来，对个体造成更大的威胁和伤害。它不仅影响个体的正常活动，而且会引起心理异常和心理疾病。

6．文饰　即文过饰非的行为反应。当个体达不到追求的目标时，为了避免或减轻因挫折而产生的焦虑和维护自尊，总是要在外部寻找某种理由或托辞对自己的行为给予某种合理的解释。文饰的行为表现有两种形式。一是“酸葡萄”反应行为：吃不到葡萄说葡萄酸。这种反应是一种借着减少或否定他难以达到的目标，而夸大目标的缺点来维持心理平衡的一种手段。二是“甜柠檬”行为反应。伊索寓言中有一个故事，有一只狐狸原想找一些可口的食物，但遍寻不着，只找到一只酸柠檬，这实在是一种不得已而为之的事，但它却说：“柠檬味甜，正我所欲也。”甜柠檬反应是夸大既得利益的好处，缩小或者否定它的不足之处。文饰起着自我欺骗和自我麻痹的作用，影响了实事求是地面对现实和做出积极的改变，因此，如长期使用，会使自己不去认真吸取教训，放弃对自我的认识和改造，以至于降低积极适应环境的能力。

7．投射　投射又称推诿，是受挫者把自己内心不被允许的愿望、冲动、思想观念、态度和行为转嫁于他人或其他事物上，以摆脱自己内心的紧张心理，从而保护自己，并为自己的行为辩护。例如，某同学上学迟到了，老师批评他，他这样回答老师：“我们的班长还在后面！”以此减轻内心的紧张和压力。

8．轻生　轻生是受挫者受挫以后表现出的一种极为消极的行为反应。在现实中，由于受挫者反复受挫，周围缺乏帮助，又找不到摆脱挫折的方法和途径，受挫后失去理智，而采取以自杀方式消除内心紧张。某些大学生无法适应大学的学习生活，在无助之中选择了轻生这种不该选择的消除内心紧张的方式。另外，大学生生活在社会当中，一些对大学直接影响的事件使其产生了强烈的挫折感，有的因一时缺乏理智而选择了轻生，给家庭带来无尽的灾难，给学校带来严重的负面影响。

三、挫折的应对

既然挫折是不可避免的，那么就有必要学会如何应对挫折，提高挫折承受力。

（一）正确认识挫折

要提高承受挫折的能力，首先要正确认识挫折，建立正确的挫折观。在现实生活中，考试不理想、人际关系困难、生活不适应等挫折几乎每个人都曾遇到过。挫折对任何人来说都是不可避免的，任何人都有可能遇到挫折，俗话说：“家家都有难唱曲”。有的人总认为生活中的挫折、困境、失败都是消极、可怕的，受挫后往往悲观抑郁，甚至丧失了生活的勇气。事实上，挫折并不都是坏事，处理得好的话，它也可以成为自强不息、奋起拼搏、争取成功的动力和精神催化剂。生活中许多优秀人物就是在挫折磨炼中成熟，在困境中崛起。相反，过于一帆风顺的生活反而会使人耽于安逸、丧失斗志，在挑战到来时措手不及。因此可以说，挫折也是一种机会，只要能坦然面对挫折，树立战胜挫折的勇气和信心，就可以适应任何变化中的环境。

（二）积极应对挫折

在正确认识挫折的基础上，大学生要采取科学、理智、积极的方式应对挫折。遭受挫折时，要避免愤怒、生气和自暴自弃。美国心理学家爱尔马为了研究心理状态对人的心理健康的影响，设计了一个简单的实验：把一支玻璃试管插在有冰和水的容器里（温度为0℃），然后收集人们在不同情绪状况下呼出的水汽。结果发现，当一个人心平气和时，他呼出的气体变成了水后是澄清透明的；悲痛时水中有白色沉淀，悔恨时有蛋白色沉淀；生气时有紫色沉淀。爱尔马把人生气时呼出的生气的水注入白鼠体内，几分钟后，白鼠死了。由此，爱尔马分析，人生气（10分钟）消耗的人体精力，其程度不亚于参加一次3000米的赛跑；生气时的生理反应十分强烈，分泌物比任何情绪都复杂，都更具有毒性。很多时候，是愤怒导致了情绪失控，最终酿成悲剧。

（三）提高挫折承受力

首先，大学生应该具有面对挫折心理准备。生活不会总是一帆风顺的，将挫折的出现视为正常的大学生，比对挫折毫无准备的大学生更能接受挫折和正确应对挫折。

其次，保持适当的自我期望水平。个人的期望水平应该符合自己的实际情况，如果期望过高，脱离自己的实际情况，在现实生活中肯定会碰壁，使自己总是处于失败折磨中，不仅有损自尊，还可能因为严重的情绪冲突而有碍于身心健康。然而，期望也不能过低，否则只能泯灭自己的斗志，使自己陷入饱食终日的无聊之中。

有人曾做过这样的实验：将一只跳蚤放进玻璃杯中，跳蚤能够立即轻松地跳出来。一般跳蚤能跳起的高度是身体高度的400倍。如果在杯口盖上一块玻璃板，起初跳蚤就会一次次撞在玻璃上，不过，它很快就变得聪明起来，开始调整所跳的高度，只在玻璃板下面跳动，再也不会撞到玻璃上了。一天以后，实验者拿走玻璃板，跳蚤仍然在原有高度跳动。一周以后，它虽然还是不停地跳动，但已经无法跳出这个玻璃杯了。我们奋斗失败后，如果只是不停地抱怨自己的运气不好，或者怀疑自己的能力不够，从而降低自己的目标，最终会因为害怕挫折而一辈子过着跳蚤般的平庸生活。

（四）改变不合理的观念

心理学研究表明，引起强烈挫折感的与其说是挫折、冲突，不如说是受挫者对所受挫折的看法，以及所采取的态度。常见的不合理观念有以下几种。

1．此事不该发生 有些人把生活中的不顺利，学习、交往中的挫折、失败看作是不应该发生的。他们认为，生活应该是愉快的、丰富的，人际关系应该是和谐的、互助的。一旦生活中出现诸如人际之间的冲突、成绩滑坡、好友负心、评不上优秀等事件，就认为它不应该发生，而变得烦躁易怒、束手无策、痛苦不堪、失去信心。

2．以偏概全 有些人常常以片面的思维方式看待事物，简单地以个别事件来断言全部生活，一叶障目不见泰山。例如，有人对自己不友好，就得出结论说自己人缘不好或缺乏交往能力；一次考试不尽如人意，就认为自己彻底失败，不是读书的材料；一次失恋就认为自己对异性没有吸引力等，从而导致自责自怨、自卑自弃的心理而焦虑、抑郁。以偏概全不仅表现在对自己的认识上，也表现在对他人、对社会的认识中。例如，因一事有错而对他人全盘否定；因社会有缺陷，存在阴暗面，就看不到光明，而彻底丧失信心。

3．无限夸大后果 有些人遇到的是一些小挫折，却把后果想象得非常糟糕、可怕。夸大后果的结果是使人越想越消沉，情绪越来越恶劣，最后难以自拔。例如，一门功课考试不及格，就认为自己能力不行，学不下去，毕不了业，找不到工作，人生没前途，生命没价值。这实际上是一种自己吓唬自己，给自己施加压力的做法。只有改变不良的认知方式、纠正错误的观念，才能实事求是地评价挫折带来的后果，从困难中看到希望。

（五）加强修养，勇于实践

为了提高挫折承受力，就应该主动地、自觉地将自己置身于充满矛盾的、复杂的社会环境中去磨练，向生活学习，而不是逃避社会。同时，必须提高自身的思想修养、道德修养、知识素养，养成冷静思考的习惯，经常自我分析，自我反省，自我激励，积极主动地适应，勇敢顽强地拼搏，反复不懈地磨炼。通过如此努力，使自己的个性更趋成熟，增强承受挫折、化解冲突的能力，促进心理朝着阳光健康、积极向上的方向发展。

（六）优化自身人格品质

挫折承受力与人格特征有关。以下几种人格类型的人常常容易引起挫折感。

1．性情急躁的人　情绪变化大，易动怒，火爆脾气一点就着，常常因为一点儿芝麻绿豆大的事而引起挫折感。

2．心胸狭窄的人　气量小、好猜疑，喜欢斤斤计较，容易体验消极的情感。

3．意志薄弱的人　做事缺乏耐力和持久，患得患失，害怕困难，只看眼前利益，经不起打击和挫折。

4．自我偏颇的人　缺乏自知之明，或者自高自大、目空一切，或者自卑自贱、畏首畏尾。

为了提高挫折承受能力，每个人都应主动地培养自己良好的人格品质，改变那些不适应发展的不良人格特质。应培养自信乐观、自强不息、理解包容、宽容豁达等品质。自信才能乐观，乐观才能自信，两者相辅相成。当遇到挫折、困境时，如果相信自己一定能取胜，那就会积极地去改变现实，克服困难，战胜挫折，这是自信的作用。乐观者在面临挫折、困境时，不会被眼前的困难吓倒，而是能够透过表面的不利看到蕴藏在背后的希望，相信明天是美好的，从而信心十足地去战胜困难。

自强不息是良好的意志品质，是一切成功者的共同特征。通向成功的道路从来就不是平坦的，常常会出现挫折、逆境，只有坚强不屈、顽强拼搏，才能实现人生的目标。那些一遇挫折就怨天尤人者只能半途而废，永远不可能体验到成功。

宽容豁达的人对挫折不是被动的适应、一味的忍耐，而是面向未来，积极进取，勇于创造新生活。

因此，提高承受挫折的能力应从培养良好的人格品质入手，从细微小事中严格要求自己，努力在实践中磨砺，使自己的心理得到充分、有效的发展，心理上达到高水平的健康状态。

【自我心理训练】

大学生心理压力的控制技术

机体体反应控制技术：

许多情况下，面对压力，人的机体就会产生紧张反应。为了控制这种反应，我们需要学会一些有效的、不使用药物的放松技术。

1. 体育运动　例如：游泳、打篮球、跳绳、瑜伽或其他各种体育运动。

2. 静思　静思可以有不同形式，包括听音乐、自己演奏乐器或静心去做自己爱好的事情。

3. 逐步放松　这是一种系统的、全面的和有选择的放松技术，基本方法是让你身体某一部分（如胳膊）的肌肉先绷紧，然后再有意地使它放松。

4. 引导想象　你可以为自己选择几个你觉得安全、宁静和惬意的场景（海滨、湖泊、树林等），想象自己真的置身于这些环境中可以使你放松。要达到这样的视觉效果，首先要把自己的身体放在一个舒服的位置上，身边没有其他人，想象得尽量真实，试着去感觉、品尝、呼吸或倾听，找到真正处于这个场景中的感觉。每天想象几次，每次大约 5 分钟，当这些场景对你变得熟悉和具体时，就可以达到帮助你减轻焦虑和使你放松的效果。

矫正无效行为

1. 放慢节奏　你可以对自己说：“关键是我与目标之间的距离有多远，一时的进展速度是次要的，最重要的是达到目标，欲速则不达”。

2. 计划　计划性是克服压力的有效武器。你可以重新审视一下自己面前那些要做的事情，重新计划一下，排一个先后顺序。要把精力集中在那些值得做的事情上，学会把那些杂七杂八的琐事撇在一边。更重要的是，每当你感到压力时，要记住三个字：简单化。

3. 维持平衡　严重的心理压力常常是由于你让其中某个因素（如工作或学习）占了过大的比重。其实，当你认为自己在“虚度光阴”时，也许正在做着一些非常重要的事情，因此，我们需要尽量在“必要的压力”和“放松”之间保持一种平衡。

（1）“算了！”：对一个无法改变的事实的最好办法就是接受这个事实。

（2）“不要紧！”：即不管发生什么事情，哪怕是天大的事情，也要对自己说：“不要紧”！记住，积极乐观的态度是解决任何问题和战胜任何困难的第一步。

（3）“会过去的！”：不管雨下得多么大，连续下了多少天也不停，你都要对天会放晴充满信心，因为天不会总是阴的。自然界是这样，生活也是如此。

【案例分析】

案例回放：某大三女学生，自诉看不进书，坐在教室里总是东想西想，精神不能集中，对自己的行为很不满意，很烦，非常担心自己就一直这样下去。近来尝试着想改变自己，但不知从何做起，效果也不好。心情越来越坏，对任何事情都提不起兴趣。吃饭经常没有胃口，去医院检查过，医生说没什么问题。当想到毕业后找工作的事情，有点儿茫然。对自己的期望比较高，大学毕业后唯一的目标就是考研究生。父母均为下岗工人，下岗后家庭经济收入来源锐减，生活水平大幅度降低，尤其是为了供给来访者昂贵的读书费用，父母亲平时总是省吃俭用，生活十分拮据。父母把未来的希望全寄托在来访者身上，对来访者期望值很高。同时父母对来访者的要求非常严格，有时严厉到伤害来访者的自尊。来访者压力很大，平时不愿回家，心里总有一个疙瘩。来访者自认为性格趋于内向。

案例分析：来访者的心理问题显然也是由压力造成的。首先，家庭变故是来访者的主要压力来源。根据西方有关家庭应激（压力）的理论，家庭薄弱性与事件威胁性是与家庭应激相关的两个主要因素。家庭应激增加了家庭成员的易受伤害性。家庭成员感受到的压力取决于她对变化含义的个体意识，同时也将依赖于个体能够影响（帮助）改变应激源事件过程的程度或其能减少改变冲击的程度。在本案例中，来访者父母双双下岗，家庭经济收入来源骤减，而且还必须供养来访者上大学，可见家庭应激（压力）是非常大的。来访者作为一名学生，对事件的冲击无能为力，只能消极地承受威胁。其次，持续的家庭压力直接影响了来访者在日常生活和学习中的行为方式，甚至影响到来访者的某种生理功能。例如吃饭时没有胃口，很有可能是该事件使来访者联想到了父母省吃俭用的情景；父母稍微言语过重，来访者便觉得很受伤害；在学习过程中，一旦想起父母和家庭状况，便心烦意乱，再也看不进书了。再次，来访者采取的方式是摇摆于积极和消极两者之间的。一方面，来访者确立了考研究生的目标，希望通过自己的努力，在将来能够提高自己应对家庭危机的能力，这是积极的应对；另一方面，来访者由于害怕面对来自家庭的压力，在受到父母批评后，进而不敢回家，也不想回家，以图回避来自家庭的压力，这又是消极的应对。

（周郁秋）

第十二章　大学生常见的心理障碍

【哲人的忠告】

这世界除了心理上的失败，实际上并不存在什么失败。只要不是一败涂地，你一定会取得胜利的。

——亨·奥斯汀

由于心理障碍具有发展缓慢、容易复发、迁延难愈等特征，因此，心理障碍重在预防，早期发现、早期诊断、早期治疗尤为重要。大学生应该像珍视身体健康一样，对于自己的心理健康状况保持警觉，及时发现心态的变化，及时求助，力图防患于未然，把心理障碍消灭在萌芽状态，以健康、饱满、积极、乐观的心态度过美好的大学时代。

第一节　大学生心理障碍概述

一、心理障碍的概念

心理障碍（psychological disorder）指一个人由于生理、心理或社会原因而导致的心理的各种异常。广义上将所有心理异常或行为异常统称为“心理障碍”。狭义的“心理障碍”是指心理状态的变异或心理能量的丧失以及心理能力的下降。

据资料显示，目前全世界共约有4.5亿各类精神和脑部疾病患者，每4个人中就有1人在其一生中的某个时段产生某种精神障碍。我国各类精神病的患病率已达13.47‰，共有精神病患者1600万。心理障碍是当今大学生身心健康的最大威胁。调查显示，大学生的抑郁、焦虑、强迫、人际关系和适应不良、人格障碍和精神病等问题或心理障碍的发生率为16%～30%。

二、大学生心理障碍产生的原因分析

精神医学和心理学对于心理障碍产生原因的探讨，往往从生物学因素、心理学因素和社会文化因素等多方面、多维度去思考。大学生心理障碍的形成则需要从个人、家庭、学校和社会几个方面来探究。

（一）个人因素

1．个体生理因素　影响大学生心理健康的生理因素主要有两种：一是躯体疾病，通常，一个身体健康状态良好的人，能正确地感觉和应付周围环境中人和事的刺激，而体弱多病的人则往往情绪低沉、敏感多疑，容易歪曲或误解信息刺激所反映的事实，行为控制能力也减弱，更易导致心理障碍；二是遗传因素的影响，人的高级神经活动类型主要受制于生理组织，与先天因素关系密切。神经活动类型属于弱而不均衡型的人往往容易受到刺激而产生心理失衡。

2．个体心理因素　大学生正处于“心理断乳”阶段，生理发育已基本趋于成熟，但部分大学生心理发展却落后于生理的发育。他们正处在迅速走向成熟而又未真正完全成熟的阶段，

心理发展不平衡，所以往往造成各种各样的内心矛盾。如独立性与依赖性交织、情绪与理智同在、理想与现实脱节等，这种不稳定的心理状态很容易受各种外界因素的干扰和影响，并由此导致其心理偏差和行为怪癖。另一方面，很多大学生在中学阶段出类拔萃，在一片赞誉声中走进大学校门，但许多人意志力十分脆弱，心理承受能力较差，在高手如林、竞争激烈的大学里，一旦遇到学习、生活上的困难、挫折时，则容易产生失落、自卑、抑郁的心理问题。

（二）家庭因素

1．家庭氛围的影响　人们的世界观、价值观、人生观的形成是以其幼年时期的思想、观念为基础的。少儿时期，父母的认知不统一、观念行为不一致，往往会使子女产生心理困惑。事实证明，父母感情和谐、兄弟姐妹相亲相爱的家庭氛围往往使个体形成谦虚、礼貌、随和、诚恳、乐观、大方等良好的人格特征。反之，家庭成员之间如果经常吵闹打骂，则易使个体形成粗暴、蛮横、孤僻、冷漠等不良的人格特征。有的大学生父母婚姻不幸也会给他们造成心理上的阴影。

2．家庭教育方式的影响　许多研究表明：父母的教养方式影响孩子的心理发展和心理健康状况。部分家长对子女的生活溺爱、包办过多，但对他们的考试成绩、升学、成才期望又过高，这样，一方面使他们养成了任性、依赖、骄横的心理，适应生活能力差、社会交际能力弱；另一方面，又使他们面对父母“望子成龙”的目光容易产生恐慌、焦虑、内疚的心理，唯恐考试成绩不好、不能升学、不能成才而愧对父母。

（三）社会文化环境因素

中国的改革开放给当代大学生带来的最重要的影响之一就是价值观念的变迁。传统的文化价值观不断地与西方传入的现代价值观相碰撞发生着冲突。大学生一方面接受传统的价值观念，另一方面还要对新的价值体系进行整合。由于大学生处于自我意识尚未完全成熟，价值选择和判断仍缺乏稳定的发展阶段，因而在处理价值冲突问题上就容易困惑，从而产生较多的适应障碍。此外，文化移入也是大学生心理障碍的外部原因之一。文化移入让大学生的价值体系重新认知和整合。西方的享乐主义和个人主义被接纳和吸收，与当代文化主流形成了矛盾。随着改革开放的进一步深化，影响大学生心理平衡的因素不断增多，如毕业分配的市场化、就业市场不景气等，也给大部分大学生心理上带来了不小的压力。

（四）学校培养因素

长期以来，教育在相当程度上仅仅被看作培养为经济建设服务的工具，却忽视了造就全面发展的有理想、有道德、有文化、有纪律的青年人，进而提高整个民族素质这一根本任务。这种教育模式对培养大学生的专业知识、专业技能发挥了重要作用。但在这种教育体制下，大学生的全面发展、心理道德素质培养提高则常常被忽视、冷落，培养出来的大学生往往专业知识扎实而个性心理却不太健康，意志品质脆弱。

三、心理障碍的判断标准

明确正常和异常的指标对于理解心理和行为异常的发生、发展、变化的过程极为重要。首先，心理活动的正常和异常之间的差别是相对的，很难找到一条截然的分界线。其次，心理异常表现受许多因素的影响，包括客观环境条件、大脑神经活动过程、主观经验、当时的心理状态以及不同的社会文化背景、时代变迁的影响等，因此，想找出一个统一的、被大家公认的判别标准很难。但这并不代表我们就无法认识把握或找不到任何原则和方法来确定心理异常现象。

心理症状的判断必须与当事人的过去、现在比较，并结合其处境、症状频度、持续时间、严重程度进行综合评估。判断某个精神活动是否为正常时，必须进行对比分析：①纵向对比，即与其过去的一贯的表现相比较，精神状态的改变是否明显；②横向对比，即与周围大多数正常人的精神状态相比较，其差别是否明显，持续时间是否超出了一般限度；③具体情况具体分析，即要结合当事人的心理背景和当时的处境具体分析和判断。下面就是前人曾论述过的用以判别心理和行为异常的具体指标。

（一）个人经验标准

心理问题者自身的生活与内省经验是我们判断其心理健康状况的一个重要依据，如神经症患者常有自觉焦虑、抑郁等许多情绪障碍的体验，对疾病有自知力，求治心切等，根据其主观经验可以对精神病、神经症和一般的心理障碍作出初步的鉴别。

人们把自己对于正常心理的体验和经验作为出发点或参照点，来判别各种心理活动是属正常还是异常，这是以个人经验为标准的方法。本来人的心理活动的各个方面，如认识活动、情感活动和意志行为等都应该是统一的、完整的和协调的。如果这三者不能协调一致，遇到应该高兴的事情却产生悲伤、忧愁的情绪体验，行为表现沮丧而消沉；或者相反，遇到悲惨伤心的事情时体验着愉快振奋的情绪，表现出兴高采烈的行为。这样，就可凭个人经验判定其心理活动是不正常的。精神医学工作者在这方面具有比一般人更丰富和精确的个人经验，在其临床工作过程中经常采用这一指标。

（二）统计学标准

许多心理异常现象在常人身上也会或多或少有所表现，但不如在精神病患者身上那样特别明显。因为正常的、健康的心理活动总是和大多数人的心理是一致的，所以，判别一个人的心理是否正常，最明显的标志就是拿他的心理活动与大多数人进行比较和对照，看一看在某种情况下是否一致。

如果把极少数异常情况和大多数正常情况给予统计学处理，其次数分配呈常态曲线，符合常态分配。即大多数人是居中的，接近平均数，只有较少数人是偏于两个极端的。次数分配居中者（即接近于平均数）为常态，居于两端者为变态。例如，人的精神运动性活动水平是会有差别的，一切常人都同时具有精神运动性兴奋和精神运动性抑制这两个相反的状态。某些人兴奋较为占优势，所以表现为活跃、好动、爱说、与人交往频繁等；而另一些人则抑制占优势，所以表现为安静、沉默、话少、与人交往也少等。这些都是正常的。但如果一个人的精神运动兴奋表现超出了一定的范围，如见人就打招呼，不管是生人或熟人都要跟人家来往，整天说个没完，做这做那，一刻不停；或者相反，精神运动性抑制超出了一定的范围，整天缄默不语，只是向隅而坐或独自卧床，不与任何人交往，什么事也不想干，等等。这两种“超常”的表现就应考虑是变态的了。

（三）社会适应标准

人是社会的动物，每一个人都不能离开他生活的社会集体。群体生活和人际交往是人类“天性”的表现。而且，人都只能在特定的社会环境中生活。在正常情况下，每一个人都能通过家庭、学校和社会的教育与培养，通过自己的生活实践把社会的客观需要和要求经过社会内化作用而变为自身内在的、主观的需求，因此，人与社会是一个统一的整体，本质上是可以协调一致的，即能够按照其具体的社会生活环境要求来适应它、改造它，而不会发生问题。如果一个人内在的价值观念体系、伦理道德标准以及外在的行为表现与社会环境的客观要求格格不入，甚至相互抵触，那就不可能协调一致。在这种情况下他就不能很好地和他人进行沟通和交往，不能为别人所理解，自己也不能理解别人，不能为集体和他人所接纳，成为集体中一个不受信任、不受欢迎的“多余者”，不能正确认识和处理各种人际关系，这就应该考虑其心理和行为是否属于异常。

不过，人的社会适应性及其评价指标往往受到不同社会文化背景和不同社会历史条件的影响，因而这样的判别指标也不是绝对的。例如，我国历史上在民国以前，女人的裹脚称为“三寸金莲”，被认为是美的表现。但如果今天还有女人裹脚，那就是变态行为了。

（四）以客观检查结果为标准

客观检查指标要求能够数量化，并且要能够重复，因而这个指标比较客观、可靠。它主要包括以下两方面的内容。人脑是心理的器官，大脑的生理功能和组织结构有损害必然会造成心理活动的异常。许多因素如物理损伤、感染、中毒、遗传、代谢和内分泌紊乱等都能使大脑的生理功能或组织结构受到损害。这时各种物理、化学检查以及心理生理测定等有重要意义。如果检查结果确实存在某方面的“超标”，同时又发现有相应的心理异常表现，即使是轻微的表现，通过病因与其相应心理异常症状存在的一致性作为标准，就可确定其心理异常的存在。

各种心理测验工具或实验仪器确实能给人们提供比较客观的数据，且作为一种规范的方法也容易为大家所掌握，可以大大减少不同研究者的差异度。心理测验和实验的指标在某些心理活动方面已显示了它的使用价值，提供了一些为大家能接受、都能使用的测查方法。例如，在判别人的记忆能力是否有异常方面，可用各种记忆测验量表或仪器；在判定人的智力正常与否方面，可用各种智力测验工具；在判定一个人的人格是否属于常态方面，可用各种人格测查表，等等。

综上所述，对于心理活动的常态与变态的划分，实在难以找出一个十全十美、客观而又一致的指标。在上述四个标准里，几乎没有一个能在单独使用时完全解决问题。但并不是说，心理活动的常态与变态就无法鉴别了。事实上，在严重精神失常的情况下，所有指标都是适用的，如果把各个指标综合使用会大大增加判别的准确性。但是在临界状态（即边缘状态）下，则哪一个指标都难以判定。心理与行为从正常范围过渡到异常范围会有许多细微的变化，而到了一定的阶段是会有突变的，这必须通过量与质的辩证关系的分析才能正确解决问题。

第二节 大学生常见的心理障碍及其防治

一、抑郁症

【典型案例】

某女，本科大二学生。自诉：近一个多月来情绪低落、心情苦闷，觉得自己的思维很迟钝，记忆力下降十分明显，经常忘掉一些近来发生的事情。她经常思考自己活着的意义，发现自己的存在没有任何价值，没有给周围的世界带来任何积极的东西，只给周围的人带来了痛苦，进而想结束自己的生命。她想着自己如果死了，家里人会怎样想，周围的同学会怎么看，自己生命的结束会给这个世界带来什么样的后果。近来这种想法越来越频繁和严重，每周会想两三次，有时要思考半个小时以上。觉得自己很没用，想想过去，一事无成，想到将来，没有任何目标和方向，不知道自己在这个世界上还有什么事情可干。她觉得生活没什么意思，不愿做任何事，觉得没兴趣，也不愿跟别人交往，觉得跟别人没有什么话说，就想一个人独处。上课时经常睡觉，晚自习也不能坚持学习。

上面这个案例主要的表现是情绪低落、思维迟缓、意志行为减退，而且有自杀意念，是比较典型的抑郁症的症状，下面介绍关于抑郁症的定义及其临床表现。

（一）抑郁症的概念

抑郁症（depressive disorders）是一种常见的情绪障碍，以情感或心境显著而持久的低落为主要临床特征，伴有相应的思维与行为的改变。抑郁状态的主要特点是抑郁心境、思维迟缓、言语动作减少。

（二）抑郁症的临床表现

1．情绪低落　这是抑郁症最核心的症状，抑郁心境程度不同，可从轻度心境不佳到忧伤、悲观、绝望，患者感到心情沉重，高兴不起来，郁郁寡欢，度日如年，痛苦难熬，不能自拔。有些患者也可出现焦虑、易激惹、紧张不安。

2．思维迟缓　患者表现为思维联想速度减慢、语量少、语速慢、注意困难、记忆减退、脑子迟钝、思路闭塞，经常主诉“脑子变空了”“很多事情想不起来了”。

3．意志行为减退　患者感到疲乏无力，甚至对洗漱、衣着等生活小事都感到困难费劲，力不从心。抑郁的大学生常表现为“不愿去上课”“不愿说话”“不愿做事”“不愿参加社交活动”等行为。

4．兴趣减退、体验不到愉快感　患者既往对生活、工作的热忱和乐趣减退，甚至对任何事都兴趣索然，常闭门独居，疏远亲友，回避社交。患者常主诉“没有感情了”“情感麻木了”“高兴不起来了”。

5．自我评价过低　患者往往过分贬低自己的能力、才智，以批判、消极和否定的态度看待自己的现在、过去和将来，这也不行，那也不对，把自己说得一无是处，前途一片黑暗，有强烈的自责、内疚、无用感、无价值感、无助感，严重时可出现自罪、疑病观念。

6．消极悲观　患者内心十分痛苦、悲观、绝望，感到生活是负担，不值得留恋，以死求解脱，可产生强烈的自杀观念和行为。据估计抑郁自杀构成所有自杀的 1/2 ～ 2/3，长期追踪抑郁患者自杀身亡者为 15% ～ 25%。

7．躯体或生物学症状　抑郁患者常有食欲减退、体重减轻、睡眠障碍、性功能低下和心境昼夜波动等生物学症状，但并非每例都出现。典型的睡眠障碍是早醒，比平时早 2 ～ 3 小时，醒后不复入睡；患者心境有昼重夜轻的变化，清晨或上午陷入心境低潮，下午或傍晚渐见好转。

二、神经症

【典型案例】

某女，23 岁，某大学三年级学生。自诉：四年前（高二），在一次男老师讲课时突然莫名其妙地感到脸红、心慌、紧张，当时她在听课时突然对老师有种异样的感觉，似乎有一种冲动，想依偎在老师怀抱里与老师亲近，当时感觉脸红、心跳快、手心出汗，生怕这种“肮脏”的念头被别人窥见。此后每当这位老师上课时即感到紧张不安，怕自己再出现那种“不应该”的想法，但是越害怕则越往那方面想。明知紧张没道理但又无法控制，越害怕紧张则紧张程度越重。因担心被别人看见，她上课时总是最后进教室，坐最后一排，下课时最后离开教室，渐渐地病情越来越重，在所有男老师上课时都紧张，到现在几乎见到任何异性都紧张，症状越来越泛化且固定。

此案例是典型的社交恐怖症，是神经症的一种类型，这类患者对自己的问题有清晰的认识，但是却苦于自己无法进行调整。下面介绍神经症的特点及其表现。

（一）神经症的概念

神经症（neurosis）是对一组精神障碍的总称，主要表现为焦虑、烦恼、抑郁、恐怖、强迫、疑病症状或各种躯体不适感，患者深感痛苦且妨碍心理功能或社会功能，但没有任何可证实的器质性病理基础。病程大多持续迁延或呈发作性。

（二）神经症的特点

1．神经症的发病通常与不良的社会心理因素有关，不健康的素质和人格特性常构成发病的基础。

2．症状复杂多样，其典型体验是患者感到不能控制他自认为应该加以控制的心理活动，如焦虑、持续的紧张、恐惧、缠人的烦恼、自认毫无意义的胡思乱想、强迫观念等。患者虽有多种躯体的自觉不适感，但临床检查未能发现器质性病变。

3．患者一般能适应社会，其行为一般保持在社会规范容许的范围内，可以为他人理解和接受，但其症状妨碍了患者的心理功能或社会功能。

4．患者对存在的症状感到痛苦和无能为力，常迫切要求治疗，知道自己有病。

5．神经症患者有持久的无力自拔的自相矛盾的心理冲突现象，或不能自控的毫无意义的强迫行为。他们总是纠缠于过去的某次失败，或者总是自己跟自己过不去，无法摆脱两难的思维矛盾。这种思维模式不能随环境的变化而调整，因而大多数神经症患者有人际关系障碍和社会适应功能不良。

（三）常见神经症的定义及临床表现

根据中国精神障碍分类与诊断标准（CCMD-3），神经症包括了以下几种类型：恐怖症、焦虑症、强迫症、神经衰弱等。

1．恐怖症　恐怖症（phobia）是指接触到特定事物或处境时具有的强烈的恐惧情绪，患者采取回避行为，并有焦虑症状和自主神经功能障碍的一类心理障碍。患者所害怕的物体或处境是外在的（患者身体以外的），尽管当时并无真正危险，但患者仍然极力回避所害怕的物体或处境。患者知道自己的害怕是过分的、不应该或不合理的，但这种认知并不能阻止恐怖发作。

引起恐惧的物体或情境非常多，多年来人们对恐惧的对象一一给予命名。近来多数专家建议将形形色色的恐怖症简化为三种类型——广场恐怖症、社交恐怖症和特殊恐怖症。恐怖症在人群中非常常见，仅次于抑郁症、酒精依赖。

（1）广场恐怖症（agoraphobia）：又称场所恐怖症，最初用来描述对聚会的场所感到恐惧的综合征，目前已不限于广场。它不仅包括害怕开放的空间或害怕离家（或独自在家），也包括害怕置身于人群拥挤场合以及难以逃回安全处所（多为家）的其他地方如商店、剧院、车厢或机舱等。

（2）社交恐怖症（social phobia）：主要表现为对一种或多种人际处境持久的强烈恐惧和回避行为。恐惧的对象可以是某个人或某些人，也可以相当泛化，包括除了某些特别熟悉的亲友之外所有的人。具体可表现为：恐惧被别人注视，恐惧自己会做出丢脸的言谈举止或尴尬表情；怕自己在别人面前张口结舌，怕吃饭时由于有人注视而丑态百出，在公共厕所里怕因恐惧而解不出小便；由于旁边有人而恐惧得手发抖以至于无法写字；害怕在公共场所呕吐，等等。由于害怕，他们拒绝参加各类聚会，也可能回避所有的公众场合如餐厅、剧场和公共车辆等。在极端的情况下，可引起完全的社会隔离。除了害怕外，还有面红、心慌、震颤、出汗、恶心、尿急等症状。

（3）特殊恐怖症（specific phobia）：又称简单恐怖症，是指对存在或预期的某种特殊物体或情境而出现的不合理恐惧。最常见的恐惧对象有：某些动物（如狗、猫、蛇、老鼠）、昆虫（如蜜蜂、蜘蛛）、登高、雷电、黑暗、坐飞机、外伤或出血、锐器以及特定的疾病（如放射性疾病、性病、艾滋病）等。特殊恐怖症以儿童常见。

2．焦虑症

（1）惊恐障碍（panic disorder）：指的是极度焦虑状态的突然出现，并通常伴有一些躯体症状和灾难临头的想法，以反复出现的惊恐发作为原发的和主要临床特征，并伴有持续地担心再次发作或发生严重后果的一种急性焦虑障碍。

惊恐发作常突然产生，在10分钟左右症状达到高峰。最主要的精神症状是极度的恐惧，好像即将死去或失去理智，且患者不知道自己恐惧的来由。同时伴有许多急性发作的躯体症状，如突然感到心悸，好像心脏要从口腔里跳出来；胸闷、呼吸困难，好像透不过气来，即将窒息；面部潮红或苍白、步态不稳、震颤、出汗、恶心等自主神经过度兴奋症状。发作通常持续 20 ～ 30 分钟，极少有超过 1 小时者。

（2）广泛性焦虑障碍（generalized anxiety disorder）：主要表现为经常和持续的无明确对象或具体内容的紧张不安，或对现实生活中的某些问题过分担心或烦恼，伴有显著的自主神经功能兴奋和过分警觉为特征的一种慢性焦虑障碍。患者总担心未来有什么不测的事情将要降临在自己或亲人的头上，终日心烦意乱，这称为期待性焦虑，是本病的核心症状。患者的症状与现实生活似乎有些联系，然而其担忧的内容及严重程度跟日常生活中的琐碎是很不相称的。焦虑的内容完全取决于日常生活环境中的变动，没有中心主题，也没有明确的社会倾向性。

焦虑的同时常伴有易激惹、注意力集中困难、难以作决定以及害怕犯错误。患者常诉记忆力减退，实际上是因注意力不能集中导致的识记困难。由于焦虑妨害了效率和生活，反过来加重了患者的焦虑，甚至害怕自己会完全失控而发疯。

3．强迫症　强迫症（obsessive-compulsive disorder）是以不能为主观意志所克制，反复出现的观念、意向和行为为临床特征。患者认识到这些观念和行为是毫无意义的、不合理的，以致引起显著的焦虑或痛苦的一种心理障碍。此病大多于青春期前后或成年早期起病，也有些病例起病年龄更早，在儿童中也不少见。

临床上根据其表现，强迫症状分为强迫观念（obsessions）和强迫行为（compulsion）两类。如患者对日常生活中的一些事情或自然现象寻根究底、反复思考，明知缺乏现实意义，没有必要，但又不能自我控制，如“到底是先有鸡还是先有蛋？”“秋天的叶子为什么会变黄？”等。患者对自己言行的正确性反复产生怀疑，明知毫无必要，但又不能摆脱。如出门时怀疑煤气是否关紧，门和抽屉是否锁好等。

强迫症状常常迁延发展，随着时间推移常常影响与其他人尤其是与患者的家属之间的人际关系，妨害正常的工作和生活。

4．神经衰弱　神经衰弱（neurasthenia）是指一种以精神易兴奋又易疲劳为特征的神经症，常伴有紧张、烦恼、易激惹等情感症状，精神易兴奋的主要表现是联想和回忆增多而且杂乱。这是一种主观体验，患者感到分心而且控制不住，联想和回忆的内容多是过去不愉快的经历、现在使人苦恼的事以及将来可能发生的风险、失败或意外。

神经衰弱患者伴随各种躯体不适感和睡眠障碍，如紧张性头痛、头昏、耳鸣、心慌、胸闷、腹胀、消化不良、尿频、多汗、阳痿、早泄或月经紊乱等。这些症状不是继发于躯体疾病、脑器质性病变或其他心理障碍，但病前可存在长期的情绪紧张和疲劳的应激因素。神经衰弱的症状繁多，几乎涉及所有的器官和系统。

三、躯体形式障碍

【典型案例】

某女，20 岁，大学三年级学生。自诉：3 个月前，去妇产科实习，老师讲解如何早期发现是否患有乳腺癌，并讲到早期发现、早期治疗的重要性。回到宿舍后我当晚就在洗澡后，按照白天听课的方法进行自我检查，结果好像感到左侧的乳房上有小包块，当时怀疑自己是否有乳腺癌，又反复检查几次，结果发现没有包块。第二天晚上，洗澡的时候又忍不住去检查。就这样，每天晚上都要检查几次，否则就睡不着。入睡比较困难，睡眠质量下降。上课时不能集中精神，反应减慢，感觉非常疲劳，食欲下降，学习效率下降。上周我每天都去医院，要求医生进行检查并给予明确诊断。经过医生体检和辅助检查，如 B 超、CT、脑电图检查，没有发现任何异常，但就是打消不了可能患有乳腺癌的想法，心里感到非常苦恼和担心。

这个案例具有典型的疑病症临床表现，总是觉得自己罹患了身体疾病，但是各种检查均为阴性。下面介绍躯体形式障碍的概念及其表现。

（一）躯体形式障碍的概念

躯体形式障碍（somatoform disorders）是一类以各种躯体症状为其主要临床表现，不能证实有器质性损害或明确的病理生理机制存在，但有证据表明或者至少有理由怀疑与心理因素密切相关的精神障碍。这类患者常反复陈述躯体不适，四处求医并不断要求给予医学检查，但检查结果阴性和医生的解释却难以打消其顾虑。本障碍通常女性居多，为慢性波动性病程。

（二）躯体形式障碍的临床表现

1．躯体化障碍　是一种以多种多样、经常变化的躯体症状为主的心理障碍。症状可涉及身体的任何系统或器官，最常见的是胃肠道不适（如疼痛、打嗝、反酸、呕吐、恶心等），异常的皮肤感觉（如瘙痒、烧灼感、刺痛、麻木感等），疼痛不适、性及月经方面的主诉也很常见。患者反复求医，但各种医学检查不能证实任何器质性病变足以解释其躯体症状。要诊断为此症，病程须在两年以上，长期的病程往往导致患者社会、人际及家庭方面的严重障碍。

2．疑病症　是一种对自己身体健康状况过分关注，担心或相信患有一种或多种严重躯体疾病，经常诉说躯体不适，反复就医，经各种医疗检查均不能证实疾病存在的心理障碍。它的核心表现是对自己患有某种严重疾病可能性的焦虑或恐惧，但其担忧的严重程度与患者实际健康状况很不相称。这类患者对自己身体的变化十分敏感，身体功能任何微小变动如心跳、腹胀等都会引起患者注意。

3．持续性躯体形式疼痛障碍　又称心因性疼痛，主要表现为各种部位的持久性疼痛，患者感到痛苦或影响社会功能，但对其不能用生理过程或躯体疾病做出合理解释，经检查也未发现与主诉相应的躯体病变。常见的疼痛是头痛、腰背痛、慢性盆腔痛，其他任何部位均可发生。临床上有证据表明，心理因素或情绪冲突直接导致了疼痛的发生。患者常以慢性疼痛作为其突出症状反复求医，往往使用过多种药物治疗或其他治疗，未能有确切疗效。患者发病高峰年龄在 30 ~ 50 岁，女性是男性的 2 倍，病程迁延常持续 6 个月以上。

4．躯体形式自主神经紊乱　是一种主要受自主神经支配的器官系统如心血管、消化、呼吸、泌尿生殖系统，发生躯体障碍所致的神经症样综合征。患者在自主神经兴奋症状（如心悸、出汗、口干、脸部潮红）的基础上，又发生了非特异的，但更有个体特征和主观性的症状，如部位不定的疼痛、心前区不适、呼吸困难、上腹部不适或烧灼感、尿频或排尿困难、沉重感等，经检查这些症状都不能证明有关器官和系统发生了躯体障碍。

四、精神分裂症

【典型案例】

明强是大学二年级的学生。刚入学时，其行为表现与其他同学没有差别。但是大学军训结束后不久，他开始出现经常半夜唱歌，吵得同寝室的同学不得安眠，有时在网上聊天彻夜不眠。同学讲他后稍好，但过不了多久又是老样子。一次英语考试时，别人都在认真答题，而他却突然哈哈大笑、大声叫喊，使得在场的老师和同学面面相觑，感到莫名其妙。一次在运动场上跑步时，他突然停下并对旁边的同学说："宿舍有人在叫我，我得回去一趟"。10 分钟后，他回来时显得很沮丧的样子，说宿舍没有人。明强经常自言自语，有时无故发笑，同学问他为什么笑，他自诉想到好笑的事情就会自己笑。他的行为举止明显幼稚化，称四十岁左右的男老师为老爷爷，二十几岁的老师为阿姨、叔叔。他认为自己是别人关注的中心，无论走到哪里都有人在欣赏自己，一举一动都得到关注。他对同学说，他的头脑有时特别奇怪，有好多思想不由自主地产生，就像水龙头里的水一样，大量地涌入脑内，内容杂乱无章，有各种伟大人物，也有生活中的琐事。同学们认为他有些问题，劝其去心理咨询，他反而说同学才是不正常的。

明强的表现最明显的特点是出现了正常人不会有的精神病性症状，如幻觉、妄想、思维联想障碍等，是典型的精神分裂症的表现。

（一）精神分裂症的概念

精神分裂症（schizophrenia）是一种最常见的重性精神病。一般认为，其患病率在世界范围内，不管哪个国家或地区一般在 0.3% ～ 0.7%；国内在 20 世纪 80 年代精神病流调结果，显示精神分裂症的总患病率为 0.57%，在精神病院住院患者中本病患者占一半以上，而在慢性精神患者疗养院里则可占患者总数的 70% 左右。发病年龄多在青壮年。

（二）精神分裂症的临床表现

精神分裂症的心理异常表现十分复杂、多样。其基本特点是患者的精神活动与现实环境相脱离；思维、情感和意志行为互不协调，甚至互相分裂。

1．感知觉障碍　幻觉是精神分裂症的常见症状之一，但不是特征性症状，因为其他许多精神病都可有幻觉出现。但精神分裂症的幻觉具有某些特点，例如：幻觉常在患者意识完全清醒的状态下出现；听幻觉，特别是言语性幻觉最多见，而触幻觉和嗅幻觉、视幻觉和内脏幻觉也能见到；幻觉的内容比较单调、缺乏变化，结构也简单或不完整，与现实生活缺乏联系或内容怪异。听幻觉的内容可能是对患者下达某一指令，或对患者的行为加以评论，也可能是讥笑、谩骂或威胁。

2．思维障碍　这是精神分裂症最具有特征性的症状之一。主要表现在以下几方面：

（1）联想障碍：最初可表现为联想松散，严重时出现思维破裂。患者谈话或写东西时缺乏中心思想，缺乏逻辑联系，如不仔细分析，不一定认为是病态。但随着病情加重，联想可以变得更加支离破碎，甚至从患者的书信和谈话里找不出一个上下相连的完整概念，令人不知所云。例如一患者在信中写道："×× 同志：当你接到我的信的时候，就是我得到最高奖赏的时候，请你不要灰心，他是一个杀人的刽子手，正向你求婚，想盗窃国家机密，请你放心，是用钢笔写的，我没有见过这样忘恩负义的人。"从信中难以判断这位患者写信的目的，因为整个内容是无法理解的。显然，患者的思维过程没有明确的指向。

（2）逻辑障碍：患者在思维过程中，不能按照正常的思维逻辑规律来分析问题，而往往表现出概念混乱和一些奇怪的逻辑推理。一患者诉说，"自己想到人是由动物进化的，所以人不应当吃猪肉；又想到动物是由植物进化的，吃植物也不应该；植物是由土里长出来的，所以觉得人不该站在地上"。这是逻辑倒错的表现。

有一些患者在思维过程中，常常把一些抽象概念具体化，表现为象征性思维，并成为关系妄想与某些难以理解的行为的原因。例如，一位患者看见一块抹布，便认为这块抹布是说明自己的思想很"脏"，于是就去打扫庭院，说是要通过实际行动去改正自己的错误。显然患者把抹布的"不清洁"（具体的"脏"）与思想上的"错误"（抽象的"脏"）混淆起来了。这种概念的混乱出现在思维过程中，必然会导致逻辑上的谬误。

（3）妄想：精神分裂症另一个特征性的思维障碍是原发性妄想。这是一种突如其来的病理体验或直接感受。也就是说，这类妄想并不是由感知觉障碍或其他歪曲的观念所引申，而是一些凭空出现，与患者以前的思想和情感毫无联系的病理性观念。例如，一位患者在日记中写道："我总觉得有穿隐身衣的人在监视我""好像人人都在说我"。

3．情感障碍　这是精神分裂症的常见症状之一。在疾病的急剧发作期，患者的情感可出现不明原因的剧烈变化，多系由幻觉和妄想产生的强烈反应。表现为兴奋、激动、紧张、恐惧、焦虑、忧郁或突然情感爆发；可能伴有伤人、毁物或自杀行为。有的患者出现情感倒错，往往以无所谓的心情叙述自己最痛苦的遭遇；或者谈到高兴的事情时，反而伤心落泪。有的患者有矛盾情感，即爱和憎两种对立的情感同时出现。如有的患者痛斥医生是凶手而同时却要求医生留下来陪伴，免得自己害怕。随着病情逐渐发展，情感迟钝和情感淡漠往往成为患者长期的主要症状。一些细致的高级情感常最先受损，表现为对亲友缺乏热情，对家人态度冷淡，对是非善恶漠不关心，与别人的情感不发生共鸣，只对外界刺激产生迟缓而肤浅的反应。严重时，可对欢乐、愤怒、恐惧等情境均无明显反应，甚至对任何刺激均无动于衷。

4．意志行为障碍　精神分裂症患者多表现为明显的意志活动减退，对外界事物缺乏兴趣，不主动参加活动，经常处于沉思之中；不与周围人接触，整日闭门幽居或蒙头而卧，生活懒散，不修边幅，不注意整洁，孤僻、退缩，完全脱离现实。有的患者发生矛盾意向，不能果断选择应该做什么，总是犹豫不决。如欲睡觉，走到床边以后又退出寝室，如此反复不能决定。有的患者在妄想的支配下，可反复提出控诉或坚持进行某种赎罪活动，表现为病理性的意志增强，但这一现象并不能持久，随着病情的进展，意志行为活动的减退便日益明显。有的患者意志行为活动障碍可表现为刻板动作、模仿动作、机械性被动服从或违拗症等紧张性综合征。精神分裂症患者还常有一些不易为人所理解的动作和姿势，如做鬼脸、努嘴、吮唇、蜷缩状态等；或以某种特殊的声调说话；有的患者似喃喃自语，可见其嘴动而听不见声音。

5．其他异常表现　注意力涣散常在本病的早期便已出现。患者表现出对日常生活漫不经心，工作粗枝大叶、丢三落四；与之交谈，常心不在焉；一般以随意注意障碍较为明显。由于患者注意力涣散，同时情感淡漠，对外界事物缺乏兴趣，因而常眼神呆滞，面部缺乏表情。

五、心理障碍的防治

现代医学非常强调“上医治未病”这个中医理念，把“防”与“治”放到同等重要的地位，甚至更加注重预防的重要作用。

（一）大学生心理障碍的早期预防

早期的发现和治疗是影响大学生心理障碍的治疗和疾病转归的关键因素。

1．构建心理危机的识别、预防与干预系统　高校在针对心理危机干预时，可采用四级模式：①第一级：学校层面的心理健康中心；②第二级：各院（系）的辅导员；③第三级：学生心理委员及宿舍心理观察员；④第四级：学生个体。这种模式的核心是以健康为中心，面向所有人群、特别是健康的正常人为主要服务对象，不以消除症状为首要目标，而以尽早识别心理问题、促进学生的成长、发展和潜能开发为宗旨，强调预防、发展和教育相结合。

辅导员和学生接触最多，因此要多注意学生的精神状况，如在有心理问题学生的班级选择几个学生作为信息联络员或心理委员进行监控等。联络员最好选择班干部（含宿舍长），对他们进行短期培训，做到一有异常情况可以第一时间告诉辅导员。辅导员在日常工作中应制订并实施一套应对危机事件的处理流程，在第一时间采取果断措施，以化解危机，防止事态恶化。与此同时，加强对周围人群的心理疏导，化解紧张氛围，防止连锁反应。

2．开展心理健康测评，建立心理档案　通过心理健康测评、建立学生心理健康档案可以及时了解学生的心理健康状况，有助于识别心理问题严重的学生，对这些可能发生或正处于心理危机的学生进行重点帮助。从心理问题形成的过程来看，大多数的心理危机是逐步形成的，有其过去的根源，或在某个过程中已经潜伏着心理危机，因此，建立学生心理健康档案是大学生心理危机干预的基础工作。

3．宣传普及心理卫生知识，发现问题及时寻求解决方法　心理疾病的早期预防离不开对于各类心理问题的学习和了解。只有了解各类心理疾病的常见发病原因、发病表现及治疗方式，才能在出现问题或可能出现问题时更加警觉，采取有效的措施。心理疾病与身体疾病不同，身体疾病的发生往往很快有临床表现，而心理疾病潜伏期长，发现时可能已经较为严重，因此，在大学校园里，开展多种形式的心理卫生宣传教育活动非常必要，使学生可以在心理卫生活动、心理健康讲座中学习一些心理疾病的防护、治疗的知识。对于心理问题做到早发现、早报告、早解决，避免延误最佳治疗时机。当发现异常时，要及时寻求解决方法。找朋友、同学、亲人、辅导员、心理咨询老师或者去医院找专家寻求帮助，都是很好的解决办法。

4．积极倡导大学生参与体育锻炼　有关资料显示，身体锻炼是治疗抑郁症的有效手段之一，国内外均有报道显示身体锻炼是一种有效的心理治疗方式。美国南加利福尼亚大学医学院赫伯特博士曾做过这样的实验：将患有神经过敏性紧张、失眠的30位老年人分为三组：甲组服用400毫克氨基甲酸酯镇静药；乙组不服药，但愉快地参加身体锻炼；丙组不服药，但被迫参加一些不喜欢的身体锻炼。结果表明乙组的效果最好，轻松的身体锻炼胜于服药；而丙组效果最差，不如吃镇静药的效果好。这说明：科学的身体锻炼对心理康复产生积极的影响。进行体育锻炼时，要注意培养自己锻炼身体的热情，尽量使锻炼轻松，要选择自己感兴趣的锻炼方式。

（二）大学生心理障碍的治疗

心理疾病预防固然重要，但是一旦出现问题，必须积极接受专业的治疗。心理障碍的治疗包括心理治疗和药物治疗，患病同学应该到有资质的专业医疗机构接受治疗，以保证治疗效果和相关利益。

【心理自我训练】

1. 在网上观看一部有关心理障碍的电影，如《爱德华医生》，并写下观后感。

2. 根据案例判断这两位学生正常与否。

实例1：某男，大学二年级学生。自诉：我永远忘不了第一次那种体验——一种快要死的感觉！那天，我正忙于准备即将到来的期末考试。为了使自己注意力集中，喝了不少咖啡，没有吃晚饭，一直干到很晚。然后，匆匆忙忙赶往英语角。路上不时地出现塞车。坐在出租车上的我逐渐紧张起来，遂感到有些发热和头晕，呼吸也感到困难。下车付费时基本还能挺住。可是到了英语角门口时，我几乎失去了控制。当时我全身冒汗，胸闷不适，心慌。我想肯定是心脏病发作了，就赶快去了医院。到医院的时候，我感觉好了许多，但感到浑身无力。医生检查没有发现问题，心电图也正常。医生说我可能是白天学习太紧张引起的。医生的话消除了我的顾虑。可这仅维持了一两天，以后又反复多次发作。尽管我知道这不是心脏病发作，也不会造成伤害，可仍然对所经历的情景感到恐惧，变得不敢坐车了。

实例2：某女，大学四年级学生。自诉：我有两种症状：一是担心被细菌污染，因此必须反复多次洗手；二是担心家中某个人死亡，故不能看可能引起这种担忧的文章和电视。出现担忧时，我的脑子里充满了有关死的最最可怕的念头，接着想到每一个我所喜欢的人，同时说："您好！"如果不这样做，或其顺序搞错了，我就无法摆脱忧虑。这些观念充满了我的大脑，真是痛苦极了，简直无法忍受。

请判断以上两位同学的表现是否异常？这种表现如果异常应该是何种问题？面对这种问题，应该怎么办？

【案例分析】

为什么我总是开心不起来?

案例回放：雨欣，女，19岁，大学一年级学生，现就读于一所重点医科大学。入学两个多月来，她总是开心不起来，几乎每日以泪洗面，心里觉得十分痛苦。她能按时上课，也能参加一些学生社团活动，而闲下来就开始伤心难过，感叹命运对自己不公平。她的悲伤、难过、抑郁的情绪在早上非常明显，到了晚上却会轻松很多。

雨欣的老家在西北的某城市，而她目前身处祖国的最南端，从来未离开过家的她对于大学生活显得手足无措，心理忐忑不安。由于第一次高考分数不理想，她第二次参加高考考入这所高校。雨欣十分开心接到这所重点大学的录取通知书，但短暂的开心很快被专业不理想而导致的忧虑、不甘心而取代了。到了大学她完全没有别的同学那种开心、好奇的感觉，心里总觉得有什么东西堵着透不过气来。

雨欣出生于普通的知识分子家庭，童年生活快乐幸福，家庭气氛比较融洽。父亲是高中老师，母亲是一般的职员，还有一个小她一岁的妹妹。父亲性格比较内向、沉稳，遇事喜欢自己思考、独自承受。母亲比较焦虑，总是忧虑很多，对孩子关心备至。她的妹妹今年也考上了另一座城市的某重点师范大学，虽然妹妹所在大学同样离家很远，但妹妹适应得很好，并常常劝慰雨欣。妹妹在大学里很快交上了好朋友，生活得十分开心。雨欣觉得妹妹非常聪明灵活、性格活泼开朗，而她自己的性格比较内向，多思而少言。旁人都说姐妹俩是动静结合，一个文静活泼，一个秀美乖巧。可她总是觉得自己很笨、很蠢，不如妹妹，妹妹很轻松学会的事自己要费双倍的时间才能掌握。

案例分析：根据雨欣的表现可初步诊断为：抑郁症。理由如下：

（1）她的主要症状是情绪方面的问题，而且以悲伤、难过、抑郁为主。

（2）她的症状在早上非常明显，到了晚上就会轻松很多，呈现“晨重夜轻”的特点。

（3）两次参加高考的经历，使她觉得自己的实力不足（而妹妹一年就考上了重点大学），自我评价比较低。

（4）首次离家在外就读大学，在生活环境、气候和人文环境等方面都有些不适应。

雨欣心理问题的成因主要有两个方面：

（1）消极的认知图式。图式是指个体看待自己的世界，自己对人、事件和环境的一些重要的信念和假设。早期儿童经验引起对自己和世界的基本的信念。个体的信念在儿童期开始形成，在一生中发展。雨欣在儿童早期，由于有妹妹做对比，总是觉得不如妹妹，没有形成“我很可爱”“我有价值”的信念，却因为觉得自己很笨、很蠢而形成了“我不可爱”“我无能”等消极的信念。这些经验与创伤性经验（如第一次高考的失利）一起，影响了个体的信念系统。这些信念会成为个体的基本的消极信念图式。

（2）对目前的大学生活和她自己的负性认知评价。雨欣的认知过程中存在较多常见的认知歪曲，对自己目前的大学生活和过去均是消极、负性的评价。同宿舍的一个同学对雨欣不是很热情，她认为人家对自己有成见、不友好，整日为此心情不好。第一次高考没有考好对她是一个较大的打击，她总认为自己不聪明、不优秀，没有能力。雨欣总是倾向于夸大自己的失误、缺陷的重要性，而贬抑自己的成绩或优点。雨欣认为自己很失败，考了两年大学，最后却读了一个自己不喜欢的专业，进而觉得自己的整个人生都是失败的。正是这样错误的思维认知让一个处在花样年华的女大学生在面临新的环境时，产生了种种不适应，从而怀疑自己并陷入深深的抑郁情绪之中。

（赵静波）

第十三章　大学生心理求助

【哲人的忠告】

你的责任就是创造欢乐。

——米尔顿·伊莱克森

心理咨询之妙，就在于他帮助了一个人，却让那个人感到，好像他自己帮助了自己似的。

——岳晓东

第一节　心理求助概述

当面临心理困惑、心理问题的时候，我们通过有意识地寻求知识，探索问题的解决办法，追求自我成长和发展的过程，我们称之为心理求助。

首先，心理求助是一个广义的概念，对所有的学生具有普遍的意义，既包括私下的读书思考、彼此的交流，也包括公开的专业心理咨询；其次，它是有意识、积极、主动的行为，是对陌生领域的探索，具有一定的风险性和挑战性；再次，心理求助与大学生的自我成长紧密联系在一起，求助的对象上，不仅是外在的同学、老师与心理咨询工作者，也包括求助者内在的自我。

一、心理求助的意义

人的心理就像身体一样，也会发烧、感冒，也会得病。当出现心理问题时，你可以选择自己扛着，也可以进行积极的求助。

“争取才能得到；寻找才能发现；伸手敲门才能有人开门。”有求才有助，有助方有得。

1．心理求助有利于人格完善，促进大学生成长成才　性格决定心态，心态决定命运。有人对320位诺贝尔奖获得者的内在素质特征进行了研究，发现这320位诺贝尔奖获得者，尽管出身背景、成长的经历有很大差异，但在人格特征、处事方式和态度等方面却有极高的相似性：高瞻远瞩，把握时机；选准目标，坚持不懈；勤奋努力，注重实践；富于幻想，大胆探索；排除干扰，勇往直前；情趣浓厚，好奇心强等。这六方面的相同之处，大多讲的是人的意志力、想象力以及态度、兴趣等心理特征。

美国心理学家推孟也曾对1500名智力超常学生进行了长达50年的研究，发现最成功的前50名与最不成功的后50名，其差异不在智力上，而是在毅力、自信心、情感和社会适应能力以及实现目标的内驱力等方面。

著名的心理学家荣格总结说：“一切的财富和成就，都源于杰出的智慧与健康的心理。”

心理求助有利于完善自己的性格，对个别人来说，可能是唯一的途径。

2．心理求助是一个人心灵成长的需要　在古希腊神庙的石柱上刻着一句话：“人啊，认识你自己！”这句话说明人的复杂性，自我认识、成长的重要性、艰难性和长期性。通过他人的帮助认识自我会更加客观便捷。

3．心理求助是一个人自我发展、自我实现的过程　首先，求助者学习与尝试面对自己的心理问题。心理问题本身不是问题，对待问题的态度才是问题。我们无法面对的，正是需要我们面对的。面对内在的脆弱、伤痛需要勇气、自信，更锤炼了我们的坚毅、果敢与淡定的个性。其次，问题的提出与确认是求助者自我提升的开始。提出问题是高手，解决问题是英才。心理问题的解决过程实际上是一个人从被动的、无意识的状态，到主动地提出问题、探索与自我思考和选择的有意识的过程。

我们的意识（包括意识与潜意识）就像我们的身体一样，具有自我康复能力。所以美国心理学界流行一句话：最好的医生是自己，最好的药物是时间。提出和确认问题就是这位医生在医治自己的过程。苦难与煎熬，是自我成长的良药。

4．心理求助使当事人有机会学习和掌握信息、资源的检索与利用　一个人的成长、成功，离不开环境，环境也在某种程度上决定着人的一生。但是，人并不是被动地接受环境影响的。著名作家毛姆曾说过，“一个人坚持要最好的，他往往会得到。”爱因斯坦说过：“一个人所看到的，正是他内在所拥有的。”

方法总比问题多。一个人的观念，对信息、资源的利用能力决定了结果的巨大差异。

5．心理求助让我们的学习和实践更上一层楼　读万卷书不如行万里路，行万里路不如阅人无数，阅人无数不如名师指路。心理咨询是解决心理问题获得个人发展的一种重要途径，是现代社会文明进步的体现。在这样的过程中，求助者的自我认识、自我控制、自我实现等能力得到了提升，当事人会在不知不觉中超越问题、超越自我。

名师指路不如当下顿悟。心理咨询的过程常常是提升认识、转变观念、自我突破的过程。顿悟让我们的学习和成长插上了腾飞的翅膀。

6．心理求助真正体现了生存的智慧　生活就像一场游戏，为了参与游戏并取得胜利，学习规则是必不可少的。按照规则来行事，你的生活才会一帆风顺。为了学习游戏规则，你要付出一定的努力，承认自己的不足，在安静的地方静静地思考。

《道德经》上讲，“坚强者死之徒，柔弱者生之徒。”《易经》上讲，“填不足，损有余”。

一个人的智慧、力量与生机来自于他的内在，是当下所呈现的一种状态，是一种由内向外的一种通达、无碍、圆融的存在，是不压抑、不抗拒、不评价、不做作，专注、自然、开放、坦荡。

美国心理学家弗罗伦斯・S・希恩认为，所有的问题源自紧张与阻碍，解决之道就是放松与循环。

当觉得自己撑不下去的时候，就应该向他人求助。不要觉得这样做是脆弱与无能，我们这样做，刚好证明了自己的勇敢和成熟。遇到困难的时候，我们善于利用周围人的支持，通过和朋友、亲人的交流能让我们获得温暖，获得解决困难的勇气和力量。

7．心理求助是实现理性与感性和谐统一的过程　如何处理理性与感性的关系问题是人生要面临的重大课题。没有理性，心灵将脆弱得不堪一击；然而，受负面情绪影响的理智思维也常常让我们变得越来越渺小。心灵和情感是真正的革命者，推动我们踏上征程，找到生命的价值和意义，争取成为伟大的人。它们创造了兴奋和激情，并邀请我们最真实的自我走上舞台，与之共舞。

心理求助是理性与感性之间平衡协调、内在和谐统一的过程。

8．心理求助是保有健康和幸福的基础　世界卫生组织前总干事长马勒博士认为，对于我们每一个人来说，生命中的健康是“1”，而名誉、地位、金钱、智慧不过是“1”之后的“0”，失去了前面的“1”，即使后面有再多的“0”，生命也将变得毫无意义。由此可见，心理健康是健康的重要组成部分，也是我们人生幸福的基础和源泉，而心理求助帮助我们提升心理健康的水平。

二、心理求助的途径

唯物辩证法的学习告诉我们，内因是基础，外因是条件，外因通过内因而起作用。那么，在一个人的心理问题解决过程中，内因是什么？在心理健康教育中，我们常进行这样一个心理测试，假设在你的生命中遇到一个重大的挑战，凭借你以往的经验和认识，你很难战胜它，对别人来讲这也是一件难以做到的事，现在给你一分钟时间，找到四个帮助你的人写在一张纸上。测试的结果显示，求助的对象大部分人都没有“我”——自我意识（有的人称其为真我、超我、大我）。

解决我们心理困惑、心理问题的内因就是“我”——自我意识。“我”是最重要的他人。

1．反求诸己　发现和提出问题，敢于面对、并相信自己能够解决，是心理求助的核心，也是自我意识发展最重要的途径。

我们每天需要留出一段时间来询问自己，为什么我们在这里？我们应该怎样生活？我们是否已经有效地利用了生活给予我们的各种恩赐？我的梦想是什么？

如果我们不能和自己交流，我们如何认识自己？我们对自己了解的越深，我们才可能做出内心真正的选择。了解你自己，你将了解整个世界。

反思乃是智慧之源。简单的问题立刻付诸行动，复杂的问题交给时间来解决，那么你在人生的道路上将无往而不胜。

2．读书学习　书籍，是历史的长老，是智慧的使者。它传播了知识、积淀了文化，启悟了智慧，也容纳了峥嵘岁月、沧海桑田的变迁与无限的情绪。我们可以借助阅读心理学的书籍、一些名人传记、心理励志的书籍等来认识和了解自我，获得心理成长。

学习其他人的思想可以帮助我们真正明白自己的思想。西方有句谚语说：愚笨的人，熬过痛苦，忘却经验；平庸之人，以自己的痛苦换取经验；聪明的人，借他人经验以自用。但是，一定要警惕，其他人的思想不一定是你的思想。要有选择地接受他人的思想，挑选出与你最深的内心发生共鸣的那些思想。吸收他人的智慧，铸造自己真实的规范和原则，并依此来指导自己的生活。

3．朋辈、老师　他人是我们的镜子，朋辈之间的探讨和交流是我们学习和成长的一条最简单、也是最有效的途径。教师丰富的人生阅历也是我们的活教材。所需的，就是自我求助的意愿。目前我国高校班级中普遍设有心理委员，他们是朋辈心理辅导的基本力量。

4．心理咨询　心理咨询就是在专业的心理咨询师的帮助下，通过营造一个全新的人际环境，帮助来访者认识自己与社会，处理好各种关系，逐渐改变与外界不合理的思维、情感和反应方式，并学会与外界相适应的方法。美国《哲学百科全书》认为心理咨询主要有以下几个方面的特征：主要针对正常人；为人的一生提供有效的帮助；强调个人的力量与价值；强调认知因素，尤其是理性在选择和决定中的作用；研究个人在制订总目标、计划以及扮演社会角色方面的个性差异；充分考虑情景和环境的因素，强调人对于环境资源的利用以及必要时的改变。

心理问题的解决有赖于心理咨询。对于心理问题，人们的行为惯性是：调动一切手段去应对感觉，消灭症状。常常好了伤疤忘了疼，问题表现的随时性让我们最终放弃了对问题本质原因的探索。比如，有的大学生因失恋正陷入烦恼之中，此时有一份新的恋情乘虚而入，而这段新的恋情，既埋没了失恋的感觉，又掩盖了前面情感挫败的实质原因，于是，新的失恋又将被复制。由于我们为了应对感觉而掩盖了问题，于是，当我们再次行动时，问题又将乘虚而入，制造了新的循环，迫使人们为应对问题及感觉而不断地复制错误，空耗人生。对他人而言失败是成功之母，对自己而言失败却在叠加与倍增。

一个心理问题的存在会影响人生的各个方面，它将使挫折循环增进，使你付出时间、经济、精神等多重代价。比如当一个大学生陷入情感困境时，思维不清，情绪紊乱，生活杂乱，于是，学业被耽误，择业也失败……如此一来整个人生的发展就被制约了。

因此，及时有效地遏制、解除心理问题，将最大限度地降低一个人的成长代价，节省发展成本，实现人生价值。心理咨询正是解决心理问题的最好途径。

第二节 大学生生死观与生命教育

一、生命的意义

人是从哪里来、又到哪里去？人活着的意义是什么？

其实你可以认为生命是一堆烂泥、一棵枯草、一簇荆棘，也可以把生命视为一潭碧水、一束鲜花、一片绿地。一切都是你在赋予，你在创造！

1．爱让生命充满生机和活力 从生命诞生的那一刻起，父母就给予我们无限的爱和希望。生命，不仅仅是自己的，还是父母生命的组成部分，是家庭的一部分。正是因为有爱，对每一段生命来说，存在已是最大的意义。

尼克·胡哲（NickVujicic）1982年生于澳大利亚，他天生没有双臂和双腿，面对这个重度残疾的生命，他的父母一度心生绝望，他也曾想到自杀。但是，凭着对生命的无限热爱，在父母的爱心和坚持下，他坚强地活了下来，不仅如此，他还为自己、为他人、为社会、为世界作出了伟大的贡献。如今，这位残疾青年已经创办了演讲公司，并担任国际公益组织的总裁。2008年中国汶川大地震后，他曾来到地震灾区，以自己的经历鼓励人们不要放弃，要更好地生活下去。尼克·胡哲曾经说过："我感觉自己和别人太不一样，对我来说，将来必定是没有希望的。如果当时我就放弃，认为生命就此终结的话，那我就要错失这么多东西。生活就是生活，有成功也有失败，如此周而复始。难道每次我们经历所谓的失败就要心生绝望吗？"他说："我告诉人们失败时不要灰心，要始终爱自己。如果我能鼓励到哪怕只是一个人，那么这就是我这辈子的工作！"

2．奋斗创造生命的奇迹 举世闻名的德国音乐家贝多芬，一生备受疾病、贫困的折磨，却从未停止与命运的抗争，谱写出一首又一首令人称颂的生命乐章；美国残疾教育家海伦·凯勒，在黑暗与孤寂的世界里写就了数部著作，并建起了数个慈善机构；我国残疾人作家张海迪，曾经说"我最大的快乐是死亡"，但是，她却活了下来。不仅如此，她创作和翻译的作品超过100万字，她用自己的言行激励着广大青年和残疾人。这一段传奇的奋斗经历，无不诠释着生命的终极意义——奋斗。

贝多芬、海伦·凯勒、张海迪等是不幸的，他们正当年少却过早地承受生活的磨砺。但他们又是幸运的，因为逆境，他们学会了承担，学会了生存，学会了生活，更加懂得生命的可贵，谁说这不是生命的一大馈赠呢？

为了自己的生命而奋斗，为了自己的理想而奋斗，为了实现自己的价值而奋斗，是每个人为自己生命故事所能做到的最好的事情。

3．奉献是生命价值的核心 裴多菲说过，生命的多少用时间计算，生命的价值用贡献计算。人之所以区别于动物，就在于人类有着高贵的思想，懂道理，明事理，有无私奉献精神，会向往美好未来并为此而不懈努力。在这个世界上，我们的生命只有一次。但是我们却可以通过奉献，使自己的生命得以延续和发展。奥斯特洛夫斯基说过，"人的一生应当这样度过：当他回首往事时，他不因虚度年华而悔恨，也不因碌碌无为而羞耻。"

正是因为有了爱和奉献，我们的世界才充满了温暖，每一个生命才得以浸润和感动。

4．生命的意义在于创造价值 对于每个人来说，生命的意义并不仅仅是为了活着，而是为了更好地活着。我们要利用生活的每一个瞬间，创造生命的价值。医生靠治病救人实现自己的价值，教师以教书育人实现自己的价值，农民和工人用辛勤的劳动实现自己的价值，而各领域的名人专家，用才智和胆识为世界创造了无限价值。歌德说："你若要喜爱自己的价值，就得给世界创造价值。"

5．生命的意义在生命的过程中显现 生命赐给了我们一双眼睛，去看五彩斑斓、春夏秋冬和悲欢离合；

生命赐给了我们一双耳朵，去聆听世界上美妙的声音，听从师长的教诲，从而学会知书达理；

生命赐给了我们一张嘴巴，可以表达内心，传递温情；

生命赐给了我们一颗大脑，可以感受爱，体悟爱，付出爱；

生命赐给了我们一双手，可以去触摸柔嫩的花儿，也可以用双手创造价值；

生命赐给了我们一双脚，可以走遍天下，走出通往幸福的路……

生活其实是自己最好的导师。我们要学会用心生活的艺术，跟随生活的方向而充分享受此时此刻。

对于大学生来讲，应找到自己的目标，为之努力和奋斗；应寻找生活的乐趣，充满好奇地探索未知的人生；应给自己一个快乐的理由，努力开创属于自己的生活。这就是对生命最大的尊重，是生命价值最大的体现。

6．面对死亡凸显生命的珍贵、庄严、敬畏与幸福感　西方的一位哲学家说过，一个人只有面对死亡的时候，才真正地出生了。罗丝说："死如同生一样，是人类存在、成长及发展的一部分，它赋予人类存在的意义，它给我们今生的时间规定界限，催迫我们在我们能够使用的那段时间里，做一番创造性的事业。"

我们应该学会把死亡当成生命的导师。由于死亡将每个人的生命从头到尾都做了限定，所以我们才能更好地了解生命的意义。认识到每个人都要面对死亡，我们才能摆脱盲目生活的想法，积极地筹划人生。因此，我们每个人都应该更多地考虑过好"生"的问题，要明确知道创造人生的幸福，这是此生的根本责任。每个人不是为了事业或者其他什么到这个世界上来的，而是为了得到幸福和创造幸福来到这个世界上的。

只有珍惜生命，才有竞争和拼搏；只有珍惜生命，才有理想与希望；只有珍惜生命，才有快乐与成功；只有珍惜生命，我们才能去爱我们的父母，爱我们的老师，爱我们的同学，爱我们的亲人；只有珍惜生命，才能去享受他们的爱；只有珍惜生命，才能去珍爱生命，才能去享受生活。

【专栏 13-1】

想一想——鹰的重生

鹰是世间寿命最长的鸟类，它一生的年龄可达 70 岁。在 40 岁时，它如果要继续活下去，必须经历一次痛苦的重生。当鹰活到 40 岁时，它的爪子开始老化，不能有效地抓住猎物。它的喙开始变得又长又弯，几乎触到自己的胸膛。它的翅膀也开始变得沉重，因为它的羽毛长得又浓又厚，飞翔都显得有些吃力。

这时它只有两种选择：等死，或开始一次痛苦的重生，即用 150 天漫长的操练。它必须很卖力地飞到山顶，在悬崖上筑巢，停留在那里。鹰首先用它的喙击打岩石，直到喙完全脱落，然后静静地等候新的喙长出来。它会用新长出的喙把指甲一根一根地拔出来。当新的指甲长出来后，再把羽毛一根一根地拔掉。5 个月以后，新的羽毛长出来了，鹰获得了再生。

每一次辉煌的背后肯定都有一个凤凰涅槃的故事。世上没有平坦的道路，人间没有常开的花，挫折原本就是生命旅途中一道不可或缺的风景。

生命，总是在挫折和磨难中茁壮成长的。如果 40 岁的鹰选择逃避，那么，等待它的就是生命的枯萎。它唯有选择经历苦痛，生命才能得以再生。重生与成功的道路上注定要密布荆棘。

二、大学生心理危机的表现

心理危机是指个体面临突然或重大生活事件，如亲人亡故、突发威胁生命的疾病、灾难等，个体既不能回避又无法用常用的方法来解决问题时所出现的心理失衡状态。心理危机具有突发性、紧急性、痛苦性、无助性和危险性的特点。

心理危机是一把双刃剑，既可能导致严重的病态或过激行为，包括杀人和自杀；同时，心理危机中潜藏着机会，它带来的痛苦会迫使我们积极寻求帮助，带给我们成长的机遇。可以说，心理危机与成长相伴而生。没有心理危机，就没有成长。

心理危机发生后，个体会在躯体、认知、情绪、行为等方面发生各种变化。在躯体方面，会产生疲劳、失眠、头痛、做噩梦、容易惊吓等；在认知方面，在危机状态时注意力集中于急性悲痛之中，并导致记忆和知觉的改变；在情绪方面，常出现害怕、焦虑、忧郁、伤心、悲伤、易怒、绝望、否认与不安等情绪；在行为方面，当事人不能完成职业功能，不能专心学习和从事家务活动，与人隔绝，回避人，变得令人生厌或具有黏着性；与社会的联系被破坏，当事人感到与人脱离或相距甚远，可能发生对自己和对周围的破坏行为，并以此作为解决问题的最后努力；拒绝他人帮忙，认为接受帮助是自己软弱无力的表现，其行为和思维、情感是不一致的；还会出现一些平时不多见的行为。

【专栏 13-2】

看一看——鲶鱼效应

很久以前挪威人在海上捕得沙丁鱼，由于活鱼的卖价比死鱼高好几倍，所以渔民们想了无数的办法，想让沙丁鱼活着上岸，但沙丁鱼总是还没到达海岸就已经口吐白沫。只有一条渔船能做到带活鱼回港。这是为什么呢？这条船又有什么秘密呢？后来，人们才发现其中的奥秘，原来他们在沙丁鱼槽里放了鲶鱼。鲶鱼是沙丁鱼的天敌，当鱼槽里同时放有沙丁鱼和鲶鱼时，鲶鱼出于天性会不断地追逐沙丁鱼。在鲶鱼的追逐下，沙丁鱼拼命游动，激发了其内部的活力，从而活了下来。

这就是著名的“鲶鱼效应”。“鲶鱼效应”告诉我们，我们遇到生活的挫折、工作上的不顺利是逃避不了的。我必须正面迎上去，用鲶鱼效应把这些挫折、困难因势利导，把反面的压力转换成正面的动力。人活在世界上，每天都像动物一样在大草原上猎食。有时丰收，有时失败。有时自己跌倒，有时看到别人跌倒。但是这其中最大的不同，就在于这个人跌倒后重新站起来的速度。这个世界上没有绝望的处境，只有对处境绝望的人。

三、大学生心理危机的预防与干预

心理危机干预是指对处在心理危机状态的个体采取明确有效的措施，使之最终战胜心理危机，重新适应生活。

（一）心理危机的识别

1．正确识别心理危机的信号　大学生若出现下列几种情境、表现，则已罹患心理危机的可能性较大：

(1) 重大丧失（如亲人死亡、重要人际关系破裂、重要考试失败、失恋、遭受拒绝等）后出现反常表现；

(2) 遭受严重突发事件的刺激后有异常反应；
(3) 明确或间接表露自己感到痛苦、抑郁、无望、无价值，甚至流露出死亡的意图；
(4) 孤僻、人际关系恶化；
(5) 物质滥用量加大；
(6) 易激惹、与人敌对；
(7) 持续不断的悲伤或焦虑；
(8) 依赖性加大；
(9) 出现自毁性或攻击性行为；
(10) 日常学习、工作、生活状况出现明显的负性改变。

2．自杀征兆

(1) 言语上的征兆

①直接向人说："我想死。我不想活了"；
②间接向人说："我所有的问题马上就要结束了""现在没有人可以帮助我"；
③谈论与自杀有关的事或开自杀方面的玩笑，如跟同学开玩笑："我死了你会伤心不"；
④谈论自杀计划，包括自杀方法、日期和地点；
⑤流露出无助或无望的心情；
⑥谈论一些可行的自杀方法；
⑦突然与亲朋告别。

(2) 行为上的征兆

①出现突然的、明显的行为改变，如中断与他人的交往或出现很危险的行为；
②退缩和独处明显增加，减少与其生活中的重要人物的交流；
③抑郁的表现；
④无故送东西、送礼物给亲人或同学，无理由地向他人道谢或致歉；
⑤有条理地安排后事；
⑥频繁出现意外事故；
⑦饮酒或吸烟的量大增；
⑧躯体症状，如进食障碍、失眠或睡眠过多、慢性头痛或胃痛、月经不调等；
⑨对学习失去兴趣，上课无故缺席、迟到早退，工作或学习成绩下降；
⑩自卑感和羞耻感等。

(二) 自杀干预与处理

1．如何帮助有自杀征兆的同学

(1) 如何安慰自杀者：保持冷静和耐心倾听。让他（她）倾诉自己的感受。

认可他（她）表露出自己的情感，也不试图说服他（她）改变自己。

询问他（她）是否想自杀："你是否觉得太痛苦、绝望，以至于想结束自己的生命？"相信他（她）说的话，当他说要自杀时，应认真对待。

如他（她）要你对其想自杀事情予以保密，不要答应。

让他（她）相信他人的帮助能缓解面临的困境，并鼓励他（她）寻求帮助。

说服其他相关人员共同承担帮助他（她）的责任。如你认为他（她）当时自杀的危险性很高，不要让他（她）独处，要立即陪他（她）去心理咨询机构或医院接受评估和治疗。

对刚刚出现自杀行为（服毒、割腕等）的人，要立即送到最近的急诊室进行抢救。

(2) 如何劝解自杀者：遇到有人跳楼、跳桥、跳河等突然情况，要以关心、尊重的口气劝说他（她）先从高处下来，除了告诉他（她）有事好商量外，对其提出的合理要求可以暂时答应下来。

劝说时，尽量让他（她）开口将自己的难题讲出来，并尽量把对话进行下去，此时可以找一些能触动他（她）的话题，比如“你现在最割舍不下的是什么”“父母多大年纪了”等，注意不要说教，不要评价他（她）的行为，要着重强调他（她）自身存在的价值。

应该迅速拨打 110、120 等紧急电话，并在他（她）可能跳下来的地方做好张网、铺垫等工作，以防万一。

进行劝解时要让他（她）有这样一个牢固的观念：自杀获救还可以抚平对亲友的伤害，弥补错失，如果真的自杀身亡，那才真的是不可原谅。

（3）面对要自杀的人时常用的话：你有权利自杀（含义：尊重、接纳他，明确是否自杀是他自己的事，他要对自己的行为负责）。

自杀是每个人一生中都曾经出现过的想法（含义：他不是世界上唯一有自杀想法的人，他自己不必为有这样的想法而恐惧或自责）。

自杀是一个人遇到困难还没有找到解决办法时的一种想法（含义：其实强调自杀是摆脱痛苦的手段而不是目的）。

你遇到了什么困难让你痛苦得想到要自杀？这些困难具体是什么？（把话题引向深入，发现他的具体困难和痛苦是什么，他遇到了什么问题，为下一步提供心理援助打下基础）。

2．学生自杀的五级防护

（1）一级防护：学生自我调节。自觉地认识自己，独立地调节各种心理问题。平时注意学会和他人交流与沟通（会聆听也会倾诉）；培养参与体育运动或文娱活动的习惯，在一定程度上有助于不良情绪的释放和宣泄；提高自我觉察力，一旦发现产生自杀意念，便及时实施自我救助（如转移注意、避开刺激物等），必要时可以向心理辅导员等专业人士咨询或寻求帮助。

（2）二级防护：学生的朋辈互助。有互帮互助意识和能力，通过互帮互助解决某些心理问题。指导学生心理协会、培训志愿者开展朋辈互助活动。

（3）三级防护：是辅导员、班主任、教师的工作。有发现学生心理问题、保护帮助学生解决某些心理问题的能力，能及时推荐某些学生去咨询。建立院系心理健康联系人制度，培训心理辅导员，合作开展重点学生工作。

（4）四级防护：大学心理咨询中心的工作。负责对大学生提供心理咨询、心理测试、心理训练、心理健康教育等服务。

（5）五级防护：医院治疗与家庭护理工作。医院能对问题学生心理疾病实施门诊药物治疗或住院治疗，家庭能协助配合做好当事人心理问题的防护和心理危机干预工作。与校医院及校外医疗机构保持紧密联系。

3．给自杀幸存者的建议　法国哲学家德里达说：“幸存，就是超越生命的生命，多出生命的生命。因为，幸存，不只是留下来的东西，而是充满张力的生命本身。”每个人都要超越幸存。

（1）你能够生存下去，尽管你可能不这样想，但你一定能做到。

（2）你会一直纠缠于自杀发生的原因，直到最后你不再需要知道原因或你已经知道了一部分原因。

（3）你内心强烈的感受会压得你喘不过气来，但所有这些感受都是正常的。

（4）愤怒、内疚、混乱、健忘是常见的反应，你并没有发疯，只是处于悲伤之中。

（5）意识到你可以面对死者、这个世界，以及你自己感到愤怒，把这种愤怒的情绪表达出来，没问题。

（6）你可能为你自己做过的或没有做过的事情感到内疚，宽恕自己，让内疚转化成遗憾。

（7）有自杀的想法很正常，有想法并不代表你一定会采取行动。

(8) 记住自己需要时间慢慢度过这段日子，给自己一段时间恢复。

(9) 找一个可以分享你心声的倾听者，如果需要倾诉就给他（她）打电话。

(10) 不要害怕哭泣，眼泪有助于治愈心理创伤。

(11) 记住选择自杀不是你的决定，没有人可以对一个人的生命产生唯一的有决定性的影响。

(12) 尽量拖延做出重大决定的时间。

(13) 允许自己寻求专业帮助。

(14) 意识到你的家人和朋友承受的痛苦。

(15) 对自己和其他还不能理解的人保持耐心。

(16) 给自己制订一些限制，学会说不。

(17) 避开那些告诉你应有什么感受或感觉如何的人。

(18) 树立信心可以帮助你度过悲伤。

(19) 悲伤过程中会出现一些常见的躯体反应，如头痛、食欲缺乏、无法入睡等。

(20) 常与他人一起说笑或对着自己笑都是恢复的好方法。

(21) 发泄自己内心的质疑、愤怒、内疚或其他感觉，直到完全清理干净。

(22) 你已经不再是原来的你了，但你能够生存下去，并且可以活得更精彩。

(23) 料到情绪会有波动，如果内心的情绪如潮水般返回，这说明你的悲伤反应可能还未过去，还有一些残留。

第三节　心理咨询

一、心理咨询的涵义

所谓心理咨询，是由受过专门训练的咨询者，运用心理学的理论和技术，通过语言及非语言的交流，给来访者以帮助、启发和教育，使来访者改变认识、情绪和态度，帮助解决其在学习、工作、生活等方面出现的问题，促进来访者人格的发展和社会适应能力改善的助人活动。

心理咨询具有如下特点：助人自助，帮助来访者全面了解自己，找到自己潜在力量，学会克服成长中的障碍；是心理咨询师与来访者平等交流互动的过程，没有批评和指责；按照心理规律进行辅导；中立的态度和保密原则等职业规范，为心理咨询建立了一个独特的、安全的心理空间；心理咨询是一个过程，短则数次，长则数月。

二、心理咨询的对象与任务

心理咨询的主要对象是正常人，可分为三大类：一是精神正常，但遇到了与心理有关的现实问题并请求帮助的人群；二是精神正常，但心理健康出现问题并请求帮助的人群；三是特殊对象，即临床治愈的精神疾病来访者。心理咨询最一般、最主要的对象，是健康人群，或者是存在心理问题的亚健康群，而不是人们常误会的“病态人群”。

心理咨询的任务，从总体上说，是帮助正常人群在生活中化解各类心理问题，克服种种心理障碍，矫治不良行为，理顺人格结构，纠正不合理的认知模式和非逻辑思维，学会调整人际关系，深化自我认知，端正处事态度，构建健康的生活方式，强化适应能力，等等。心理咨询完成上述任务，皆为达到一个目的，即提高个人心理素质，使人健康、愉快、有意义地生活下去。

三、心理咨询的分类

依据心理学的主要理论，可分为分析型、认知型、支持型、行为型、人际关系型等心理咨询；按治疗的时程，则可分为长期、中期和短期心理咨询；根据咨询的性质，可分为发展咨询和健康咨询；根据咨询的规模，可分为个体咨询与团体咨询；根据咨询的方式，可分为门诊咨询、书信咨询、电话咨询、现场咨询和互联网咨询，等等。

四、心理咨询的基本原则

1．保密性原则　咨询人员保守来访者的内心秘密，妥善保管心理咨询材料，不得公开来访者的真实姓名、单位或住址。

2．理解支持原则　咨询人员对来访者的语言、行动和情绪等要充分理解，不得以道德的眼光评判对错，要帮助来访者分析原因并寻找出路。

3．积极心态培养原则　咨询人员的主要目的是帮助来访者分析问题的所在，培养来访者积极的心态，树立自信心，让来访者的心理得到成长，自己找出解决问题的方法。

4．时间限定的原则　心理咨询必须遵守一定的时间限制。咨询时间一般规定为每次 60 ～ 90 分钟（初次受理时咨询时间可以适当延长）。心理咨询师和来访者都要遵守预定的时间。

5．“来者不拒，去者不留”的原则　到心理咨询室咨询的来访者必须出于完全自愿，没有咨询愿望和要求的人，咨询者不会去主动找他（她）并为其心理咨询。

6．感情限定的原则　来自来访者的劝诱和要求，即便是好意的，在终止咨询之前也是应该予以拒绝的。

7．重大决定延期的原则　心理咨询期间，由于来访者情绪过于不稳和动摇，原则上应规劝其不要轻易作出诸如退休、调换工作、退学、转学、离婚等重大决定。

五、心理咨询的一般过程

大学生心理咨询一般可分为六个有秩序、前后互相关联的阶段：收集信息、界定问题、确立目标、规划方案、实施行动和评估结束。

1．收集信息　咨询师了解和掌握来访者详细、准确的情况，初步建立良好的咨询关系。

2．界定问题　对来访者的问题进行界定、诊断，辨明问题的类型、性质和严重程度等。

3．确立目标　咨询师与来访者共同确立其应向什么方向改变，经过改变后可以达到一个什么样的状态。

4．规划方案　是结合既定的咨询目标来规划设计咨询方案。

5．实施行动　实施行动阶段的主要任务是将方案中拟订的行动步骤付诸实施。

6．评估结束　一是评估目标收获，二是为学习迁移做准备，利用在咨询中获得的积极经验和收获，去面对生活中的问题，从而扩大咨询效果，促进来访者的更快发展。

六、心理咨询和心理治疗的异同

1．两者的联系

（1）它们所采用的理论方法常常是一致的。

（2）它们本质一样，都是帮助来访者消除心理和行为问题，促进健康成长。

（3）它们都重视建立良好的人际关系。

2．两者的区别

（1）心理咨询的对象主要是正常人，而心理治疗的对象则主要有心理障碍的人。

（2）心理咨询着重处理正常人所遇到的各种问题。心理治疗主要是对某些神经症、心理障碍和心身疾病进行治疗。心理咨询不需要辅以药物治疗，而心理治疗往往需要辅以药物治疗。

（3）心理咨询用时短，不需要住院和去门诊。心理治疗则较费时间，心理治疗一般需要在专业的医院门诊进行，有的还需要住院。

（4）心理咨询注重教育、指导性和支持，而心理治疗则需要进入人的无意识领域。

七、心理咨询中常用到的技术

1．贯注　贯注（attending）要求心理咨询师在心理咨询过程中全神贯注地聆听当事人讲话，认真观察其细微的情绪与本能的变化，并做出积极的回应。贯注是尊重的体现，也是同感的基石。

2．倾听　心理咨询条件下的倾听（listening）不同于一般社交谈话中的聆听，它要求心理咨询师认真地听对方讲话，认同其内心体验，接受其思维方式，以求设身处地理解对方。可以说，整个心理咨询的学习过程也是倾听的学习过程。

3．沉默　心理咨询既是听与说的艺术，也是沉默（the silence）的艺术。沉默的意义在于给当事人提供充分的时间与空间来反省，思考其个人成长的过程。心理咨询要求心理咨询师首先置身于当事人的境地当中，然后再帮助他认清其成长中的障碍，寻求自救良方。

4．宣泄　宣泄（catharsis）指当事人将淤积已久的情绪烦恼与精神苦恼倾诉给心理咨询师的过程。宣泄可以使当事人通过倾吐内心的压抑与困惑，获得精神解脱，并可强化其战胜困难的信心与勇气。同时宣泄可以强化当事人自我剖白的意愿，增进心理咨询师与当事人的交流，为进一步的自我探讨奠定基础。

5．探讨　探讨（exploration）指心理咨询师帮助当事人积极认识、思考其成长中的挫折与障碍的过程。心理咨询的目的在于助人自助，探讨是一个思考的过程，也是一个学习的过程，它的目的在于助人自省自明。

6．质问　质问（confrontation）指心理咨询师对当事人的认知方式与思维方法提出挑战与异议的过程。其目的在于推动当事人重新审视其生活中的困难与挫折，以进一步认识自我、开发自我。质问要以尊重为前提，以同感为基础，心理咨询师通过提问、反问与深入的讨论来质问当事人思维方法中那些自我偏向、自我夸张与自我挫败的倾向，开启对方、激励对方。质问旨在推动当事人重新认识自我、发展自我，并要力戒主观武断、强加于人的倾向。质问力求问而不审、制而不压，以推动当事人的自我审视与自我悦纳。

7．行为操纵　行为操纵（behavioral modification）指心理咨询师对当事人自我发展与自我向善的努力与否所予以的奖励与惩罚措施。其目的在于帮助当事人消除其成长中的不良意向与不妥行为，学习与模仿有助于个人成长的行为，借以树立良好的自我形象。在心理咨询条件下的行为操纵，以正面鼓励与正强化为基础，对当事人的自我探索、自我接纳与自我发展的努力予以及时的肯定，以增强当事人的自信心。

8．自我披露　自我披露（self-disclosure）指心理咨询师通过与当事人分享其个人成长过程中的成功与失败经历来推动当事人认识自我、发展自我的努力。

上述八个技巧是心理咨询师与当事人沟通并帮助后者自我成长的常用手段。它们是心理咨询区别于一般社交谈话与生活咨询的指标。

【心理自我训练】

设想“死了”并重生

个别大学生因为学业、交友、恋爱等方面受到挫折而发轻生之念。为了强化对生命的珍惜，可以进行“死亡”“重生”训练：我们可以想象一下死，之后再设想自己死后的重生。设想体会一下一切都归零之后的样子，环境、社会、亲朋好友、家人……注意在这个过程中不要带有任何的情绪，因为你已经“死了”，只是静静地看就可以。

这是一种非常有效的心灵转换法。

著名的心理学家罗洛·梅在著作《人寻找自己》中记录了这样一个故事：一位妇女坚信：除非某个男人爱她，否则她无法活下去，当她得不到，就想到了自杀。她对这一问题想了好几天，突然动起一念：“假如我自杀了……”猛然想到：“我自杀以后，太阳依旧照耀，水照样给身体带来凉意，人们仍然工作忙碌……”于是心中豁然开朗，她决定活下去。主人公采取这种设想死去并重生的方法，最终放弃了自杀的念头。我们也可以采用这种方法，让自己的心灵得到一种释放，不良情绪得到一种排遣，从而获得心理的平静。

【案例分析】

风华正茂的大学生为何选择自杀?

案例回放：晓丽是大一新生，军训时流露出自杀的念头，被送至学校心理咨询中心。在面谈中晓丽的情绪一直十分低落，低声哭泣，不愿说话。经咨询老师情绪处理后，她告诉咨询老师，父母常年在外打工，由奶奶带大。奶奶有重男轻女的思想，对自己缺乏疼爱。晓丽与奶奶很少交流，与父母联系也很少。即使在和父母团聚的日子里，晓丽也感觉不到亲情。她说同学都很自私，经常欺负和孤立她。她很孤独，认为活着没有意思。在军训中由于训练强度较大，条件比较艰苦，她感到很不适应，经常受到教官的批评。因为这些原因，她的情绪抑郁，整天不说一句话，经常晚上 12 点还不能入睡。早晨恋床，起床非常困难，浑身疼痛。白天无法集中注意力训练，心情糟糕透了。与晓丽面谈之后，咨询老师给晓丽进行了抑郁症量表测试，测试结果显示重度抑郁。经医院进一步诊断、治疗，晓丽开始服用抗抑郁的药物。3 个月后的一天，晓丽将积攒的抗抑郁药物一次性服下，后经过医院洗胃脱离了生命危险。

案例分析：

1. 晓丽患的是典型的抑郁症。晓丽的生活经历使得她缺乏安全感、家庭温暖、社会支持，缺少倾诉对象，形成了抑郁、孤僻的性格。

2. 晓丽的自杀行为是抑郁症的症状表现。在抑郁症患者中，有 75% 人有自杀倾向，25% 的人实施自杀；因此，对于抑郁症患者，除了进行药物和心理治疗外，还要由监护人进行全天监护，以避免自杀行为的发生。

（鹿凤山）

附录：常用大学生心理测试量表

附录一　心理测试的基本要求

心理测验是心理学服务于社会的一个重要手段。目前它已广泛应用于医疗、教育、人事、军事等相关领域，并且其应用范围还在不断地扩大。在大学生心理健康教育和心理咨询领域，我们经常要借助心理测验来获得较为科学而可靠的依据，心理测验在大学生心理健康教育的实践中发挥着越来越重要的作用。

一、大学生心理测验的目的

心理测验在鉴别智力、因材施教、人才选拔、就业指导、临床诊断等方面具有咨询、鉴定和预测功能，其最根本的功用是测量个体心理行为的个别差异。只有了解了测验目的，才能选择合适测验。

大学生进行心理测验的目的，一方面是为了更好地了解自己，如了解自己的智力水平、能力倾向、人格特征、健康状况、有无心理疾患等情况，以便更好地发展自己，提高心理素质，更好地学习、生活等。另一方面是为了使大学生心理卫生工作者或心理咨询师能更科学地调查大学生心理卫生状况，从而有的放矢地实施健康教育或心理咨询，对于典型案例亦可进行研究；因此，对大学生进行心理测验很有必要。

二、大学生心理测验的要求

首先，要正确地对待心理测验，纠正错误的心理测验观。有人认为心理测验可以解决一切问题，不管需不需要都采用；相反，有人则认为心理测验有害无益，不安全，不可信，应当排斥。这两种观点都是错误的，大学生必须加以摒弃，应辩证、客观地看待心理测验。标准的心理测验是一种较科学的研究和决策的辅助工具，测验结果在我们的实际应用和科研中有重要的参考价值，但我们又不能绝对相信和完全依赖它，更不能滥用它。

其次，接受心理测验时心情应自然放松，不紧张、不多疑，根据主试者的要求及测验要求认真如实地回答，持合作态度。当然主试者也应是熟悉测验并接受过一定专业训练的人员，并按规定标准化地操作测验，时刻注意与被试者建立和谐的关系。

最后，对于测验结果应请主试者作解释，不要胡乱猜疑。测验后，主试者一般会根据测验性质而决定是否直接告知结果，并且对测验结果保密。由于心理测验在某些方面的不完善性，因此，测验结果也不是非常准确可靠的，并且结果也不是一成不变的，所以不要一味迷信测验结果。但由于科学的心理测验具有一定的信度和效度，所以我们可以利用测验结果作为参考去调整和发展自己。主试者在对测验结果进行解释时必须谨慎，测试评语尽量正面引导，消除被试者的一些不正确看法。

附录二 常用心理测试量表

一、大学生心理成熟度测试量表

【指导语】请你根据自己的实际情况，在测试题的A、B、C答案中认真地选择其中一个。

【测试题】

1．对悬而未决的事情，你的态度是：（　　）

A．当机立断　　B．等待顾盼　　C．任其拖延

2．对自己喜欢的物件如画、光盘、书及装饰品等，你采取的行动是：（　　）

A．买回家好好欣赏　　B．买时犹豫不决　　C．从来不买

3．对自己目前的处境，你的态度是：（　　）

A．积极地学习、工作，相信自己是命运的创造者

B．在学习中怨天尤人，常感叹命运不公

C．认为自己是失败者，反感一切

4．对各种刺激诱惑，你的反应是：（　　）

A．对我无益的不要　　B．不管什么都跃跃欲试　　C．盲目投入，难以自拔

5．每天是否有十分钟的时间做自我反省？（　　）

A．经常超过　　B．偶尔想想　　C．从来不想

6．对自己能力的评估是：（　　）

A．自信自己是有能力的，并且已作出某方面的业绩

B．有能力，只是还没有发挥出来

C．也许有能力吧

7．如果你感到不快和烦躁，你采取的态度是：（　　）

A．尽快想办法自我发泄掉　　B．迁怒于人或事　　C．闷在心里

8．对待比你富有、职位高、学习好的人你的心态是：（　　）

A．不卑不亢，平等对待　　B．总觉得自己低人一等　　C．敌视或过度自卑

9．对大自然的美景和生活中的乐趣，你的反应是：（　　）

A．积极投入参加　　B．兴致不高　　C．无心欣赏

10．当别人需要你的爱心和帮助时，你的态度是：（　　）

A．毫不迟疑地献出　　B．考虑利害得失而定　　C．冷漠、逃避

【计分与评价】

1．如果你的答案中有8个A，说明你是一个心理非常成熟，能够在不同的环境中保持心态平衡的人。

2．如果你的答案中有7个B，说明你的心理平衡能力有待加强，需要加强修养和磨炼。

3．如果你的答案中有6个C，说明你的心理有缺陷，建议看心理医生。

注：本测验的结果仅供参考。

二、大学生气质测试问卷

【指导语】

中国心理学工作者张拓基、陈会昌根据曹日昌主编的《普通心理学》和原苏联的斯米尔诺夫、彼得罗夫斯基、波里洛夫斯基分别主编的三本《普通心理学》中有关气质的论述，把每种气质类型编成15道题目，四种气质共编成60道测试题。

答题时请认真阅读每一道题，对于每一题你认为非常符合自己情况的，在题后（）内填上“+2”；比较符合情况的填上“+1”；无法确定的填上“0”；比较不符合的，填上“–1”；完全不符合的填上“–2”。

【测试题】

1．做事力求稳妥，不做无把握的事。（　　）

2．遇到可气的事就怒不可遏，想把心里话全说出来才痛快。（　　）

3．宁肯一个人干事，不愿很多人在一起。（　　）

4．到一个新环境很快就能适应。（　　）

5．厌恶那些强烈的刺激，如尖叫、噪音、危险的镜头等。（　　）

6．和人争吵时，总是先发制人，喜欢挑衅。（　　）

7．喜欢安静的环境。（　　）

8．善于和人交往。（　　）

9．羡慕那种能克制自己感情的人。（　　）

10．生活有规律，很少违反作息制度。（　　）

11．在多数情况下情绪是乐观的。（　　）

12．碰到陌生人觉得很拘束。（　　）

13．遇到令人气愤的事时，能很好地自我克制。（　　）

14．做事总是有旺盛的精力。（　　）

15．遇到问题常常举棋不定，优柔寡断。（　　）

16．在人群中从不觉得过分拘束。（　　）

17．情绪高昂时，觉得干什么都有趣；情绪低落时，又觉得什么都没意思。（　　）

18．当注意力集中于一件事时，别的事很难使我分心。（　　）

19．理解问题总比别人快。（　　）

20．碰到危险情境时，常有一种极度恐怖感。（　　）

21．对学习、工作、事业怀有很高的热情。（　　）

22．能够长时间地做枯燥、单调的工作。（　　）

23．符合兴趣的事情，干起来劲头十足，否则就不想干。（　　）

24．一点儿小事情就能引起情绪波动。（　　）

25．讨厌那些需要耐心、细致的工作。（　　）

26．与人交往不卑不亢。（　　）

27．喜欢参加热烈的活动。（　　）

28．爱看感情细致、描写人物内心活动的文学作品。（　　）

29．工作、学习时间长了，常感到疲倦。（　　）

30．不喜欢长时间谈论一个问题，愿意实际动手干。（　　）

31．宁愿侃侃而谈，不愿窃窃私语。（　　）

32．别人说我总是闷闷不乐。（　　）

33．理解问题常比别人慢些。（　　）

34．疲倦时只要短暂的休息就能精神抖擞，重新投入工作。（　　）

35．心里有话宁愿自己想，不愿说出来。（　　）

36．认准一个目标就希望尽快实现，不达目的誓不罢休。（　　）

37．学习、工作一段时间后，常比别人更疲倦。（　　）

38．做事有些莽撞，常常不考虑后果。（　　）

39．老师讲授新知识、新技术时，总希望他讲慢些，多重复几遍。（　　）

40．能够很快地忘记那些不愉快的事。（　　）
41．做作业或完成一件工作花的时间总比别人多。（　　）
42．喜欢运动量大的剧烈的体育活动。（　　）
43．不能很快地把注意力从一件事转移到另一件事。（　　）
44．接受一个任务后，希望把它迅速完成。（　　）
45．认为墨守陈规比冒风险好。（　　）
46．能够同时注意几件事物。（　　）
47．当我烦闷的时候，别人很难使我高兴起来。（　　）
48．喜欢看情节起伏跌宕、激动人心的小说。（　　）
49．对学习、工作抱认真严谨、始终一贯的态度。（　　）
50．和周围的人们的关系总是相处不好。（　　）
51．喜欢复习学过的知识，重视做已经掌握的工作。（　　）
52．希望变化大、花样多的工作。（　　）
53．小时候会背的诗歌，我似乎比别人记得清楚。（　　）
54．别人说我“出语伤人”，可我并不觉得这样。（　　）
55．在体育活动中，常因反应慢而落后。（　　）
56．反应敏捷，头脑机智。（　　）
57．喜欢有条理而不甚麻烦的工作。（　　）
58．兴奋的事常使我失眠。（　　）
59．老师讲新概念，常常听不懂，但是弄懂以后就很难忘记。（　　）
60．假如工作枯燥无味，马上就会情绪低落。（　　）

【计分与评价】

各种气质所属的各题号是：

胆汁质：2、6、9、14、17、21、27、31、36、38、42、48、50、54、58、

多血质：4、8、11、16、19、23、25、29、34、40、44、46、52、56、60、

黏液质：1、7、10、13、18、22、26、30、33、39、43、45、49、55、57、

抑郁质：3、5、12、15、20、24、28、32、35、37、41、47、51、53、59、

按照各项归类的各题号，分别将每项（气质类型）所打之分数相加，分别得出胆汁质、多血质、黏液质、抑郁质四种气质名下之总分。

计分标准：

如果某一种气质的得分比其他三种的得分明显高（高出 4 分以上），则可定为该气质；如果两种气质的得分接近（两者之差不超过 3 分），而又明显高于其他两种（高出 2 分以上），则可定为两种气质的混合型；如果三种气质均高于第四种的分数，且相接近，则为三种气质的混合型。

因此，可能测量出以下十三种气类型：①胆汁质；②多血质；③黏液质；④抑郁质；⑤胆汁 - 多血质；⑥多血 - 黏液质；⑦黏液 - 抑郁质；⑧胆汁 - 抑郁质；⑨胆汁 - 多血 - 黏液质；⑩多血 - 黏液 - 抑郁质；⑪胆汁 - 多血 - 抑郁质；⑫胆汁 - 黏液 - 抑郁质；⑬胆汁 - 多血 - 黏液 - 抑郁质。

注：本测验的结果仅供参考。

三、学习动力自我诊断测试问卷

【指导语】

这是一份关于大学生学习动力的自我诊断量表，一共有 20 个问题，请你根据自己的实际

情况，逐一对每个问题做“是”或“否”的回答。为了保证测验的准确性，请你认真作答。

【测试题】

1．如果别人不督促你，你极少主动地学习。

2．你一读书就觉得疲劳与厌烦，直想睡觉。

3．当你读书时，需要很长的时间才能提起精神。

4．除了老师指定的作业外，你不想再多看书。

5．在学习中遇到不懂的知识，你根本不想设法弄懂它。

6．你常想：自己不用花太多的时间，成绩也会超过别人。

7．你迫切希望自己在短时间内就能大幅度提高自己的学习成绩。

8．你常为短时间内成绩没能提高而烦恼不已。

9．为了及时完成某项作业，你宁愿废寝忘食、通宵达旦。

10．为了把功课学好，你放弃了许多你感兴趣的活动，如体育锻炼、看电影与郊游等。

11．你觉得读书没意思，想去找个工作做。

12．你常认为课本上的基础知识没啥好学的，只有看高深的理论、读大部头作品才带劲。

13．你平时只在喜欢的科目上狠下工夫，对不喜欢的科目则放任自流。

14．你花在课外读物上的时间比花在教科书上的时间要多得多。

15．你把自己的时间平均分配在各科上。

16．你给自己定下的学习目标，多数因做不到而不得不放弃。

17．你几乎毫不费力就实现了你的学习目标。

18．你总是同时为实现好几个学习目标而忙得焦头烂额。

19．为了应付每天的学习任务，你已经感到力不从心。

20．为了实现一个大目标，你不再给自己制订循序渐进的小目标。

【计分与评价】

上述 20 道题目可分成 4 组，它们分别测查你在四个方面的困扰程度：1 ~ 5 题测查你的学习动机是不是太弱；6 ~ 10 题测查你的学习动机是不是太强；11 ~ 15 题测查你的学习兴趣是否存在困扰；16 ~ 20 题测查你在学习目标上是否存在困扰。

假如你对某组（每组 5 题）中大多数题目持认同的态度，则一般说明你在相应的学习欲望上存在一些不够正确的认识，或存在一定程度的困扰。

从总体上讲，假设选“是”记 1 分，选“否”记 0 分，将各题得分相加，算出总分。

总分在 0 ~ 5 分：说明学习动机上有少许问题，必要时可调整。

总分在 6 ~ 10 分：说明学习动机上有一定的问题和困扰，可调整。

总分在 14 ~ 20 分：说明学习动机上有严重的问题和困扰，需调整。

注：本测验的结果仅供参考。

四、大学生时间管理自我诊断量表

【指导语】

以下选择不存在正确与错误之分，主要用于了解你在日常学习与生活中对待时间的方式与态度。请根据自己的实际情况，选择最适合你的一种答案。

【测试题】

1．星期天，你早晨醒来时发现外面正在下雨，而且天气阴沉，你会怎么办？（　　）

A．接着再睡　　B．仍在床上逗留　　C．按照一贯的生活规律，穿衣起床

2．吃完早饭后，在上课前，你还有一段自由时间，你会怎样利用？（　　）

A．无所事事，根本没考虑学习点儿什么，不知不觉地过去了。

B．准备学点儿什么，可是不知道学什么好。

C．按照预先定好的学习计划进行，充分利用这一段自由时间。

3．除了每天上课外，对所学的各门课程，在课余时间里怎样安排？（　　）

A．没有任何学习计划，高兴学什么就学什么。

B．按照自己最大的能量来安排复习、作业、预习，并紧张地学习。

C．按照当天所学的课程和明天要学习的内容制订计划，严格有序地学习。

4．你每天晚上怎样安排第二天的学习时间？（　　）

A．不考虑　　B．心中和口头上做些安排　　C．书面写出第二天的学习计划

5．我为自己拟定了“每日学习计划表”，并严格执行。（　　）

A．很少如此　　B．有时如此　　C．经常如此

6．我每天的休息时间表有一定的灵活性，以使自己拥有一定时间去应付预想不到的事情。（　　）

A．很少如此　　B．有时如此　　C．经常如此

7．当你发现自己近来浪费时间比较严重时，你有何感受？（　　）

A．无所谓　　B．感到很痛心　　C．感到应该从现在起尽量抓紧时间

8．当你学习忙得不可开交，而又感到有点儿力不从心时，你怎样处理？（　　）

A．开始有些泄气，认为自己脑袋笨，自暴自弃

B．有干劲，有用不完的精力，但又感到时间太少，仍然拼命学习

C．开始分析检查自己的学习时间分配是否合理，找出合理安排学习时间的方法，提高学习效率

9．在学习时，常常被人干扰打断，你怎么办？（　　）

A．听之任之　　B．抱怨，但又毫无办法　C．采取措施防止外界干扰

10．当你学习效率不高时，你怎么办？（　　）

A．强打精神，坚持学习

B．休息一下，活动活动，以利再战

C．把学习暂时停下，转换一下兴奋中心，待效率最佳时刻到来，再高效率学习

11．阅读课外书籍，你怎样进行？（　　）

A．无明确目的，见什么看什么，并常读出声来

B．能一边阅读一边选择

C．有明确目的地进行阅读，运用快速阅读法，加强自己的阅读能力

12．你喜欢什么样的生活？（　　）

A．按部就班、平静如水的生活

B．急急忙忙、精神紧张的生活

C．轻松愉快、节奏明显的生活

13．你的手表或书房的闹钟经常处于什么状态？（　　）

A．常常慢　　B．比较准确　　C．经常比标准时间快一些

14．你的书桌井然有序吗？（　　）

A．很少如此　　B．偶尔如此　　C．常常如此

15．你经常反省自己处理时间的方法吗？（　　）

A．很少如此　　B．偶尔如此　　C．常常如此

【计分与评价】

选择 A 得 1 分，选择 B 得 2 分，选择 C 得 3 分。将自己各题的得分加起来，然后根据下

面的评析判断出自己的时间管理能力和水平。

35 ~ 45 分：有很强的时间管理能力。在时间管理上，你是一个成功者，不仅时间观念强，而且还能有目的、有计划、合理有效地安排学习和生活时间，时间的利用率高，学习效果良好。

25 ~ 34 分：比较善于对时间进行自我管理，时间管理能力较强，有较强的时间观念，但是，在时间安排和使用方法上还有待进一步提高。

15 ~ 24 分：时间自我管理能力一般，在时间的安排和使用上缺乏明确的目的性，计划性也较差，时间观念较淡薄。

14 分以下：不善于时间管理，时间自我管理的能力很差，在时间的自我管理上是一个失败者，不仅时间观念淡薄，而且也不能合理地安排和支配自己的学习、生活时间。你需要好好地训练自己，逐步掌握时间管理的技巧。

注：本测验的结果仅供参考。

五、大学生在校心理适应能力测试问卷

【指导语】

为了帮助大学生了解自己的心理适应情况，下面我们为大家提供一份具体的心理小测验，每道题有 3 个答案，每个学生可以根据自己的情况，选择一种填入括号内。

【测试题】

1．我最怕转学或转班级，每到一个新环境，我总要经过很长一段时间才能适应。(　　)

A．是　　B．无法肯定　　C．不是

2．每到一个新的地方，我很容易同别人接近。(　　)

A．是　　B．无法肯定　　C．不是

3．在陌生人面前，我常无话可说，以至于感到尴尬。(　　)

A．是　　B．无法肯定　　C．不是

4．我最喜欢学习新知识或新学科，它给我一种新鲜感，能调动我的积极性。(　　)

A．是　　B．无法肯定　　C．不是

5．每到一个新地方，我第一天总是睡不好，就是在家里，只要换一张床，有时也会失眠。(　　)

A．是　　B．无法肯定　　C．不是

6．不管生活条件有多大变化，我也能很快习惯。(　　)

A．是　　B．无法肯定　　C．不是

7．越是人多的地方，我越感到紧张。(　　)

A．是　　B．无法肯定　　C．不是

8．在正式比赛或考试时，我的成绩多半不会比平时练习时差。(　　)

A．是　　B．无法肯定　　C．不是

9．我最怕在班上发言，全班同学都看着我，心都快跳出来了。(　　)

A．是　　B．无法肯定　　C．不是

10．即使有的同学对我有看法，我仍能同他（她）交往。(　　)

A．是　　B．无法肯定　　C．不是

11．老师在场的时候，我做事情总有些不自在。(　　)

A．是　　B．无法肯定　　C．不是

12．和同学、家人相处，我很少固执己见，乐于采纳别人的看法。(　　)

A．是　　B．无法肯定　　C．不是

13．同别人争论时，我常常感到语塞，事后才想起该怎样反驳对方，可惜已经太迟了。（ ）

A．是　　B．无法肯定　　C．不是

14．我对生活条件要求不高，即使生活条件很艰苦，我也能过得很愉快。（ ）

A．是　　B．无法肯定　　C．不是

15．有时自己明明把课文背得滚瓜烂熟，可在课堂上背的时候，还是会出差错。（ ）

A．是　　B．无法肯定　　C．不是

16．在决定胜负成败的关键时刻，我虽然很紧张，但总能很快地使自己镇定下来。（ ）

A．是　　B．无法肯定　　C．不是

17．我不喜欢的东西，不管怎么学也学不会。（ ）

A．是　　B．无法肯定　　C．不是

18．在嘈杂混乱的环境里，我仍然能集中精力学习，并且效率较高。（ ）

A．是　　B．无法肯定　　C．不是

19．我不喜欢陌生人来家里做客，每逢这种情况，我就有意回避。（ ）

A．是　　B．无法肯定　　C．不是

20．我很喜欢参加社交活动，我感到这是交朋友的好机会。（ ）

A．是　　B．无法肯定　　C．不是

【计分与评价】

单数号题：是，–2 分；无法肯定，0 分；不是，2 分。

双数号题：是，2 分；无法肯定，0 分；不是，–2 分。

将各题的得分相加，即得总分。

35 ~ 40 分：社会适应能力很强。能很快地适应新的学习、生活环境，与人交往轻松、大方，给人的印象极好，无论进入什么样的环境，都能应付自如、左右逢源。

29 ~ 34 分：社会适应能力良好。

17 ~ 28 分：社会适应能力一般。当进入一个新的环境，经过一段时间的努力，基本上能适应。

6 ~ 16 分：社会适应能力较差，依赖于较好的学习、生活环境，一旦遇到困难则怨天尤人甚至消沉。

5 分以下：社会适应能力很差，在各种新环境中，即使经过一段相当长时间的努力，也不一定能够适应，常常因感到与周围事物格格不入而十分苦闷。在与他人的交往中，总显得拘谨、羞怯、手足无措。

如果一个学生在这个测查中得分较高，说明其社会适应能力较强。但是，如果得分较低，也不要忧心忡忡，因为一个人的社会适应能力是随着年龄的增长、知识经验的丰富而不断增强的。只要充满信心，刻苦学习，虚心求教，加强锻炼，就一定会成为适应社会的成功者。

注：本测验的结果仅供参考。

六、大学生人际关系的心理诊断问卷

【指导语】

这是一份大学生人际关系行为困扰的诊断量表，一共有 28 个问题，请你根据自己的实际情况，逐一对每个问题做“是”或“否”的回答。为了保证测验的准确性，请你认真作答。

【测试题】

1．关于自己的烦恼有口难开。	是	否
2．和生人见面感觉不自然。	是	否
3．过分地羡慕和忌妒别人。	是	否
4．与异性交往太少。	是	否
5．对连续不断的会谈感到困难。	是	否
6．在社交场合感到紧张。	是	否
7．时常伤害别人。	是	否
8．与异性来往时感觉不自然。	是	否
9．与一大群朋友在一起时，常感到孤寂或失落。	是	否
10．极易受窘。	是	否
11．与别人不能和睦相处。	是	否
12．不知道与异性如何适可而止。	是	否
13．当不熟悉的人对自己倾诉他（她）的生平	是	否
遭遇以求同情时，自己常感到不自在。	是	否
14．担心别人对自己有什么坏印象。	是	否
15．总是尽力使别人赏识自己。	是	否
16．暗自思慕异性。	是	否
17．时常避免表达自己的感受。	是	否
18．对自己的仪表（容貌）缺乏信心。	是	否
19．讨厌某人或被某人所讨厌。	是	否
20．瞧不起异性。	是	否
21．不能专注地倾听。	是	否
22．自己的烦恼无人可倾诉。	是	否
23．受别人排斥，感到冷漠。	是	否
24．被异性瞧不起。	是	否
25．不能广泛地听取各种意见和看法。	是	否
26．自己常因受伤害而暗自伤心。	是	否
27．常被别人谈论、愚弄。	是	否
28．与异性交往时不知如何更好地相处。	是	否

【计分与评价】

计分标准：选择“是”的加 1 分，选择“否”的给 0 分。

如果你的总分在 0 ～ 8 分，那么说明你在与朋友相处上的困扰较少。你善于交谈，性格比较开朗、主动，关心别人。你对周围的朋友都比较好，愿意和他们在一起，他们也都喜欢你，你们相处得不错。而且，你能从与朋友的相处中得到许多乐趣。你的生活是比较充实而且丰富多彩的，你与异性朋友也相处得很好。一句话，你不存在或较少存在交友方面的困扰，你善于与朋友相处，人缘很好，能获得许多人的好感与赞同。

如果你的总分在 9 ～ 14 分，那么，你与朋友相处存在一定程度的困扰。你的人缘一般，换句话说，你和朋友的关系并不牢固，时好时坏，经常处在一种起伏之中。

如果你的总分在 15 ～ 28 分，那就表明你同朋友相处的行为困扰比较严重，分数超过 20 分，则表明你的人际关系行为困扰程度很严重，而且在心理上出现较为明显的障碍。你可能不善于交谈，也可能是一个性格孤僻的人，不开朗，或者有明显的自高自大、讨人嫌的行为。

注：本测验的结果仅供参考。

七、大学生情绪稳定性自我测验量表

【指导语】

情绪是心理健康的重要标志，一个人的情绪是否稳定一定程度上反映了他的身心健康状况。那么怎样测量你的情绪是否稳定呢？请做一做下面这个测验。

该测验共有30道题，每道题都有三种答案可供选择，请你从中选择出与自己的实际情况最相接近的一种答案，对测验题中与自己生活、身份不相符合的情况，可以不予选择。

【测试题】

1．看到自己最近一次拍摄的照片，你有何想法？（　　）

A．觉得不称心　B．觉得很好　C．觉得可以

2．你是否想到若干年后会有什么使自己极为不安的事？（　　）

A．经常想到　B．从来没有想过　C．偶尔想到过

3．你是否被朋友、同事、同学起过绰号、挖苦过？（　　）

A．这是常有的事　B．从来没有　C．偶尔有过

4．你上床以后是否经常再次起来一次，看看门窗是否关好？（　　）

A．经常如此　B．从不如此　C．偶尔如此

5．你对与你关系最密切的人是否满意？（　　）

A．不满意　B．非常满意　C．基本满意

6．在半夜的时候，你是否经常觉得有什么值得害怕的事？（　　）

A．经常有　B．从来没有　C．偶尔有

7．你是否经常因梦见可怕的事而惊醒？（　　）

A．经常　B．从来没有　C．极少有

8．你是否曾经有过多次做同一个梦的情况？（　　）

A．是　B．否　C．记不清

9．是否有一种食物使你吃后呕吐？（　　）

A．是　B．否　C．记不清

10．除去看见的世界外，你心里是否有另外一种世界？（　　）

A．是　B．否　C．偶尔是

11．你心里是否时常觉得你不是现在的父母所生？（　　）

A．是　B．否　C．偶尔是

12．你是否曾经觉得有一个人爱你或尊重你？（　　）

A．说不清　B．否　C．是

13．你是否常常觉得你的家庭对你不好，但你又确知他们的确对你好？（　　）

A．是　B．否　C．偶尔是

14．你是否觉得没有人十分了解你？（　　）

A．是　B．否　C．说不清

15．在早晨起来的时候，你最经常的感觉是什么？（　　）

A．忧郁　B．快乐　C．讲不清楚

16．每到秋天，你经常的感觉什么？（　　）

A．秋雨霏霏或枯叶遍地　B．秋高气爽或艳阳天　C．不清楚

17．在高处的时候，你是否觉得站不稳？（　　）

A．是　B．否　C．偶尔是

18．你平时是否觉得自己很强健？（　　）

A．是 B．否 C．不清楚

19．你是否一回家就立刻把房门关上？（ ）

A．是 B．否 C．不清楚

20．当你坐在房间里把门关上时，是否觉得心里不安？（ ）

A．是 B．否 C．偶尔

21．当需要你对一件事做出决定时，你是否觉得很难？（ ）

A．是 B．否 C．偶尔是

22．你是否常常用抛硬币、玩纸牌、抽签之类的游戏来测凶吉？（ ）

A．是 B．否 C．偶尔是

23．你是否常常因为碰到东西而跌到？（ ）

A．是 B．否 C．偶尔是

24．你是否需用一个多小时才能入睡，或醒得比你希望的早一个小时？（ ）

A．经常这样 B．从不这样 C．偶尔这样

25．你是否曾看到、听到或感觉到别人觉察不到的东西？（ ）

A．经常这样 B．从不这样 C．偶尔这样

26．你是否觉得自己有超越常人的能力？（ ）

A．是 B．否 C．不清楚

27．你是否曾经觉得因有人跟你走而心里不安？（ ）

A．是 B．否 C．不清楚

28．你是否觉得有人在注意你的言行？（ ）

A．是 B．否 C．不清楚

29．当你一个人走夜路时，是否觉得前面潜藏着危险？（ ）

A．是 B．否 C．偶尔

30．你对别人自杀有什么想法？（ ）

A．可以理解 B．不可思议 C．不清楚

【计分与评价】

以上各题的答案，凡选 A 得 2 分，选 B 得 0 分，选 C 得 1 分。请将你的得分统计一下，算出总分。根据你的总分查下面评价表，便可知你的情绪稳定水平。

评价表

总分	情绪稳定水平
0～20	情绪稳定、自信心强
21～40	情绪基本稳定，但较为深沉、冷静
41分以上	情绪极不稳定，日常烦恼太多

八、大学生紧张情绪测试问卷

【指导语】

本卷共有 26 道题，请根据自己的实际情况，在每道题后填写“有”或“无”。不能确定时，可空出。

【测试题】

1．平时总觉得心慌意乱、坐立不安。 有 无

2．晚上思考各种问题，不能安寝，即使睡着，也容易惊醒。 有 无

3．肠胃功能紊乱，经常腹泻。	有	无
4．一到晚上就倦怠无力、焦虑烦躁。	有	无
5．抑郁寡欢，沉默少言。	有	无
6．早晨起床后，就觉得头晕脑涨、浑身无劲、爱静怕动。	有	无
7．食欲不振，吃东西没味道，宁可忍饥。	有	无
8．轻微活动后，就出现心跳加快、胸闷。	有	无
9．一回到家，就感到许多事不称心，暗暗烦躁。	有	无
10．要想看到的东西，一时不能看到就感到心中不舒服、闷闷不乐。	有	无
11．平时只做一点儿轻便工作，就容易感到疲劳。	有	无
12．离家去上学，总觉得精神不佳、有气无力。	有	无
13．在家人面前，稍有不如意，就任性发怒。	有	无
14．任何一件小事，始终放在脑子里想来想去。	有	无
15．处理问题主观性强，情绪急躁。	有	无
16．对他人的疾病非常关心，唯恐自己也患同样的病。	有	无
17．对别人的成功和荣誉常会嫉妒。	有	无
18．听到左邻右舍家中的噪声，心情烦乱。	有	无
19．明知是愚蠢的事，但是非做不可，事后又感到懊悔。	有	无
20．看书学习不能专心一致，往往搞不清楚中心思想。	有	无
21．休息日整天玩牌，消遣度日。	有	无
22．经常与同学或家人争吵。	有	无
23．经常追悔往事，有负疚感。	有	无
24．做事讲话，操之过急，言词激烈。	有	无
25．碰到意外时，易失去信心，显得焦虑紧张。	有	无
26．性格倔强，脾气急躁，不易合群。	有	无

【计分与评价】

如果有 10 道题答“有”，为轻度紧张，轻度紧张者可以采取保护措施，如用阅读、写字、绘画、养花、钓鱼等进行自我调节，松弛紧张状态；积极参加体育活动，增强体质，适当的娱乐也可消除紧张；养成有规律的生活习惯，适当增强营养，提高自制力。

有 20 道题答“有”者为中度紧张；有 25 道题答“有”者为紧张症。对于中度以上的紧张者，就需要进行健康检查及在医生指导下进行心理治疗。

九、大学生恋爱发展进程测验

【指导语】

你的恋爱心理发展到了什么程度？请据实际情况自测。

【测试题】

1．你认为恋爱是为了：(　　)

A．找到一个情投意合的伴侣　　B．成家过日子、抚育儿女

C．满足性的需要　　D．刺激、有趣、好玩

2．你喜欢的异性是（女性选择）：(　　)

A．英俊潇洒，有男人魅力　　B．有钱、有势、有能力

C．人品好　　D．爱自己的，其余的无所谓

（男性选择）(　　)

A．漂亮性感，有女人魅力　　B．贤惠能干，善于理家

C．温柔体贴，人品好　　D．只要有爱，其余的无所谓

3．你和恋人确立恋爱关系是因为：(　　)

A．条件般配　　B．我比对方优越　　C．对方比我优越　　D．没想过

4．你希望恋爱这样开始：(　　)

A．一见钟情　　B．青梅竹马

C．在工作（学习）中逐渐产生　　D．经人介绍

5．让爱情更深一点的良策是：(　　)

A．极力讨好取悦对方　　B．尽力使自己变得更完美

C．欲擒故纵　　D．爱情是缘分，无计可施

6．当恋人暴露出一些缺点和不足时，你会：(　　)

A．委婉告知并帮其改进　　B．震惊意外，对其加以指责

C．嫌弃动摇，怀疑爱情　　D．无所谓

7．当一位比你目前的恋人更优秀的异性对你表示爱慕时，你会：(　　)

A．离开恋人接受其爱　　B．将其恋情淡化为友情

C．瞒着恋人与其往来　　D．为迟到的爱后悔痛苦

8．当你倾慕的异性另有所爱时，你会：(　　)

A．一如既往地对待他（她），等其觉悟　　B．参与竞争，力争夺取

C．抽身止步，成人之美　　D．整日后悔痛苦

9．恋爱中的波折矛盾是：(　　)

A．必然又必需的　　B．对恋爱的否定

C．无聊的　　D．束手无策的痛苦经历

10．由于种种原因，你的恋爱失败，对方提出分手，你会：(　　)

A．千方百计抓住他（她）　　B．到处诋毁对方名誉

C．说声再见，各奔前程　　D．矛盾痛苦、不知所措

11．进入大龄的单身贵族队列，你的恋爱态度会：(　　)

A．一如从前，宁缺毋滥　　B．放弃追求，随便凑合一个

C．重定更现实的择偶标准　　D．不谈爱情

【计分与评价】

请按以下标准计分，并判断自己的恋爱心理成熟程度。

1．A．3；B．2；C．1；D．1

2．(女性选择) A．2；B．1；C．3；D．1

(男性选择) A．2；B．2；C．3；D．1

3．A．3；B．2；C．1；D．0

4．A．2；B．1；C．3；D．1

5．A．1；B．3；C．2；D．0

6．A．3；B．2；C．0；D．1

7．A．2；B．3；C．1；D．0

8．A．2；B．1；C．3；D．0

9．A．3；B．0；C．2；D．1

10．A．2；B．0；C．3；D．1

11．A．1；B．2；C．3；D．0

甲：26 ~ 33 分；

乙：18 ~ 25 分；

丙：9 ~ 17 分；

丁：3 ~ 8 分。

测验分析：恋爱中的你属于什么类型？

甲、圆熟型。

恋爱心理非常成熟。懂得爱的真谛，向往爱又能在现实中实现爱。就像一名竞技状态良好的运动选手，你能够在爱情面前轻松舒展、游刃有余。更可贵的是即使直面失败也有良好的心态。你的恋爱、婚姻一定很美满幸福。

乙、正熟型。

渴望爱的垂青，然而常会屡屡失误，一时难以如愿。校正一下恋爱指针，太过浪漫的往现实方向调调，太现实的多一些浪漫温馨情调，幸福快乐已在眼前了。

丙、待熟型。

恋爱婚姻是人生的一门必修课，要想取得好成绩单凭热情是不够的，还须专心修习，从理论到实践，再从实践到理论，一点一滴，终会水滴石穿。

丁、青涩型。

爱情对你而言是迷宫，是八卦阵，或者是平淡苍凉的荒漠。让内心轻松开放些，爱的光线会缓缓照射进来，那时你才能体会到柔情温暖。

十、大学生精神症状自我诊断测试问卷

【指导语】

这是一份关于大学生精神症状的自我诊断量表，一共有 50 个问题，请你根据自己的实际情况，逐一对每个问题做“是”或“否”的回答。为了保证测验的准确性，请你认真作答。

【测试题】

1. 每当考试或被提问时，是否会紧张得出汗？	是	否
2. 看见不熟悉的人是否会手足无措？	是	否
3. 看见不熟悉的人是否会使工作不能进行下去？	是	否
4. 紧张时，头脑是否会不清醒？	是	否
5. 心理紧张时是否会出差错？	是	否
6. 是否经常把别人交办的事情搞错？	是	否
7. 是否会无缘无故地挂念不熟悉的人？	是	否
8. 没有熟人在身边是否会感到恐惧不安？	是	否
9. 是否经常犹豫不决，下不了决心？	是	否
10. 是否总希望有人和自己闲谈？	是	否
11. 是否被人认为不机灵？	是	否
12. 在别人家里吃饭，是否会感到别扭和不愉快？	是	否
13. 和别人会面，是否会有孤独感？	是	否
14. 是否会因不愉快的事情缠身，一直犹犹豫豫，解脱不开？	是	否
15. 是否经常想哭泣？	是	否
16. 是否因处境艰难而沮丧气馁？	是	否
17. 是否感到厌世？	是	否
18. 是否有生不如死之感？	是	否
19. 是否总是愁眉不展？	是	否
20. 家庭中是否有愁眉不展的人？	是	否

21．遇事是否会无所适从？ 是 否
22．别人是否认为你有神经质？ 是 否
23．是否有神经官能症？ 是 否
24．家庭成员中是否有严重精神病患者？ 是 否
25．是否因患病进过精神病医院？ 是 否
26．家庭成员中是否有人进过精神病医院？ 是 否
27．是否有神经过敏？ 是 否
28．家庭成员中有没有神经过敏的人？ 是 否
29．感情是否容易冲动？ 是 否
30．一受到别人的批评，是否就会心慌意乱？ 是 否
31．是否被人认为是个好挑剔的人？ 是 否
32．是否总是会被别人误解？ 是 否
33．是否一点儿也不能宽容他人，甚至连自己的朋友也是这样？ 是 否
34．是否会一门心思想某件事或做某件事，而不听从别人的劝告？ 是 否
35．脾气是否暴躁、焦急？ 是 否
36．做任何事情是否都是松松垮垮、没有条理？ 是 否
37．是否稍有冒犯就会火冒三丈？ 是 否
38．是否被人批评就会暴跳如雷？ 是 否
39．是否稍不如意就会怒气冲冲？ 是 否
40．是否别人请求帮助就会感到不耐烦？ 是 否
41．是否会怒发冲冠？ 是 否
42．是否身体会经常发抖？ 是 否
43．是否经常会感到坐立不安、情绪紧张？ 是 否
44．是否因突然的声响会突然跳起来，全身发抖？ 是 否
45．别人做错了事，自己是否也会感到不安？ 是 否
46．半夜里是否经常听到声响？ 是 否
47．是否经常做噩梦？ 是 否
48．是否经常有恐怖的景象浮现在眼前？ 是 否
49．是否经常发生胆怯和害怕？ 是 否
50．是否突然间会出冷汗？ 是 否

【计分与评价】

凡是答“是”的记 1 分。得分在 25 分以上的人，可能有某种精神症状，最好去拜访心理学专家或精神科医生。

十一、网络成瘾自测量表

【指导语】

“网络成瘾”（internet addiction disorder，IAD）的概念是 1994 年纽约市的精神医师高德博格（Goldberg）首先提出的。它是指由重复地对于网络的使用所导致的一种慢性或周期性的着迷状态，并带来难以抗拒的再度使用的欲望，同时还会产生想要增加使用时间的张力与耐受性、克制、退瘾等现象，对于上网所带来的快感会一直有心理与生理上的依赖。请根据自身网络使用情况对如下问题作答。

【测试题】

1．你是否对网络过于关注（如下网后还想着它）？ 是 否

2．你是否感觉需要不断增加上网时间才能感到满足？ 是 否
3．你是否难以减少或控制自己对网络的使用？ 是 否
4．当你准备下线或停止使用网络的时候，你是否感到烦躁不安，无所适从？ 是 否
5．你是否将上网作为摆脱烦恼和缓解不良情绪（如紧张、抑郁、无助）的方法？ 是 否
6．你是否对家人或朋友遮掩自己对网络的着迷程度？ 是 否
7．你是否由于上网影响了自己的工作状态或朋友关系？ 是 否
8．你是否常常为上网花很多钱？ 是 否
9．你上网时间是否经常比预期的要长？ 是 否
10．是否下网时觉得心情不好，一上网就会来劲头？ 是 否

【计分与评价】

答一个“是”得 1 分，你的总分 5 分以上（包括 5 分）说明网瘾很大，得 8 分以上需要寻求专业人员诊断是否患有 IAD。

十二、大学生心理疲劳测试

【指导语】

根据自身实际情况，在每一道题后答“是”与“否”。

【测试题】

1．早上起来就觉得难受。 是 否
2．眼看汽车进站，也懒得跑几步赶上去。 是 否
3．上楼梯容易绊倒。 是 否
4．不愿与老师或众人见面。 是 否
5．写起作文不顺利。 是 否
6．说话声细，连不成句。 是 否
7．对别人的谈话不放心。 是 否
8．不知不觉好用两手托腮靠在桌子上。 是 否
9．总想大量喝茶、咖啡等提神的饮料。 是 否
10．不想吃油腻的东西。 是 否
11．饭菜中非常喜欢加上香辣调料。 是 否
12．总觉得手发僵。 是 否
13．眼睛总像睁不开似的。 是 否
14．哈欠打个不停。 是 否
15．连朋友的电话号码也记不起来。 是 否
16．想把脚放在桌椅上歇歇。 是 否
17．体重不知不觉地降了下来。 是 否
18．容易拉肚子或便秘。 是 否
19．难以入睡。 是 否

【评价】

如果有 1 ~ 2 道题回答“是”，说明你有极轻微的心理疲劳；如果有 3 ~ 4 道题回答“是”，说明你有中等程度的心理疲劳；如果有 5 ~ 6 道题回答“是”，说明你有较严重的心理疲劳，值得引起注意。

自我检查后，发现自己有心理疲劳，首先应使自己的生活尽快有规律起来，并加强营养、注意睡眠，保证有 9 小时的睡眠。

十三、大学心理健康自测量表

【指导语】

每个人都非常关心自己的健康，无论是心理上的还是生理上的，那么，什么才是心理健康呢？它是指人的内部心理与外部行为和谐、统一，并能良好地适应社会、环境的一种心理状态。它有这样几个指标：对自己有恰当的认识、正视并能接受现实、有良好的人际关系、热爱生活，乐于学习和工作、能协调控制自己的情绪，保持良好的心情、有健全的人格、心理特点要符合年龄特征。以下题目可以帮助你了解自己的心理健康程度，使你更清楚地认识自己。请你根据自己的实际情况，在选项 A（是）、B（无法确定）、C（不是）中，选出和自己最接近的选项，填到后面括号内。

【测试题】

1．心情总是闷闷不乐，情绪善变。（　　）

2．老是担心门没锁好，电源可能有问题，因而多次检查，甚至走了好远还拐回来看看。（　　）

3．虽未曾患过恶性疾病，却一直担心会不会染上什么严重的病。（　　）

4．容易脸红，害怕站在高处，害怕当众发言。（　　）

5．由于关心呼吸和心脏跳动的情况而难以入睡。（　　）

6．每天总是多次洗手，认为公用电话不洁，而不敢使用。（　　）

7．总是担心“这样做是否顺利？”，以致无法放手去做。（　　）

8．有些奇怪的观念总是出现在脑海，明知这些念头很无聊，却又无法摆脱。（　　）

9．离开家门时，如果不从某只脚开始走，心里总是不安。改变床附近的东西就无法入睡。（　　）

10．尽管四周的人在欢乐地取闹，自己却觉得没有什么意思。（　　）

11．外界的东西犹如影子一般朦胧，见到的东西无法清晰地回忆出来。（　　）

12．总觉着父母或亲友最近对自己太冷漠，或者不知为什么总是很反感或产生强烈的孤独感。（　　）

13．心中无端地产生“这个世界正趋于灭亡，新的世界即将开始”的感觉。（　　）

14．总觉着有人在注意、凝视自己或追赶自己。（　　）

15．有时会产生被人左右或身不由己的感觉。（　　）

16．常自言自语或暗自发笑。（　　）

17．虽然没人却总觉着有声音，晚上睡觉时总觉着有人进入了房间。（　　）

18．遭遇失败或与同学不和谐时，会很敏感地觉着“我被人嘲笑”。（　　）

19．当自己的权利受到侵害时拼死力争。（　　）

20．当东西丢掉时，便不由自主想到“大概是某某偷去的”，当受到老师的批评时，立即会想到“一定是某某告密的”。（　　）

【计分与评价】

是：2 分；无法确定：1 分；不是：0 分。

结果统计：1 ～ 11 题作为 A 类；12 ～ 17 题作为 B 类；18 ～ 20 题作为 C 类。

结果分析：A 类和 B 类的得分都在：4 分以下：心理非常健康；5 ～ 7 分：你的心理健康情况一般，算是一个很正常的人；8 ～ 10 分：表明你的神经有些疲倦，你最好是设法减轻学习的压力，进行娱乐以调节生活而放松精神；A 类得分在 11 分以上：可能会有神经衰弱的倾向，你需要关心一下自己的健康了；B 类得分在 11 分以上：那你就有预防精神分裂的必要了，最好是请心理辅导老师进行辅导，早些预防；C 类得分在 4 分以上：就有强烈的妄想倾向，最好是尽早请心理咨询师进行辅导。

十四、忧郁指数测试问卷

【指导语】

美国新一代心理治疗专家、宾夕法尼亚大学的伯恩斯（DD. Burns）博士曾设计出一套忧郁症的自我诊断表——伯恩斯抑郁症清单（Burns Depression Inventory，BDC），这个自我诊断表可帮助你快速诊断出你是否存在抑郁症，且省去你不少用于诊断的费用。

请在符合你情绪的项上打分：没有：0 分；轻度：1 分；中度：2 分；严重：3 分。

【测试题】

1．悲伤：你是否一直感到伤心或悲哀？（　　）

2．泄气：你是否感到前景渺茫？（　　）

3．缺乏自尊：你是否觉得自己没有价值或自以为是一个失败者？（　　）

4．自卑：你是否觉得力不从心或自叹比不上别人？（　　）

5．内疚：你是否对任何事都自责？（　　）

6．犹豫：你是否在做决定时犹豫不决？（　　）

7．焦躁不安：这段时间你是否一直处于愤怒和不满状态？（　　）

8．对生活丧失兴趣：你对事业、家庭、爱好或朋友是否丧失了兴趣？（　　）

9．丧失动机：你是否感到一蹶不振，做事情毫无动力？（　　）

10．自我印象可怜：你是否以为自己已衰老或失去魅力？（　　）

11．食欲变化：你是否感到食欲不振？或情不自禁地暴饮暴食？（　　）

12．睡眠变化：你是否患有失眠症？或整天感到体力不支、昏昏欲睡？（　　）

13．丧失性欲：你是否丧失了对性的兴趣？（　　）

14．臆想症：你是否经常担心自己的健康？（　　）

15．自杀冲动：你是否认为生存没有价值，或生不如死？（　　）

【计分与评价】

测试完之后，请算出您的总分并评出你的忧郁程度。

抑郁自测答案：

0 ～ 4 分：没有抑郁症；

5 ～ 10 分：偶尔有抑郁情绪；

11 ～ 20 分：有轻度抑郁症；

21 ～ 30 分：有中度抑郁症；

31 ～ 45 分　有严重抑郁症并需要立即治疗。

十五、抑郁自评量表

【指导语】

抑郁自评量表（self-rating depression，SDS）是由 WK．Zung 于 1965 年编制的，用于衡量抑郁状态的轻重程度及其在治疗中的变化，适用对象为具有抑郁症状的成年人。

抑郁自评量表由 20 个条目组成。每一个条目相当于一个有关症状，按 1 ～ 4 级评分。20 个条目反映抑郁状态四组特异性症状：①精神性——情感症状，包括抑郁心境和哭泣两个条目；②躯体性障碍，包括情绪的日间差异、睡眠障碍、食欲减退、性欲减退、体重减轻、便秘、心动过速、易疲劳，共 8 个条目；③精神运动性障碍，包括精神运动性迟滞和激越两个条目；④抑郁的心理障碍，包含思维混乱、无望感、易激惹、犹豫不决、自我贬值、空虚感、反复思考自杀和不满足共 8 个条目。

量表有 20 道题，每道题后边有 4 个选项，分别表示时间的多少。从左至右分别是：①没有或很少时间；②小部分时间；③相当多时间；④绝大部分或全部时间。现在请你认真地阅读每一道题，待把题意弄懂后，根据你最近一周的实际表现，选择题后 4 个方框中符合你自己情况的那方框上打钩（✓）。

【测试题】

1．我觉得闷闷不乐，情绪低沉。 ………………………………… ① ② ③ ④

2．我觉得一天中早晨最好。 ………………………………… ① ② ③ ④

3．我一阵阵哭出来或觉得想哭。 ………………………………… ① ② ③ ④

4．我晚上睡眠不好。 ………………………………… ① ② ③ ④

5．我吃得跟平常一样多。 ………………………………… ① ② ③ ④

6．我与异性接触时和以往一样感到愉快 。 ………………………………… ① ② ③ ④

7．我觉得我的体重在下降。 ………………………………… ① ② ③ ④

8．我有便秘的痛苦。 ………………………………… ① ② ③ ④

9．我心跳比平时快。 ………………………………… ① ② ③ ④

10．我无缘无故地感到疲乏。 ………………………………… ① ② ③ ④

11．我的头脑跟平常一样清楚。 ………………………………… ① ② ③ ④

12．我觉得经常做的事情并没有困难。 ………………………………… ① ② ③ ④

13．我觉得不安而平静不下来。 ………………………………… ① ② ③ ④

14．我对将来抱有希望。 ………………………………… ① ② ③ ④

15．我比平常容易生气、激动。 ………………………………… ① ② ③ ④

16．我觉得作出决定很容易。 ………………………………… ① ② ③ ④

17．我觉得自己是个有用的人，有人需要我。 ………………………………… ① ② ③ ④

18．我的生活过得很有意思。 ………………………………… ① ② ③ ④

19．我认为如果我死了别人会生活得好些。 ………………………………… ① ② ③ ④

20．平常感兴趣的事我仍然感兴趣。 ………………………………… ① ② ③ ④

【计分与评价】

抑郁自评量表采用 4 级评分，主要评定症状出现的频度，其 4 级记分标准为：①没有或很少时间（为 1 分）；②小部分时间（为 2 分）；③相当多时间（为 3 分）；④绝大部分时间（为 4 分）。

评定开始时，一定要让自评者把整个量表的填写方法及每个条目的涵义弄明白后，才开始独立地自我评定。评定的时间范围，应强调是“现在”或“最近一个星期”，评定结束时，要提醒自评者不要漏评某一项目或重复评定。

【分析统计指标】

SDS 的分析方法比较简单，主要的统计指标为总分，其计算方法是 20 个项目中各项分数相加的总和 ×1.25，取整数部分。分数越高，症状越严重。

SDS 的评定也可以通过抑郁严重度指数来反映。抑郁严重度指数 = 各项目的累积分 /80（最高总分）。指数范围为 0.25 ～ 1.0，指数越高，抑郁程度越重。

SDS 为一种短自评量表，操作方便，容易掌握，能有效地反映抑郁状态的有关症状及其严重程度和变化。评分标准不受年龄、性别、经济状况等因素的影响。在国内外已广泛应用。

（赵阿勐）

主要参考书目

1．程伟．大学生心理教育与发展．北京：科学出版社，2008.
2．邓旭阳．大学生心理发展训练．北京：北京出版社，2004.
3．福鲁德（英）．变态心理学．李虹等译．北京：清华大学出版社，2008.
4．顾瑜琦，刘克俭．健康心理学．北京：北京科学技术出版社，2004.
5．黄希庭，郑涌等．当代中国大学生心理特点与教育．上海教育出版社，2002.
6．吉峰，白波．大学生心理健康教育．北京：人民卫生出版社，2011.
7．季丹丹，陈晓东．现代大学生心理健康教育．北京：清华大学出版社，2009.
8．雷雳．青少年互联网心理学．上海：华东师范大学出版社，2010.
9．李锦云．大学生心理健康辅导．北京：北京大学出版社，2011.
10．李素梅．心理健康与大学生活．武汉：华中科技大学出版社，2012.
11．刘丹．大学生心理互助热线．北京：清华大学出版社，2010.
12．刘晓明，杨平．大学生心理健康教育．北京：科学出版社，2009.
13．马存根．大学生心理健康教育．北京：人民卫生出版社，2005.
14．马力．心理健康教育．北京：北京师范大学出版社，2011.
15．马莹．大学生心理卫生咨询．北京：人民卫生出版社，2008.
16．欧晓霞，曲振国．大学生心理健康．北京：清华大学出版社，2006.
17．钱明，刘畅，崔光成．医学心理学．2 版．天津：南开大学出版社，2010.
18．王建平，梁耀坚，汤宜朗．变态心理学．北京：高等教育出版社，2005.
19．王为正，韩玉霞．大学生自助读本．北京：科学出版社，2011.
20．王文鹏，王冰蔚．高校学生心理健康教育与指导．北京：清华大学出版社，2011.
21．文书锋，胡邓，俞国良．大学生心理健康通识．北京：中国人民大学出版社，2011.
22．吴少怡．心理健康教育．山东大学出版社，2012.
23．武绛玲．心理健康教育教程．北京：北京师范大学出版社，2011.
24．许国彬．大学生心理测查与行为指导．北京：科学出版社，2012.
25．杨世昌．大学生心理健康教程．北京：科学出版社，2011.
26．姚本先．大学生心理健康教育．北京：北京师范大学出版社，2012.
27．[英] 塞缪尔·斯迈尔斯著．品格的力量．宋景堂等译．北京：北京大学出版社，2001.
28．曾仕强，刘君政．人际关系与沟通．北京：清华大学出版社，2004.
29．张伯源．变态心理学．北京：北京大学出版社，2005.
30．张春华．压力管理 - 理论与实务．北京：北京大学医学出版社，2008.
31．张丽宏，赵阿勐．大学生心理健康教育导论．上海：第二军医大学出版社，2008.
32．张万英．大学生心理健康教育．北京：中国人民大学出版社，2011.
33．赵文杰．大学生心理卫生．上海：复旦大学出版社，2004.
34．郑宝锦，马桂兰主编．大学生心理健康教育．中国海洋大学出版社，2009.
35．郑日昌．大学生心理卫生．济南：山东教育出版社，1999.
36．钟向阳．大学生挫折管理与辅导．北京：北京师范大学出版社，2010.
37．周家华，王金凤．大学生心理健康教育．北京：清华大学出版社，2010.

中英文专业词汇索引

A

A型性格（A-type personality） 72

B

B型性格（B-type personality） 72
伯恩斯忧郁症清单（Burns Depression Inventory，BDC） 195

C

常规型（conventional） 131
场独立型（field independence） 72
场依存型（field dependence） 72
成就（achievement） 54
传统型（conventional） 73

F

愤怒（anger） 62

G

个人距离（personal distance） 102
公众距离（public distance） 102
贯注（attending） 176
广场恐怖症（agoraphobia） 159
广泛性焦虑障碍（generalized anxiety disorder） 160
归因风格（attributional style） 73

J

激情（intense emotion） 58
焦虑（anxiety） 61
接纳（acceptance） 54
惊恐障碍（panic disorder） 159
精神分裂症（schizophrenia） 162

K

恐怖症（phobia） 159

L

乐观（optimism） 73
冷漠（apathy） 62

Q

强迫症 （obsessive-compulsive disorder） 160
亲密距离（intimate distance） 102
倾听（listening） 176
情感（affection） 54
情绪（emotion） 56
情绪表达（emotional expression） 73
情绪商数（emotional quotiet，EQ） 59
躯体形式障碍（somatoform disorders） 161

R

人格（personality） 70
人格缺陷（personality defect） 77
人际关系（interpersonal relationship） 86
人际交往（interpersonal interaction） 87
认知-现象学-交互作用（congnitive phenomenological transactional，CPT） 143

S

社会型（social） 131
社交距离（social distance） 102
社交恐怖症 （social phobia） 159
神经衰弱（neurasthenia） 160
神经症（neurosis） 158
生涯（career） 128
实际型（social） 72
世界卫生组织（World Health Orgnization，WHO） 7
思维场疗法（thought field therapy） 125

T

探讨（exploration） 176
特殊恐怖症（specific phobia） 159

X

现实型（realistic） 72，131
心境（mood） 58
心理障碍（psychological disorder） 154
行动（Action） 54

行为操纵（behavioral modification） 176
宣泄（catharsis） 176

Y

研究型（investigative） 72, 131
一般适应综合征（general adaptation syndrome，GAS） 143
艺术型（artistic） 72, 131
抑郁（depression） 61
抑郁症（depressive disorders） 157
抑郁自评量表（self-rating depression，SDS） 195
应激（stress） 58

Z

职业生涯规划（career planning） 128
质问（confrontation） 176
自卑感（inferiority complex） 62
自我披露（self-disclosure） 176
自我同一性（identity） 75
自我意识（self-consciousness） 42
自信（self confidence） 63